21世纪高等院校创新教材

 AILÜLUN YU SHULI TONGJI

概率论与数理统计

主　编◎谢寿才　唐　孝　陈　渊　孙　洁
副主编◎邓丽洪　李林珂　罗世敏　尹忠旗

U0386101

中国人民大学出版社
·北京·

内容简介

本书是根据编者多年的教学经验，结合高等学校非数学专业大学数学——概率论与数理统计课程的教学大纲及近几年的考研大纲编写而成的。

本书内容共分八章：事件与概率、随机变量及其分布、多维随机变量及其分布、随机变量的数字特征、大数定律及中心极限定理、样本及抽样分布、参数估计、假设检验。

本书结构严谨，逻辑清晰，概念准确。其主要特点在于：注重各个知识点的衔接，内容上具有足够的理论深度，表达上尽可能深入浅出；重视例题、习题的设计和选配；内容编排上尽可能合理，尽量减少不必要的叙述。

本书可作为高等学校非数学专业的概率论与数理统计教材，也可作为考研学生的参考书。

前　　言

　　本书是根据高等学校非数学专业大学数学——概率论与数理统计的教学大纲并结合近几年"全国硕士研究生入学统一考试大纲"的要求编写而成的。

　　本书结构严谨，逻辑清晰，概念准确，注重应用。其主要特点在于：

　　(1) 注重各个知识点的衔接，内容上具有足够的理论深度，表达上尽可能深入浅出。

　　(2) 重视例题、习题的设计和选配。尽可能选择具有代表性的例题，习题尽可能做到少而精。

　　(3) 内容的编排上尽可能合理，尽量减少不必要的叙述。

　　本教材共分八章，初稿分别由罗世敏（第一章）、李林珂（第二、三章）、陈渊（第四、五章）、唐孝（第六、七、八章）编写，谢寿才、邓丽洪对各章节的初稿作了详细的修改，最后由谢寿才统稿定稿。

　　全书在编写过程中得到了四川师范大学数学与软件科学学院各位领导及大学数学教研室各位老师的大力支持，中国人民大学出版社对本书的编审、出版给予了热情支持和帮助，在此对他们表示由衷的感谢！

　　由于编者水平有限，书中错误和不当之处在所难免，敬请读者批评指正，以期完善。

编者

2014 年 3 月

目　录

引　言 ………………………………………………………………… 1
第一章　事件与概率 ……………………………………………… 2
　　§1.1　随机事件和样本空间 ………………………………… 2
　　§1.2　事件的概率 …………………………………………… 4
　　§1.3　古典概型和几何概型 ………………………………… 7
　　§1.4　条件概率,全概率公式及贝叶斯公式 ……………… 11
　　§1.5　事件的独立性及伯努利概型 ………………………… 16
　　习题一 ………………………………………………………… 19
第二章　随机变量及其分布 ……………………………………… 22
　　§2.1　随机变量及其分布函数 ……………………………… 22
　　§2.2　离散型随机变量及其分布 …………………………… 25
　　§2.3　连续型随机变量及其概率密度 ……………………… 31
　　§2.4　随机变量函数的分布 ………………………………… 39
　　习题二 ………………………………………………………… 44
第三章　多维随机变量及其分布 ………………………………… 48
　　§3.1　多维随机变量及其分布函数 ………………………… 48
　　§3.2　二维离散型随机变量及其分布 ……………………… 51
　　§3.3　二维连续型随机变量及其分布 ……………………… 53
　　§3.4　随机变量的独立性 …………………………………… 57
　　§3.5　条件分布 ……………………………………………… 59
　　§3.6　多维随机变量函数的分布 …………………………… 63
　　习题三 ………………………………………………………… 69
第四章　随机变量的数字特征 …………………………………… 73
　　§4.1　数学期望 ……………………………………………… 73
　　§4.2　方差 …………………………………………………… 80
　　§4.3　协方差及相关系数 …………………………………… 86
　　§4.4　矩、协方差矩阵 ……………………………………… 89
　　习题四 ………………………………………………………… 90

第五章　大数定律及中心极限定理 ·· 93
　§5.1　大数定律 ·· 93
　§5.2　中心极限定理 ·· 96
　习题五 ·· 99

第六章　样本及抽样分布 ·· 100
　§6.1　数理统计的基本概念 ·· 100
　§6.2　直方图 ·· 102
　§6.3　抽样分布 ·· 104
　习题六 ·· 111

第七章　参数估计 ·· 113
　§7.1　点估计 ·· 113
　§7.2　估计量的评选标准 ·· 118
　§7.3　参数的区间估计 ·· 120
　§7.4　正态总体均值与方差的区间估计 ·· 122
　§7.5　非正态总体的区间估计 ·· 127
　习题七 ·· 128

第八章　假设检验 ·· 131
　§8.1　假设检验的基本概念 ·· 131
　§8.2　一个正态总体参数的假设检验 ·· 135
　§8.3　两个正态总体的假设检验 ·· 140
　§8.4　参数的假设检验与区间估计的关系 ·· 145
　§8.5　总体分布函数的假设检验 ·· 147
　习题八 ·· 149

参考书目 ·· 152
附表 1　二项分布表 ·· 153
附表 2　泊松分布表 ·· 162
附表 3　标准正态分布表 ·· 166
附表 4　t 分布表 ·· 169
附表 5　χ^2 分布表 ·· 171
附表 6　F 分布表 ·· 173
习题参考答案 ·· 181

引　言

概率论与数理统计是研究和揭示随机现象统计规律性的一门数学学科.

什么是随机现象? 我们用下面两个简单的试验来阐明, 这里所说的**试验**是对自然现象进行一次观察或进行一次科学试验.

试验 1: 袋中装有 10 个外形完全相同的白球, 搅匀后从中任取一球.

试验 2: 袋中装有 10 个外形完全相同的球, 其中有五白三黑二红, 搅匀后从中任取一球.

对于试验 1, 根据其条件, 我们就能断定取出的必是白球. 像这类在一定条件下必然发生的现象, 称为**确定性现象**. 确定性现象非常广泛, 例如:

(1) 在一个标准大气压下, 水加热到 100℃, 必会沸腾;

(2) 边长为 a, b 的矩形, 其面积必为 ab;

(3) 人从地面向上抛起的石块经过一段时间必然落到地面.

对于试验 2, 根据其条件, 在球没有取出之前, 不能断定其结果是白球、红球或是黑球, 像这类在一定条件下可能发生也可能不发生的现象称为**随机现象**. 随机现象在客观世界中也极为普遍, 例如:

(1) 掷一枚均匀硬币, 考虑出现哪一面;

(2) 抽查流水生产线的一件产品, 确定是正品还是次品;

(3) 观察在某段时间内电话总机接到的呼叫次数, 等等.

上述试验的共同特点是: 试验的结果具有一种 "不确定性", 即任意做一次试验时, 我们不能断言其结果是什么, 但是大量重复这个实验, 试验结果又遵循某些规律. 概率论与数理统计就是研究和揭示随机现象这种规律性的一门数学学科, 其理论和方法被广泛地应用到自然科学、社会科学、工程技术和经济管理等领域.

概率论与数理统计是既联系紧密又互相区别的. 概率论——从数学模型进行理论推导, 从同类现象中找出其规律性. 数理统计——着重于数据处理, 在概率论理论的基础上对实践中采集获得的信息与数据进行概率特征的推断.

第一章

事件与概率

§1.1 随机事件和样本空间

1.1.1 随机试验

为了研究和揭示随机现象的统计规律性,我们需要对随机现象进行大量重复观察.我们把观察的过程称为试验,如果试验满足以下条件,就称这样的试验为**随机试验**,简称为**试验**,记为 E.

(1) 试验在相同条件下可以重复进行;

(2) 每次试验的所有可能结果是预先知道的,且不止一个;

(3) 在每次试验之前,不能预言会出现哪个结果.

试验的每一个可能结果,称为**基本事件**,用 ω 或 ω_i 表示.若干基本事件复合而成的结果称为**复杂事件**,常用 A、B、C 等表示.试验中必然出现的结果称为**必然事件**,用 Ω 表示;必然不会出现的结果称为**不可能事件**,用 $\varnothing$ 表示.上述事件统称为**随机事件**,简称**事件**.

例 1.1.1 掷一颗均匀骰子,观察出现的点数. $\omega_k =$ "出现 k 点"(其中 $k=1, 2, 3, 4, 5, 6$) 都是基本事件; $A=\{\omega_2, \omega_4, \omega_6\}$, $B=\{\omega_1, \omega_2, \omega_3\}$, $C=\{\omega_1, \omega_3, \omega_5\}$, $D=\{\omega_1, \omega_3\}$,等等,都是复杂事件; $\Omega=\{\omega_1, \omega_2, \omega_3, \omega_4, \omega_5, \omega_6\}$ 是必然事件; $\varnothing=\{$出现的点数大于 $6\}$ 是不可能事件.

为了便于用点集的知识描述随机事件,我们把试验中的每个基本事件抽象地看成一个点,称之为**样本点**,仍用 ω 或 ω_i 表示.全体样本点的集合称为**样本空间**,用 Ω 表示.于是任一随机事件都可表示为 Ω 的子集,特别地,样本空间 Ω 表示必然事件,其空子集 $\varnothing$ 表示不可能事件.如例 1.1.1 中的样本空间为 $\Omega=\{\omega_1, \omega_2, \omega_3, \omega_4, \omega_5, \omega_6\}$.

例 1.1.2 掷一枚硬币一次,观察其出现正面还是反面.记 $\omega_1 =$ "出现正面", $\omega_2 =$ "出现反面",则样本空间为 $\Omega=\{\omega_1, \omega_2\}$.

例 1.1.3 掷一枚硬币两次,观察其正面出现的次数,记 $\omega_k =$ "正面出现 k 次", $k=0, 1, 2$,则样本空间为 $\Omega=\{\omega_0, \omega_1, \omega_2\}$.

例 1.1.4 记录某电话总机在一分钟内接到的呼叫次数,则样本空间为 $\Omega=\{0, 1, 2, \cdots\}$.

1.1.2 事件的关系及运算

在一个随机试验中,一般有很多随机事件,有的随机事件是很复杂的,需要通过对简单事件及其关系的研究来掌握复杂事件的规律.由于事件是样本空间的子集,所以事件的关系及运算与集合的关系及运算是相对应的.

1. 事件的包含与相等

如果事件 A 发生必然导致事件 B 发生,则称事件 B 包含事件 A,记为 $A \subset B$(或 $B \supset A$).如例 1.1.1 中 $A \subset \Omega$.显然,对任意事件 A,有 $\emptyset \subset A \subset \Omega$.

若事件 $A \subset B$ 且 $B \subset A$,则称事件 A 与事件 B **相等**,记为 $A = B$.

2. 事件的并(或和)

如果事件 A 与事件 B 至少有一个发生,则称这样的事件为事件 A 与事件 B 的并(或和),记作 $A \bigcup B$.即

$$A \bigcup B = \{A \text{ 发生或 } B \text{ 发生}\} = \{\omega \mid \omega \in A \text{ 或 } \omega \in B\}.$$

事件的并可推广到有限个或无穷可列个事件的并,即

$$A_1 \bigcup A_2 \bigcup \cdots \bigcup A_n = \bigcup_{i=1}^{n} A_i \text{ 为 } n \text{ 个事件 } A_1, A_2, \cdots, A_n \text{ 的和事件,}$$

$$\bigcup_{i=1}^{\infty} A_i \text{ 为可列个事件 } A_1, A_2, \cdots \text{ 的和事件.}$$

3. 事件的交(或积)

如果事件 A 与事件 B 同时发生,则称这样的事件为事件 A 与事件 B 的交(或积),记作 $A \bigcap B$ 或 AB.即

$$A \bigcap B = \{A \text{ 发生且 } B \text{ 发生}\} = \{\omega \mid \omega \in A \text{ 且 } \omega \in B\}.$$

事件的积也可推广到有限个或无穷可列个事件的积,即

$$A_1 A_2 \cdots A_n = \bigcap_{i=1}^{n} A_i \text{ 为 } n \text{ 个事件 } A_1, A_2, \cdots, A_n \text{ 的积事件,}$$

$$\bigcap_{i=1}^{\infty} A_i \text{ 为可列个事件 } A_1, A_2, \cdots \text{ 的积事件.}$$

4. 事件的差

如果事件 A 发生而且事件 B 不发生,则称这样的事件为事件 A 与事件 B 的差,记作 $A - B$,即

$$A - B = \{\text{事件 } A \text{ 发生而 } B \text{ 不发生}\} = \{\omega \mid \omega \in A \text{ 但 } \omega \notin B\}.$$

5. 互不相容事件

在一次试验中,如果事件 A 和事件 B 不能同时发生,即 $AB = \emptyset$,则称事件 A 与事件 B 是**互不相容**事件或**互斥**事件.在例 1.1.1 中,A 与 C 互斥,A 与 D 互斥.

6. 互逆事件(对立事件)

在一次试验中,如果事件 A 和事件 B 有且仅有一个发生,即 $A \bigcup B = \Omega$,$AB = \emptyset$,则称

事件 A 与事件 B 是**对立事件**或**互逆事件**，记作 $\overline{A}=B$，或 $\overline{B}=A$. 显然，$\overline{\overline{A}}=A$.

7. 完备事件组

设 A_1，A_2，$\cdots$，A_n，$\cdots$ 是有限个或无穷可列个事件，如果满足：

(1) $A_iA_j=\varnothing$，$i\neq j$，i，$j=1$，2，3，$\cdots$，

(2) $\bigcup\limits_{i=1}^{\infty}A_i=\Omega$，

则称事件 A_1，A_2，$\cdots$，A_n，$\cdots$ 是一个**完备事件组**或 Ω 的一个**分割**.

类似于集合的运算，事件的运算满足下述运算律：

(1) **交换律**：$A\bigcup B=B\bigcup A$，$AB=BA$. $\qquad\qquad\qquad\qquad\qquad$ (1.1.1)

(2) **结合律**：$(A\bigcup B)\bigcup C=A\bigcup(B\bigcup C)$，$(AB)C=A(BC)$. $\qquad$ (1.1.2)

(3) **分配律**：$(A\bigcup B)C=(AC)\bigcup(BC)$，$(AB)\bigcup C=(A\bigcup C)\bigcap(B\bigcup C)$. $\quad$ (1.1.3)

(4) **De Morgan 律(对偶律)**：

$$\overline{\bigcup\limits_k A_k}=\bigcap\limits_k \overline{A_k}，\quad \overline{\bigcap\limits_k A_k}=\bigcup\limits_k \overline{A_k}. \qquad\qquad\qquad (1.1.4)$$

对于多个随机事件，以上运算法则依然成立.

例 1.1.5 设 A、B、C 为三个事件，用 A、B、C 表示下列各事件：

(1) A 与 B 发生，C 不发生；

(2) A、B、C 中至少有两个发生；

(3) A、B、C 中恰好有两个发生；

(4) A、B、C 中不多于两个事件发生；

(5) A、B、C 都不发生.

解 以 A、B、C 分别表示事件 A、B、C 发生，则 $\overline{A}$、$\overline{B}$、$\overline{C}$ 分别表示事件 A、B、C 不发生. 因此，有

(1) A 与 B 发生，C 不发生表示为 $AB\overline{C}$；

(2) A、B、C 中至少有两个发生可表示为：$(AB)\bigcup(BC)\bigcup(AC)$ 或 $AB\overline{C}\bigcup A\overline{B}C\bigcup$ $\overline{A}BC\bigcup ABC$；

(3) A、B、C 中恰好有两个发生可表示为：$AB\overline{C}\bigcup A\overline{B}C\bigcup\overline{A}BC$；

(4) A、B、C 中不多于两个事件发生可表示为：$\overline{ABC}$ 或 $\overline{A}\bigcup\overline{B}\bigcup\overline{C}$；

(5) A、B、C 都不发生可表示为：$\overline{ABC}$.

§1.2 事件的概率

对于一次试验，我们常常希望知道某些事件在这次试验中发生的可能性的大小，这就是事件的概率.

1.2.1 事件的频率

定义 1.2.1 试验在相同的条件下重复进行 n 次，若其中事件 A 出现 n_A 次，则称 n_A 为

事件 A 发生的**频数**，称 $\frac{n_A}{n}$ 为事件 A 在 n 次试验中发生的**频率**，记为 $f_n(A)$，即

$$f_n(A) = \frac{n_A}{n}.$$

由定义，易知频率具有如下性质：

(1) $0 \leqslant f_n(A) \leqslant 1$；

(2) $f_n(\Omega) = 1$，$f_n(\varnothing) = 0$；

(3) 若事件 A_1，A_2，$\cdots$，A_k 两两互不相容，则

$$f_n(A_1 \bigcup A_2 \bigcup \cdots \bigcup A_k) = f_n(A_1) + f_n(A_2) + \cdots + f_n(A_k).$$

由于事件 A 发生的频率是它发生的次数与试验次数之比，其大小表示事件 A 发生的频繁程度. 频率越大，事件 A 的发生越频繁，这就意味着事件 A 的在一次试验中发生的可能性越大. 因此，直观的想法是用频率来表示事件 A 在一次试验中发生的可能性的大小，历史上有不少人做过"抛硬币"试验，表 1—1 列出了他们的一些试验记录.

表 1—2—1

试验者	抛掷次数 n	正面向上的次数 n_A	正面向上的频率 $f_n(A) = \frac{n_A}{n}$
德摩根	2 048	1 061	0.518 1
蒲丰	4 040	2 048	0.506 9
费歇尔	10 000	4 979	0.497 9
皮尔逊	12 000	6 019	0.501 6
皮尔逊	24 000	12 012	0.500 5

从表 1—1 可以看出，随着抛掷次数 n 的增大，频率大致在 0.5 附近摆动，所以频率呈现出稳定性，稳定于 0.5，其稳定值 0.5 也就反映了每掷一次硬币出现正面向上的可能性. 所以事件发生的可能性的大小，就是这个"频率稳定值".

1.2.2　事件的概率

1933 年，苏联数学家柯尔莫哥洛夫（1903—1987）综合前人大量的研究成果，提出了概率的公理化结构，使得概率论成为严谨的数学分支，极大地推动了概率论的发展.

定义 1.2.2　设 E 是随机试验，其样本空间为 Ω，对 E 的每一个事件 A，定义一实数 $P(A)$ 和它对应，若函数 $P(\cdot)$ 满足以下条件：

(1) **非负性**：对任一事件 A，有 $P(A) \geqslant 0$，

(2) **规范性**：对必然事件 Ω，有 $P(\Omega) = 1$，

(3) **可列可加性**：若 A_1，A_2，$\cdots$ 是两两互不相容的事件，即 $A_i A_j = \varnothing$，i，$j = 1$，2，$\cdots$，$i \neq j$，有

$$P(A_1 \bigcup A_2 \bigcup \cdots) = P(A_1) + P(A_2) + \cdots,$$

则称 $P(A)$ 为事件 A 的**概率**.

概率除具有定义所述的三条基本性质外，还具有如下性质：

(1) 对于不可能事件 $\varnothing$，有 $P(\varnothing)=0$.

(2)（**有限可加性**）若 A_1，A_2，$\cdots$，A_n 是两两互不相容的事件，则 $P(\bigcup\limits_{i=1}^{n} A_i)=\sum\limits_{i=1}^{n} P(A_i)$.

(3) 对任一事件 A，有 $P(\overline{A})=1-P(A)$.

事实上，因 $A\cup\overline{A}=\Omega$，$A\overline{A}=\varnothing$，由性质(2)及规范性，有

$$P(A\cup\overline{A})=P(A)+P(\overline{A})=1，从而 P(\overline{A})=1-P(A).$$

(4) 对事件 A、B，若 $A\subset B$，则 $P(B-A)=P(B)-P(A)$.

证明　因 $B=A\cup(B-A)$，且事件 A 与 $B-A$ 互不相容，由性质(2)，有

$$P(B)=P(A)+P(B-A).$$

从而，$P(B-A)=P(B)-P(A)$.

推论 1.2.1　对事件 A、B，若 $A\subset B$，则 $P(A)\leqslant P(B)$.

一般地，对任意两个事件 A、B，有

$$P(B-A)=P(B)-P(AB).$$

(5)（**加法公式**）对任意两个事件 A、B，有

$$P(A\cup B)=P(A)+P(B)-P(AB).$$

证明　因 $A\cup B=A\cup(B-AB)$，且 $A\cap(B-AB)=\varnothing$，由性质(2)，有

$$P(A\cup B)=P(A)+P(B-AB).$$

又因 $AB\subset B$，由性质(4)，得

$$P(B-AB)=P(B)-P(AB).$$

因此，

$$P(A\cup B)=P(A)+P(B)-P(AB).$$

特别地，当事件 A、B 互不相容即 $AB=\varnothing$ 时，有

$$P(A\cup B)=P(A)+P(B).$$

加法公式可以推广到任意有限个事件的情形：对任意 n 个事件 A_1，A_2，$\cdots$，A_n，则有

$$P(A_1\cup A_2\cup\cdots\cup A_n)=\sum_{i=1}^{n} P(A_i)-\sum_{1\leqslant i<j\leqslant n} P(A_iA_j)+\sum_{1\leqslant i<j<k\leqslant n} P(A_iA_jA_k)$$
$$-\sum_{1\leqslant i<j<k<l\leqslant n} P(A_iA_jA_kA_l)+\cdots+(-1)^{n-1}P(A_1A_2\cdots A_n).$$

例 1.2.1　已知 $P(\overline{A})=0.5$，$P(\overline{A}B)=0.2$，$P(B)=0.4$，求：

(1) $P(AB)$；(2) $P(A-B)$；(3) $P(A\cup B)$.

解　(1) 因 $\overline{A}B=B-A$，因此

$$P(\overline{A}B)=P(B)-P(AB).$$

所以，

$$P(AB)=P(B)-P(\overline{A}B)=0.4-0.2=0.2.$$

(2) 因 $P(A)=1-P(\overline{A})=1-0.5=0.5$，所以

$$P(A-B)=P(A)-P(AB)=0.5-0.2=0.3.$$

(3) $P(A\bigcup B)=P(A)+P(B)-P(AB)=0.5+0.4-0.2=0.7.$

§1.3　古典概型和几何概型

1.3.1　古典概型

若随机试验 E 满足：

(1) 对应的样本空间只含有限个样本点，即 $\Omega=\{\omega_1,\omega_2,\cdots,\omega_n\}$（有限性）；

(2) 每个样本点出现的可能性相等，即

$$P(\omega_1)=P(\omega_2)=\cdots=P(\omega_n)（等可能性），$$

则称该试验模型为**等可能概型**或**古典概型**.

设试验 E 是古典概型，则基本事件 $\{\omega_1\}$，$\{\omega_2\}$，$\cdots$，$\{\omega_n\}$ 两两互不相容，且 $\Omega=\{\omega_1\}\bigcup\{\omega_2\}\bigcup\cdots\bigcup\{\omega_n\}$，由于 $P(\Omega)=1$ 且 $P(\omega_1)=P(\omega_2)=\cdots=P(\omega_n)$，所以

$$P(\omega_1)=P(\omega_2)=\cdots=P(\omega_n)=\frac{1}{n}.$$

如果事件 A 中包含 n_A 个样本点，则有

$$P(A)=\frac{A\text{ 所含样本点数}}{\text{样本空间中样本点总数}}=\frac{n_A}{n}. \tag{1.3.1}$$

例 1.3.1　袋中装有外形完全相同的两只白球和两只黑球，依次从中摸出两只球. 记 $A=$"第一次摸得白球"，$B=$"第二次摸得白球"，$C=$"两次均摸得白球". 求事件 A、B、C 的概率.

解　我们用枚举法找出该试验的全体样本点. 不妨对球编号，两只白球编号为奇数 1、3，而两只黑球编号为偶数 2、4，数对 (i,j) 表示第一次摸到 i 号球、第二次摸到 j 号球这一结果，于是可将该试验的样本空间所包含的样本点一一列出，即

$$\Omega=\{(1,2),(1,3),(1,4),(2,1),(2,3),(2,4),(3,1),$$
$$(3,2),(3,4),(4,1),(4,2),(4,3)\}.$$

共有 12 个样本点.

由于球的外形完全相同，故样本点具有等可能性，这是一个古典概型，又

$$A=\{(1,2),(1,3),(1,4),(3,1),(3,2),(3,4)\},$$
$$B=\{(1,3),(2,1),(2,3),(3,1),(4,1),(4,3)\},$$

$$C = \{(1, 3), (3, 1)\}.$$

由公式(1.3.1)有

$$P(A) = \frac{6}{12} = \frac{1}{2}, \ P(B) = \frac{6}{12} = \frac{1}{2}, \ P(C) = \frac{2}{12} = \frac{1}{6}.$$

注 由上例看出，用公式 (1.3.1) 计算古典概率的关键，是要正确求出 n 和 n_A，然而并非每次计算 n 和 n_A 都像例 1.3.1 那样简单，许多时候是比较费神且富于技巧的，计算中经常要用到两条基本原理——乘法原理和加法原理，以及它们导出的排列、组合等公式.

例 1.3.2 有 10 个阻值分别为 $1\Omega, 2\Omega, \cdots, 10\Omega$ 的电阻，从中任意取出三个，以 A 表示"取出的三个阻值恰好一个小于 5Ω，一个等于 5Ω，一个大于 5Ω"，求 $P(A)$.

解 从 10 个电阻中任取 3 个而不必考虑其顺序，所有可能的取法为组合数 $\binom{10}{3}$，由于每个电阻被取到的机会均等，因此每种取法是等可能的，此为古典概型. 因小于 5Ω 的电阻有 4 个，等于 5Ω 的只有 1 个，大于 5Ω 的有 5 个，事件 A 所含样本点数为 $\binom{4}{1}\binom{1}{1}\binom{5}{1}$.
所以

$$P(A) = \frac{\binom{4}{1}\binom{1}{1}\binom{5}{1}}{\binom{10}{3}} = \frac{1}{6}.$$

例 1.3.3 袋中有 a 只黑球，b 只白球，它们除颜色不同外，其余无差异，现随机地把球一只一只地摸出，求

$A = $"第 k 次摸出的球为黑球"的概率 $(1 \leqslant k \leqslant a+b)$.

解 (方法一)将 a 只黑球看作没有区别，b 只白球也看作没有区别，将 $a+b$ 只球一一摸出排在 $a+b$ 个位置上，所有不同的摸法对应着 $a+b$ 个位置中取出 a 个位置来摸黑球(其余为摸白球)的取法，即样本点总数 $n = \binom{a+b}{a}$，而 A 所含样本点数对应不考虑第 k 个位置(第 k 个位置固定为黑球)的其余 $a+b-1$ 个位置中取出 $a-1$ 个来摸黑球的取法，即为 $\binom{a+b-1}{a-1}$，于是

$$P(A) = \frac{\binom{a+b-1}{a-1}}{\binom{a+b}{a}} = \frac{a}{a+b}.$$

(方法二)将 a 只黑球及 b 只白球编号后一一取出排成一排，则所有可能的排法为 $(a+b)!$，事件 A 发生当且仅当第 k 个位置上是 a 只黑球中取出一个，其余 $a+b-1$ 个位置是剩下的 $a-1$ 只黑球和 b 只白球来排列，于是 A 所含样本点数为 $a(a+b-1)!$，所以

$$P(A)=\frac{a(a+b-1)!}{(a+b)!}=\frac{a}{a+b}.$$

（方法三）把 a 只黑球和 b 只白球依次编号为 $1,2,\cdots,a+b$. 记 $\omega_i=\{$第 k 次摸到 i 号球$\}$，则样本空间 $\Omega=\{\omega_1,\omega_2,\cdots,\omega_{a+b}\}$，其中各 ω_i 是等可能出现的，显然 A 中含 a 个样本点，故

$$P(A)=\frac{a}{a+b}.$$

注　上例的结论告诉我们：第 k 次摸到黑球的概率与取球次序并无关系. 这一有趣的结果具有现实意义，比如日常生活中人们常爱用"抽签"的办法解决难以确定的问题，本题结果告诉我们，抽到"中签"的概率与"抽签"的先后次序无关.

例 1.3.4　一批产品共有 N 件，其中有 M 件次品（$M<N$），采用有放回和不放回两种抽取方式从中抽取 n 件产品，问恰好抽到 k 件次品的概率是多少？

解　设 $A=$"恰好抽到 k 件次品".

（1）（**有放回抽取**）不妨将 N 件产品进行编号，有放回地抽 n 次的所有不同的抽法对应重复排列数 N^n，其中次品恰好出现 k 件的取法数为 $\binom{n}{k}M^k(N-M)^{n-k}$. 故所求概率为

$$P(A)=\frac{\binom{n}{k}M^k(N-M)^{n-k}}{N^n}=\binom{n}{k}\left(\frac{M}{N}\right)^k\left(1-\frac{M}{N}\right)^{n-k}. \tag{1.3.2}$$

（2）（**不放回抽取**）从 N 件产品中取出 n 件的所有不同取法对应组合数 $\binom{N}{n}$，"恰好取到 k 件次品"对应的样本点数为 $\binom{M}{k}\binom{N-M}{n-k}$，故所求概率为

$$P(A)=\frac{\binom{M}{k}\binom{N-M}{n-k}}{\binom{N}{n}}. \tag{1.3.3}$$

注　由上例看出，抽样方法不同，计算出的概率也是不同的，但当产品总数 N 较大而抽取的产品数 n 相对较小时，上述两个概率的差别就可以忽略. 人们在实践中正是利用这一点，把抽取对象数目较大的不放回抽样当作有放回抽样来处理，这样用式（1.3.2）计算概率比用式（1.3.3）简便得多.

例 1.3.5　一袋中装有 $N-1$ 只黑球及 1 只白球，每次从袋中摸出一球，并换入 1 只黑球，如此继续下去，问第 k 次摸到黑球的概率是多大？

解　记 $A=$"第 k 次摸到黑球"，则 $\overline{A}=$"第 k 次摸到白球". 由题设条件，$\overline{A}$ 发生当且仅当前 $k-1$ 次都摸到黑球而第 k 次摸到白球，因此，

$$P(\overline{A})=\frac{(N-1)^{k-1}}{N^k}=\left(1-\frac{1}{N}\right)^{k-1}\frac{1}{N},$$

$$P(A)=1-P(\overline{A})=1-\frac{1}{N}\left(1-\frac{1}{N}\right)^{k-1}.$$

例 1.3.6 一对骰子掷 24 次，求至少得到一次双六的概率.

解 记 A="至少得到一次双六"，那么 $\overline{A}$="没有一次是双六"。一对骰子每掷一次有 36 种结果，于是一对骰子掷 24 次就有 36^{24} 种结果，故样本点的总数为 36^{24}，每次不出现双六的结果为 35 种，所以掷 24 次都不出现双六的所有结果有 35^{24} 种，于是

$$P(\overline{A})=\left(\frac{35}{36}\right)^{24}\approx0.51.$$

所求概率为

$$P(A)=1-P(\overline{A})=1-\left(\frac{35}{36}\right)^{24}\approx0.49.$$

1.3.2 几何概型

对于古典概型来讲，样本空间只有有限个样本点且每个样本点发生的可能性相同. 当样本空间中样本点的个数无限时，这便是下面要介绍的几何概型.

如果随机试验 E 对应的样本空间为 n 维欧氏空间的某个区域 Ω，且样本点在 Ω 内"均匀分布"，则"样本点落入 Ω 内某可测子区域 A"的概率与 A 的测度 $\mu(A)$ 成正比，而与子区域 A 的位置及形状无关，即

$$P(A)=\frac{\mu(A)}{\mu(\Omega)},\qquad(1.3.4)$$

这里 $\mu(\cdot)$ 表示测度，即长度、面积、体积等.

我们称用式（1.3.4）计算的概率为**几何概率**，相应的概率模型为**几何概型**.

例 1.3.7 （**Buffon 投针问题**）平面上画有等距离为 $a(a>0)$ 的一些平行线，向此平面任意投掷一枚长为 $l(l<a)$ 的针，试求针与平行线相交的概率.

解 以 A 表示"针与平行线相交"，如图 1—3—1 所示，以 x 表示针的中点 M 到最近一条平行线的距离，φ 表示针与最近一条平行线的交角，则

$$0\leqslant x\leqslant\frac{a}{2},\ 0\leqslant\varphi\leqslant\pi.$$

以上两式确定了平面上的一个矩形区域，这一矩形区域上的所有点构成样本空间 Ω. 要使针与平行线相交，必须且只需

$$0\leqslant x\leqslant\frac{l}{2}\sin\varphi,\ 0\leqslant\varphi\leqslant\pi.$$

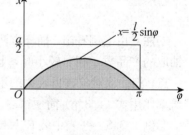

图 1—3—1

如图 1—3—1 中阴影部分所示，由于针是等可能地落在平面上的任一位置，故有

$$P(A)=\frac{\mu(A)}{\mu(\Omega)}=\frac{\int_0^\pi\frac{l}{2}\sin\varphi\mathrm{d}\varphi}{\frac{1}{2}a\pi}=\frac{2l}{\pi a}.\qquad(1.3.5)$$

注 如果 l、a 为已知，则以 π 值代入上式即可计算出 $P(A)$ 之值. 反之如果已知 $P(A)$ 的值，也可利用上述关系式求 π，其方法是投针 N 次，记下针与平行线相交的次数 n，并以频率 $\dfrac{n}{N}$ 作为 $P(A)$ 的近似值，代入式（1.3.5）即得

$$\pi \approx \frac{2Nl}{an}.$$

历史上有一些学者曾经做过这个实验. 例如，Wolf 在 1850 年投掷了 5 000 次，得到 π 的近似值为 3.159 6；Smith 在 1855 年投掷了 3 204 次，得到 π 的近似值为 3.155 4；Lazzerini 在 1901 年投掷了 3 408 次，得到 π 的近似值为 3.141 592 9,等等.

例 1.3.8 （**会面问题**）甲、乙两人约定在 0～T（单位：小时）这段时间内在某处会面，先到者等候另一人 t 小时（$t \leqslant T$）后方可离去. 如果每个人可在指定的这段时间内的任一时刻到达并且彼此独立，求两人能够会面的概率 P.

解 以 x、y 分别表示甲、乙两人到达约会地点的时刻，则两人能够会面的充分必要条件是 $|x-y| \leqslant t$. 如图 1—3—2 所示，建立平面直角坐标系，则 (x, y) 的所有可能结果构成边长为 T 的正方形区域，能够会面是指点 (x, y) 落在阴影部分，所求概率为

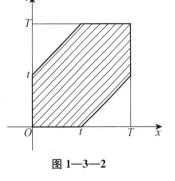

图 1—3—2

$$P = \frac{\text{阴影部分的面积}}{\text{正方形的面积}} = \frac{T^2 - (T-t)^2}{T^2} = 1 - \left(1 - \frac{t}{T}\right)^2.$$

§1.4 条件概率，全概率公式及贝叶斯公式

1.4.1 条件概率

在实际问题中，除了考虑事件 A 发生的概率 $P(A)$，有时还需考虑在"事件 B 已发生"的条件下事件 A 发生的概率. 由于增加了新的条件"事件 B 已发生"，所以后者的概率一般来说不同于 $P(A)$，我们称它为事件 B 发生的条件下事件 A 发生的概率，记为 $P(A|B)$. 例如，两台车床加工同一种零件，数据如下表所示. 从这 100 个零件中任取一个零件，记 A="取到的零件是第一台车床加工的"、B="取到合格品"，求 A 发生的条件下 B 发生的概率.

	合格品个数	次品个数	总数
第一台车床加工的零件	45	5	50
第二台车床加工的零件	40	10	50
总数	85	15	100

因为第一台车床加工了 50 个零件，其中合格品是 45 个，所以所求的概率为

$$P(B|A) = \frac{45}{50} = 0.9.$$

由于 $AB=$"取到的零件是第一台车床生产的且是合格品",所以 $P(AB)=\dfrac{45}{100}$,而 $P(A)=\dfrac{50}{100}$,因此

$$P(B|A)=\frac{45}{50}=\frac{\dfrac{45}{100}}{\dfrac{50}{100}}=\frac{P(AB)}{P(A)}.$$

定义 1.4.1 设 A,B 是两个事件,且 $P(A)>0$,称

$$P(B|A)=\frac{P(AB)}{P(A)} \tag{1.4.1}$$

为在事件 A 发生的条件下事件 B 发生的**条件概率**.

类似地,当 $P(B)>0$ 时,称

$$P(A|B)=\frac{P(AB)}{P(B)} \tag{1.4.2}$$

为在事件 B 发生的条件下事件 A 发生的**条件概率**.

例 1.4.1 已知某家庭三胞胎小孩中有女孩,求至少有一个男孩的概率(假定每个小孩是男是女是等可能的).

解 三胞胎小孩的所有可能结果不难一一列出,即 $\Omega=\{$(女,女,女),(女,女,男),(女,男,女),(女,男,男),(男,女,女),(男,女,男),(男,男,女),(男,男,男)$\}$,共含 8 个样本点.以 A,B 分别表示"三胞胎中至少有一个男孩"和"三胞胎中有女孩",则

$$P(B)=\frac{7}{8},\ P(AB)=\frac{6}{8}.$$

故

$$P(A|B)=\frac{P(AB)}{P(B)}=\frac{6}{7}.$$

条件概率 $P(\cdot|A)$ 仍然符合概率定义中的三个条件,即

(1) **非负性**:对于任一事件 B,有 $P(B|A)\geqslant 0$;

(2) **规范性**:对必然事件 Ω,有 $P(\Omega|A)=1$;

(3) **可列可加性**:设 B_1,B_2,$\cdots$ 是两两互不相容的事件,则有

$$P\left(\bigcup_{i=1}^{\infty}B_i\ \Big|\ A\right)=\sum_{i=1}^{\infty}P(B_i\ |\ A).$$

既然条件概率满足上述三个条件,故 §1.2 中的有关性质也适用于条件概率.例如,对任意事件 B_1,B_2,有

$$P(B_1\bigcup B_2|A)=P(B_1|A)+P(B_2|A)-P(B_1B_2|A).$$

例 1.4.2 在 $1\sim 2\,000$ 这 $2\,000$ 个数中随机取一个,已知取到的数不超过 $1\,000$,求它

被 6 或 8 整除的概率.

解 记 $A=$"取到的数不超过 1 000"，$B=$"取到的数被 6 整除"，$C=$"取到的数被 8 整除"，则所求概率为

$$P(B\bigcup C|A)=P(B|A)+P(C|A)-P(BC|A).$$

由于 $166<\dfrac{1\,000}{6}<167$，因此

$$P(B|A)=\frac{166}{1\,000}.$$

类似地，有

$$P(C|A)=\frac{125}{1\,000}.$$

一个数同时能被 6 和 8 整除，即被 24 整除，由 $41<\dfrac{1\,000}{24}<42$，得

$$P(BC|A)=\frac{41}{1\,000}.$$

于是所求概率为

$$P(B\bigcup C|A)=\frac{166}{1\,000}+\frac{125}{1\,000}-\frac{41}{1\,000}=\frac{1}{4}.$$

1.4.2　乘法公式

由条件概率的定义，如果 $P(A)>0$，则有

$$P(AB)=P(A)P(B|A), \tag{1.4.3}$$

称其为概率的**乘法公式**.

同理，当 $P(B)>0$ 时，有

$$P(AB)=P(B)P(A|B).$$

式(1.4.3)可推广到多个事件的积事件的情形.例如，设 A，B，C 为事件，且 $P(AB)>0$，则有

$$P(ABC)=P(A)P(B|A)P(C|AB). \tag{1.4.4}$$

一般地，设 A_1，A_2，$\cdots$，A_n 为 $n(n\geqslant2)$ 个事件，当 $P(A_1A_2\cdots A_{n-1})>0$ 时，有

$$P(A_1A_2\cdots A_n)=P(A_1)P(A_2|A_1)P(A_3|A_1A_2)\cdots P(A_n|A_1A_2\cdots A_{n-1}) \tag{1.4.5}$$

例 1.4.3 罐中有三个白球和两个黑球，从中依次取出三个，试求取出的三个球都是白球的概率.

解 记 $A_i=$"第 i 次取到白球"，$i=1$，2，3. 因

$$P(A_1) = \frac{3}{5}, \ P(A_2 \mid A_1) = \frac{2}{4}, \ P(A_3 \mid A_1 A_2) = \frac{1}{3},$$

所以

$$P(A_1 A_2 A_3) = P(A_1) P(A_2 \mid A_1) P(A_3 \mid A_1 A_2) = \frac{1}{10}.$$

例 1.4.4 （配对问题）将 n 封写好的信随机装入 n 个写好地址的信封中，求没有一封配对的概率.

解 记 $A_i=$"第 i 封信配对"，$i=1, 2, \cdots, n$，则所求概率为

$$P(\overline{A}_1 \overline{A}_2 \cdots \overline{A}_n) = P(\overline{A_1 \bigcup A_2 \bigcup \cdots \bigcup A_n}) = 1 - P\left(\bigcup_{i=1}^{n} A_i\right)$$

$$= 1 - \Big[\sum_{i=1}^{n} P(A_i) - \sum_{1 \leqslant i < j \leqslant n} P(A_i A_j) + \sum_{1 \leqslant i < j < k \leqslant n} P(A_i A_j A_k)$$

$$- \sum_{1 \leqslant i < j < k < l \leqslant n} P(A_i A_j A_k A_l) + \cdots + (-1)^{n-1} P(A_1 A_2 \cdots A_n) \Big].$$

利用古典概率的计算方法，得

$$P(A_i) = \frac{1}{n}, \ i = 1, 2, \cdots, n, \ s_1 = \sum_{i=1}^{n} P(A_i) = \frac{n}{n} = 1.$$

$$P(A_i A_j) = P(A_i) P(A_j \mid A_i) = \frac{1}{n(n-1)}, \ 1 \leqslant i < j \leqslant n,$$

$$s_2 = \sum_{1 \leqslant i < j \leqslant n} P(A_i A_j) = \binom{n}{2} \frac{1}{n(n-1)} = \frac{1}{2!}.$$

类似地，有

$$s_k = \frac{1}{k!}, \ 1 \leqslant k \leqslant n.$$

于是

$$P(\overline{A}_1 \overline{A}_2 \cdots \overline{A}_n) = 1 - [s_1 - s_2 + \cdots + (-1)^{n-1} s_n] = \sum_{k=0}^{n} \frac{(-1)^k}{k!} \to e^{-1} (n \to \infty).$$

1.4.3 全概率公式和贝叶斯公式

在计算随机事件的概率时，经常会遇到一些比较复杂的事件. 我们通常把它分成若干个互不相容的简单事件来处理.

设事件 $B_1, B_2, \cdots, B_n$ 为样本空间 Ω 的一个（有限）完备事件组或分划，且 $P(B_i) > 0$，则对任意事件 A，有

$$A = A\Omega = A\left(\bigcup_{i=1}^{n} B_i\right) = \bigcup_{i=1}^{n} (B_i A).$$

因事件 $B_1, B_2, \cdots, B_n$ 两两互不相容，则事件 $B_1 A, B_2 A, \cdots, B_n A$ 也两两互不相容. 因此

$$P(A) = P\left(\bigcup_{i=1}^{n}(B_iA)\right) = \sum_{i=1}^{n}P(B_iA),$$

又由乘法公式，得

$$P(A) = \sum_{i=1}^{n}P(B_i)P(A \mid B_i), \tag{1.4.6}$$

称式 (1.4.6) 为**全概率公式**.

例 1.4.5 有三个形状相同的罐，在第一个罐中有 2 个白球、1 个黑球；第二个罐中有 3 个白球、1 个黑球；第三个罐中有 2 个白球、2 个黑球. 某人随机地取一罐，再从该罐中任取一球，求此球是白球的概率.

解 设 $A=$"取到的球是白球"，$B_i=$"这个球来自第 i 罐"$(i=1, 2, 3)$. 根据题意，有 $P(B_1)=P(B_2)=P(B_3)=\frac{1}{3}$，$P(A|B_1)=\frac{2}{3}$，$P(A|B_2)=\frac{3}{4}$，$P(A|B_3)=\frac{1}{2}$. 由全概率公式，得

$$P(A) = \sum_{i=1}^{3}P(B_i)P(A \mid B_i) = \frac{1}{3}\times\frac{2}{3}+\frac{1}{3}\times\frac{3}{4}+\frac{1}{3}\times\frac{1}{2} = \frac{23}{36} \approx 0.639.$$

例 1.4.6 某工厂有四条流水线生产同一种产品，该四条流水线的产量分别占总产量的 15%、20%、30%、35%，又这四条流水线的次品率依次为 0.05、0.04、0.03、0.02，现从工厂生产的该产品中任取一件，问恰好取到次品的概率为多少？

解 记 $A=$"从工厂生产的该产品中任取一件，取到的是次品"，$B_i=$"取到的产品是第 i 条流水线生产的产品"$(i=1, 2, 3, 4)$，则

$$P(A) = \sum_{i=1}^{4}P(B_i)P(A \mid B_i) = 0.15\times0.05+0.20\times0.04+0.30\times0.03+0.35\times0.02$$
$$= 0.0315 = 3.15\%.$$

在上例中，若从该厂生产的产品中任取一件，取到的是次品，为了知道这件次品出自哪条流水线的可能性最大，就需要求 $P(B_i|A)(i=1, 2, 3, 4)$.

$$P(B_1|A) = \frac{P(B_1A)}{P(A)} = \frac{P(B_1)P(A|B_1)}{\sum\limits_{i=1}^{4}P(B_i)P(A|B_i)} = \frac{0.15\times0.05}{0.0315} = 0.238,$$

类似地，有

$$P(B_2|A)=0.254, \quad P(B_3|A)=0.286, \quad P(B_4|A)=0.222.$$

这说明这件次品出自第三条流水线的可能性最大.

一般地，设试验 E 的样本空间为 Ω，事件 $B_1, B_2, \cdots, B_n$ 为 Ω 的一个分划，且 $P(B_i)>0$，则对任一事件 A，有

$$P(B_i \mid A) = \frac{P(B_i)P(A \mid B_i)}{\sum\limits_{j=1}^{n}P(B_j)P(A \mid B_j)}, \quad i=1, 2, \cdots, n. \tag{1.4.7}$$

称式 (1.4.7) 为**贝叶斯公式**或**逆概率公式**.

以例 1.4.6 来说，"抽查一件产品" 是进行一次试验，那么 $P(B_i)$ 是在试验之前就已经知道的概率，所以常称它们为**先验概率**(先于试验)，实际上它是过去已经掌握的情况的反映，对试验将要出现的结果提供了一定的信息，若试验结果出现次品(A 发生了)，这时条件概率 $P(B_i|A)$ 反映了在试验之后，对 A 发生的某种"来源"(即次品的来源)的可能性大小的估计，常称为**后验概率**，它使得我们在试验之后对各种原因发生的可能性的大小有进一步的了解.

若 B_1, B_2, $\cdots$, B_n 是病人可能患的 n 种不同疾病，在诊断前先检验与这些疾病有关的某些指标(如体温、血压、白血球、转氨酶含量等)，如果检查结果显示病人的某些指标偏离了正常值(即 A 发生了)，从概率的角度考虑，若 $P(B_i|A)$ 较大，则病人患 B_i 病的可能性也较大.但要用贝叶斯公式计算出 $P(B_i|A)$，需把过去病例中得到的先验概率 $P(B_i)$ 值代入(医学上称 $P(B_i)$ 为 B_i 病的病人发病率).人们常喜欢找"有经验"的医生给自己治病，因过去的经验能帮助医生作出较准确的诊断，而贝叶斯公式正是利用了"经验"的知识，这类方法过去和现在都受到人们的普遍重视，并称之为**贝叶斯方法**.

例 1.4.7 根据以往的临床记录，某种诊断癌症的试验具有如下的结果：若记 $A=$"试验反应为阳性"，$C=$"被诊断者患有癌症"，则有 $P(A|C)=0.95$，$P(\overline{A}|\overline{C})=0.95$，现在对自然人群进行普查，设被试验者患有癌症的概率为 0.005，试求 $P(C|A)$.

解 已知 $P(A|C)=0.95$，$P(\overline{A}|\overline{C})=0.95$，$P(C)=0.005$，所以

$$P(A|\overline{C})=1-P(\overline{A}|\overline{C})=0.05, \quad P(\overline{C})=1-P(C)=0.995.$$

由贝叶斯公式，有

$$P(C|A)=\frac{P(C)P(A|C)}{P(C)P(A|C)+P(\overline{C})P(A|\overline{C})}=\frac{0.005\times0.95}{0.005\times0.95+0.995\times0.05}=0.087.$$

这个结果表明，虽然 $P(A|C)=0.95$，$P(\overline{A}|\overline{C})=0.95$，但是若将此试验用于普查，则有 $P(C|A)=0.087$，即 1 000 个具有阳性反应的人中大约只有 87 人患有癌症.如果注意不到这一点，将会得出错误的判断.

§1.5 事件的独立性及伯努利概型

1.5.1 事件的独立性

由上一节可知，条件概率 $P(B|A)$ 与无条件概率 $P(B)$ 是不同的.但是，当事件 A 的发生与否对事件 B 的发生没有影响时，就有 $P(B|A)=P(B)$.这时，由乘法公式，有

$$P(AB)=P(A)P(B|A)=P(A)P(B).$$

例 1.5.1 设一箱中装有同类型的电子元件 10 件，其中有 8 件合格品，2 件次品.现每次从箱中任取一件，观察其是否为合格品.用 A 表示事件"第一次从箱中取得的是次品"，用 B 表示事件"第二次从箱中取得的是合格品".试验证 $P(B|A)$ 与 $P(B)$ 是否相等.

解 (1) 如果采用不放回抽取, 有

$$P(B|A)=\frac{8}{9},\ P(B|\overline{A})=\frac{7}{9},$$

$$P(B)=P(A)P(B|A)+P(\overline{A})P(B|\overline{A})=\frac{2}{10}\times\frac{8}{9}+\frac{8}{10}\times\frac{7}{9}=\frac{4}{5}.$$

因此, $P(B)\neq P(B|A)$.

(2) 如果采用放回抽取, 则

$$P(B|A)=\frac{8}{10}=\frac{4}{5}=P(B).$$

此时, 有

$$P(AB)=P(A)P(B|A)=P(A)P(B)=\frac{2}{10}\times\frac{4}{5}=\frac{4}{25}.$$

定义 1.5.1 对任意两个事件 A、B, 若

$$P(AB)=P(A)P(B),\qquad\qquad\qquad (1.5.1)$$

则称事件 A 与 B **相互独立**, 简称**独立**.

若 $P(A)>0$, $P(B)>0$, 则事件 A, B 相互独立与事件 A, B 互不相容不能同时成立. 事实上, 若 A, B 相互独立, 则 $P(AB)=P(A)P(B)>0$, 从而 $AB\neq\varnothing$, 即 A, B 不是互不相容的. 反之, 若 A, B 互不相容, 则 $P(AB)=0\neq P(A)P(B)$, 因此, A, B 不是相互独立的.

事件的独立性是概率论中一个很重要的概念, 几乎遍及概率统计的每个角落. 关于事件的独立性有如下性质:

(1) 若 $P(A)>0$(或 $P(B)>0$), 则事件 A, B 相互独立的充分必要条件是 $P(B)=P(B|A)$ (或 $P(A)=P(A|B)$).

(2) 若事件 A 与 B 相互独立, 则事件 A 与 $\overline{B}$; $\overline{A}$ 与 B; $\overline{A}$ 与 $\overline{B}$ 也相互独立.

证明 (这里只证明 A 与 $\overline{B}$ 相互独立)因事件 A, B 相互独立, 则 $P(AB)=P(A)P(B)$. 又因 $A\overline{B}=A-B=A-AB$, 且 $AB\subset A$. 由概率的性质, 有

$$P(A\overline{B})=P(A)-P(AB)=P(A)[1-P(B)]=P(A)P(\overline{B}).$$

因此 A 与 $\overline{B}$ 相互独立.

关于事件的独立性的定义可以推广到多个事件的情形.

定义 1.5.2 设 A_1, A_2, $\cdots$, A_n 是 $n(n\geq2)$ 个事件, 如果其中任意 $k(2\leq k\leq n)$ 个事件 A_{i_1}, A_{i_2}, $\cdots$, A_{i_k} 相互独立, 即

$$P(A_{i_1}A_{i_2}\cdots A_{i_k})=P(A_{i_1})P(A_{i_2})\cdots P(A_{i_k}),$$

则称事件 A_1, A_2, $\cdots$, A_n **相互独立**.

特别地, 设 A, B, C 是三个事件, 如果满足:

$$P(AB)=P(A)P(B),$$
$$P(BC)=P(B)P(C),$$
$$P(AC)=P(A)P(C),$$
$$P(ABC)=P(A)P(B)P(C),$$

$$(1.5.2)$$

则称事件 A，B，C 相互独立.

由性质(2)，若事件 A_1，A_2，$\cdots$，A_n 相互独立，则把 A_1，A_2，$\cdots$，A_n 中任意多个事件换成其对立事件后所得的 n 个事件仍相互独立.

例 1.5.2 某车间中，一位工人操作甲、乙两台没有联系的自动车床. 由积累的数据知道，这两台车床在某段时间内停车的概率分别为 0.15 和 0.20，求这段时间内至少有一台车床不停车的概率.

解 用 A、B 分别表示甲、乙车床不停车，因为两台车床没有联系，所以事件 A 与 B 相互独立，则这段时间内至少有一台车床不停车的概率为

$$P(A\bigcup B)=P(A)+P(B)-P(AB)$$
$$=P(A)+P(B)-P(A)P(B)$$
$$=0.85+0.80-0.85\times0.80=0.97.$$

1.5.2 伯努利概型

如果试验 E 只有两个可能的结果：A 及 $\overline{A}$，则称 E 为**伯努利(Bernoulli)试验**. 设 $P(A)=p(0<p<1)$，此时 $P(\overline{A})=1-p$. 将试验 E 独立重复地进行 n 次，则称这一串重复的独立试验为 **n 重伯努利试验**. 例如，抛掷一枚硬币 10 次就是 10 重伯努利试验；抛掷一颗骰子 5 次，每掷一次可理解为"出现的点数为 i"和"出现的点数不是 i"两个事件，因此是 5 重伯努利试验.

将试验独立地进行 n 次是指各次试验是相互独立的，所谓"试验是相互独立的"则理解为试验的结果是相互独立的. 下面考虑在 n 重伯努利试验中，事件 A 发生 k 次的概率 $P_n(k)$.

记 $B_k=$ "n 重伯努利试验中事件 A 发生 k 次"，$A_i=$ "第 i 次试验中事件 A 发生"，$i=1$，2，$\cdots$，n. 事件 B_k 应是 n 次试验中有 k 次事件 A 发生、$n-k$ 次事件 $\overline{A}$ 发生的一切可能事件的和，即

$$B_k=A_1A_2\cdots A_k\overline{A}_{k+1}\cdots\overline{A}_n\bigcup\cdots\bigcup\overline{A}_1\overline{A}_2\cdots\overline{A}_{n-k}A_{n-k+1}\cdots A_n.$$

和式中共有 $\binom{n}{k}$ 项，且两两互不相容，由事件的独立性及概率的有限可加性，得

$$P_n(k)=P(B_k)=\binom{n}{k}p^k(1-p)^{n-k}=\binom{n}{k}p^kq^{n-k}, \quad k=0,1,\cdots,n.$$

$$(1.5.3)$$

这里 $q=1-p$.

例 1.5.3 设某人打靶的命中率为 0.7，现独立重复地射击 5 次，求恰好命中两次的概率.

解 每次打靶只有两个可能结果：$A=$ "命中"，$\overline{A}=$ "没有命中"，且 $p=P(A)=0.7$，

这是一个 5 重伯努利试验，因此所求概率为

$$P_5(2)=\binom{5}{2}\times 0.7^2\times 0.3^3=0.132.$$

例 1.5.4 对某种药物的疗效进行研究，假定这种药物对某种疾病的治愈率 $p=0.8$，有 10 个患此病的病人同时服用这种药，求其中至少有 6 个病人治愈的概率 P.

解 任一病人服用该药只有两种结果：A＝"治愈"，$\bar{A}$＝"没有治愈"，且 $P(A)=0.8$，$P(\bar{A})=0.2$. 因每个病人服药后是否治愈是彼此独立的，这是 10 重伯努利试验. 因此，所求概率为

$$P=\sum_{k=6}^{10}P_{10}(k)=\sum_{k=6}^{10}\binom{10}{k}\times(0.8)^k\times(0.2)^{10-k}=0.967.$$

例 1.5.5 一人驾车从城中甲地到乙地，途中经过若干交通路口，设他在每个路口遇"红灯"的概率均为 0.4，试求：

(1) 此人过 5 个路口仅遇到一次"红灯"的概率；

(2) 此人第 5 次过路口才遇到"红灯"的概率；

(3) 此人在第 5 个路口已是第 3 次遇"红灯"的概率.

解 此人每过一路口有两个结果：A＝"遇红灯"或 $\bar{A}$＝"遇绿灯"，且 $P(A)=0.4$. 则

(1) $P_1=P_5(1)=\binom{5}{1}\times 0.4\times(0.6)^4=0.259$；

(2) 此人第 5 次过路口才遇到"红灯"说明前 4 个路口都遇到"绿灯"，第 5 个路口遇上"红灯"，因此所求概率为

$$P_2=P_4(0)\times 0.4=\binom{4}{0}\times(0.4)^0\times(0.6)^4\times 0.4=0.052；$$

(3) 此人在第 5 个路口已是第 3 次遇"红灯"说明前 4 个路口已两次遇到"红灯"，第 5 个路口也遇上"红灯"，所求概率为

$$P_3=P_4(2)\times 0.4=\binom{4}{2}\times(0.4)^2\times(0.6)^2\times 0.4=0.138.$$

习题一

1. 某工人加工了三个零件，设事件 A_i 为"加工的第 i 个零件是合格品"（$i=1,2,3$），试用 A_1,A_2,A_3 表示下列事件：(1) 只有第一个零件是合格品；(2) 只有一个零件是合格品；(3) 至少有一个零件是合格品；(4) 最多有一个零件是合格品.

2. 一名射手连续向某个目标射击三次，设 A_i 表示"该射手第 i 次射击时击中目标"（$i=1,2,3$）. 试用文字叙述下列事件：

$\overline{A_1}\overline{A_2}$；$A_1 \cup A_2 \cup A_3$；$A_3 - A_2$；$\overline{A_2 A_3}$；$A_1 A_2 \cup A_1 A_3 \cup A_3 A_2$.

3. 设 A 和 B 是同一试验 E 的两个随机事件，求证：

$$1 - P(\overline{A}) - P(\overline{B}) \leqslant P(AB) \leqslant P(A \cup B).$$

4. 已知 $P(A) = \dfrac{1}{4}$，$P(B) = \dfrac{1}{3}$，

(1) 当 A，B 互斥时，求 $P(\overline{A}B)$；

(2) 当 $A \subset B$ 时，求 $P(\overline{A}B)$；

(3) 当 $P(AB) = \dfrac{1}{8}$ 时，求 $P(\overline{A}B)$.

5. 已知 $P(A \cup B) = 0.7$，$P(A) = 0.5$，$P(B) = 0.4$，求 $P(AB)$，$P(A-B)$，$P(\overline{A} \cup B)$.

6. 设有事件 A，B，C，已知 $P(A) = P(B) = P(C) = \dfrac{1}{4}$，$P(AB) = P(BC) = 0$，$P(AC) = \dfrac{1}{8}$，求 A，B，C 中至少有一个发生的概率.

7. 袋中有均匀的 5 个红球和 3 个黄球，从中任取两个球，求取出的两个球都是红球的概率.

8. 将一枚均匀的骰子抛掷两次，求两次出现的点数之和等于 8 的概率.

9. 将 n 个人等可能地分配到 $N(n \leqslant N)$ 间房，试求下列事件的概率：

(1) 某指定的 n 间房中各有一人；

(2) 恰有 n 间房各有一人.

10. 一副扑克牌 52 张（没有大、小王），从中任意抽取 13 张，求至少有 1 张"J"的概率.

11. 在一水池中有 3 条鱼甲、乙、丙竞争捕食. 设甲或乙竞争到食物的机会是 $\dfrac{1}{2}$，甲或丙竞争到食物的机会是 $\dfrac{3}{4}$，且一次竞争的食物只能被一条鱼享用. 问哪条鱼是最优的捕食者?

12. 将 C，C，E，E，I，N，S 这 7 个字母随机排成一排，求恰好排成英文单词 SCIENCE 的概率.

13. 在区间 $(0, 1)$ 内任取两个数 x，y，求 $xy < \dfrac{1}{3}$ 的概率.

14. 设某地区在历史上从某次特大洪水发生后 30 年内发生特大洪水的概率为 80%，在 40 年内发生特大洪水的概率为 85%. 现该地区已 30 年无特大洪水，问未来 10 年内该地区发生特大洪水的概率是多少?

15. 设 A，B，C 是随机事件，A，C 互不相容，$P(AB) = \dfrac{1}{2}$，$P(C) = \dfrac{1}{3}$，求 $P(AB|\overline{C})$.

16. 一批灯泡共 100 只，次品率为 10%. 不放回地抽取 3 次，每次取一只，求第三次才取到合格品的概率.

17. 两台车床加工同样的零件，第一台出现废品的概率是 0.03，第二台出现废品的概率是 0.02，加工出来的零件放在一起，并且已知第一台加工的零件比第二台加工的零件多

一倍，求任意取出的零件是合格品的概率.

18. 根据美国的一份资料报道，在美国患肺癌的概率为 0.1%. 普通人群中有 20% 是吸烟者，他们患肺癌的概率约为 0.4%，求不吸烟者患肺癌的概率为多少？

19. 一个工厂有甲、乙、丙三个车间生产同一种螺钉，每个车间生产量分别占总产量的 25%、35%、40%，每个车间生产的螺钉中二等品分别占 50%、40%、20%. 在全厂的该种产品中随机抽取一个，发现是二等品，它恰是由甲、乙、丙车间生产的概率分别是多少？

20. 设有 4 张同样的卡片，1 张涂上红色，1 张涂上黄色，1 张涂上绿色，1 张涂上红、黄、绿三种颜色. 从这 4 张卡片中任取一张，用 A，B，C 分别表示事件"取出的卡片上涂有红色"、"取出的卡片上涂有黄色"、"取出的卡片上涂有绿色". 问事件 A，B，C 相互独立吗？

21. 假定每个人的血清中含有肝炎病毒的概率为 0.004，混合 100 个人的血清，求此混合血清含肝炎病毒的概率.

22. 设在独立重复试验中每次试验成功的概率是 0.5，问需要进行多少次试验，才能使至少成功一次的概率不小于 0.9？

23. 一射手对同一目标进行四次射击，若至少命中一次的概率为 $\frac{80}{81}$，求该射手的命中率.

24. 设 10 件产品中有 4 件不合格品，从中任取 2 件，已知取得的两件中有一件是不合格品，求另一件也是不合格品的概率.

25. 甲、乙两人独立地向一目标射击，其命中率分别为 0.6 和 0.5，已知目标被击中，求它是被乙击中的概率.

第二章

随机变量及其分布

§2.1 随机变量及其分布函数

为了全面研究随机试验的结果,揭示随机现象的统计规律性,需要把随机试验的结果数量化,即随机变量. 本章引入随机变量及其概率分布的概念,并介绍若干常见的分布以及随机变量函数的分布.

2.1.1 随机变量的概念

引例 抛掷一颗骰子,观察其出现的点数,记 $\omega_i=$ "出现的点数为 i", $i=1,2,\cdots,6$. 则其样本空间为

$$\Omega=\{\omega_1,\omega_2,\cdots,\omega_6\}.$$

如果用 X 来表示出现的点数,即 " $X=i$ "$=\omega_i$, $i=1,2,\cdots,6$. 这样,对样本空间 Ω 中的每一个样本点 ω, X 都有一个实数与之对应. 因此, X 是定义在样本空间 Ω 上的一个实单值函数,其定义域是样本空间 Ω,而值域为 $\{1,2,\cdots,6\}$.

定义 2.1.1 设 E 是随机试验, Ω 是其样本空间. 如果对每一个 $\omega\in\Omega$,总有一个实数 $X(\omega)$ 与之对应,则称 Ω **上的实值函数 $X(\omega)$ 为 E 的一个随机变量**. 一般地,对于随机变量 $X(\omega)$,与之联系的样本空间常略去不写,将其简记为 X,并且常用大写英文字母 X, Y, Z 等表示随机变量,而以小写英文字母 x, y, z 等表示实数. 如果随机变量 X 的可能取值为有限个或无限可列个,则称 X 为**离散型随机变量**. 如果随机变量 X 的可能取值充满实数轴上的一个区间 (a,b),则称 X 为**连续型随机变量**,其中 a 可以是 $-\infty$, b 可以是 $+\infty$.

这个定义表明:随机变量 X 是关于样本点 ω 的一个函数,这个函数可以是不同样本点对应不同的实数,也允许多个样本点对应同一个实数. 此外,这个函数的自变量(样本点)可以是数,也可以不是数,但因变量必须是实数.

例 2.1.1 设某射手每次射击命中目标的概率为 0.8,现连续射击 30 次. 以 X 表示命中目标的次数,因 X 可能取 $0,1,2,\cdots,30$,则 X 是一个离散型随机变量. 显然 $\{X=0\}$, $\{X=1\}$, $\{X=2\}$, $\cdots$, $\{X=30\}$ 都是随机事件.

例 2.1.2 抛掷一枚均匀硬币,若记 $\omega_1=$ "正面向上", $\omega_2=$ "正面向下",则样本空间为 $\Omega=\{\omega_1,\omega_2\}$. 于是,可引入随机变量

$$X(\omega)=\begin{cases}1, & \omega=\omega_1,\\0, & \omega=\omega_2.\end{cases}$$

例 2.1.3 某公共汽车站每隔 5 分钟有一辆汽车通过,假设乘客在任一时刻到达车站是等可能的,则乘客候车时间 X 是一个随机变量. 因为 X 可取到区间 $[0,5)$ 上任意一个值,故 X 是一个连续型随机变量.

2.1.2 随机变量的分布函数

为了研究随机变量的统计规律性,则需要知道其取各种值的概率. 由于

$$\{a<X\leqslant b\}=\{X\leqslant b\}-\{X\leqslant a\},\ \{X>c\}=\Omega-\{X\leqslant c\},$$

因此,对任意实数 x,知道事件 $\{X\leqslant x\}$ 的概率就足够了. 为此,我们引入随机变量的分布函数.

定义 2.1.2 设 X 是一个随机变量, x 为任意实数,称函数

$$F(x)=P(X\leqslant x),\ -\infty<x<+\infty \tag{2.1.1}$$

为随机变量 X 的**分布函数**. $F(x)$ 表示随机变量 X 的取值落在区间 $(-\infty,x]$ 的概率.

分布函数 $F(x)$ 具有以下性质:

(1) $0\leqslant F(x)\leqslant 1$, $x\in(-\infty,+\infty)$,且

$$F(-\infty)=\lim_{x\to-\infty}F(x)=0,\ F(+\infty)=\lim_{x\to+\infty}F(x)=1.$$

由 $F(x)$ 的定义直接可得 $0\leqslant F(x)\leqslant 1$. 当 $x\to-\infty$ 时,事件 $\{X\leqslant x\}$ 越来越趋于不可能事件,故其概率 $P(X\leqslant x)$ 趋于零,即 $F(-\infty)=\lim_{x\to-\infty}F(x)=0$. 类似地,可以得到 $F(+\infty)=\lim_{x\to+\infty}F(x)=1$.

(2) $F(x)$ 是 x 的单调不减函数,即对任意实数 x_1, x_2,当 $x_1<x_2$ 时,有

$$F(x_1)\leqslant F(x_2).$$

事实上,因 $\{X\leqslant x_1\}\subset\{X\leqslant x_2\}$,于是

$$P(x_1<X\leqslant x_2)=P(X\leqslant x_2)-P(X\leqslant x_1)=F(x_2)-F(x_1).$$

再由 $P(x_1<X\leqslant x_2)\geqslant 0$,得 $F(x_1)\leqslant F(x_2)$.

(3) $F(x)$ 是右连续函数,即对任意实数 x_0,有

$$\lim_{x\to x_0^+}F(x)=F(x_0),\ 即\ F(x_0+0)=F(x_0).$$

有了随机变量 X 的分布函数,要求 X 落在某个区间内的概率也就方便得多了. 例如,对任意的实数 a, $b(a<b)$,有

$$P(X=a)=F(a)-F(a-0);$$

$$P(X>a)=1-P(X\leqslant a)=1-F(a);$$

$$P(a<x\leqslant b)=F(b)-F(a);$$

$$P(a<x<b)=F(b-0)-F(a);$$

$$P(a\leqslant x\leqslant b)=F(b)-F(a-0).$$

特别地，当 $F(x)$ 为连续函数时，有

$$F(a-0)=F(a),\ F(b-0)=F(b).$$

这些公式将会在今后的概率计算中经常用到.

例 2.1.4 设随机变量 X 的分布函数为

$$F(x)=\begin{cases}0, & x<0,\\ 16x^2, & 0\leqslant x<\dfrac{1}{4},\\ 1, & x\geqslant\dfrac{1}{4}.\end{cases}$$

试求：(1) $P\left(X=\dfrac{1}{4}\right)$；(2) $P\left(-\dfrac{1}{2}<X\leqslant\dfrac{1}{2}\right)$；(3) $P\left(0\leqslant X\leqslant\dfrac{1}{2}\right)$.

解 (1) $P\left(X=\dfrac{1}{4}\right)=F\left(\dfrac{1}{4}\right)-F\left(\dfrac{1}{4}-0\right)=1-1=0$；

(2) $P\left(-\dfrac{1}{2}<X\leqslant\dfrac{1}{2}\right)=F\left(\dfrac{1}{2}\right)-F\left(-\dfrac{1}{2}\right)=1-0=1$；

(3) $P\left(0\leqslant X\leqslant\dfrac{1}{2}\right)=F\left(\dfrac{1}{2}\right)-F(0-0)=1-0=1$.

例 2.1.5 现有一靶子是半径为 2m 的圆盘，设击中靶上任一同心圆盘上点的概率与该圆盘的面积成正比，并假设每次射击都能中靶，以 X 表示弹着点与圆心的距离. 试求随机变量 X 的分布函数.

解 当 $x<0$ 时，事件 $\{X\leqslant x\}$ 是不可能事件，于是，$F(x)=P(X\leqslant x)=0$.

当 $0\leqslant x\leqslant 2$ 时，由题意 $P(0\leqslant x\leqslant x)=kx^2$，$k$ 为常数. 为了确定 k 的值，取 $x=2$，有 $P(0\leqslant x\leqslant 2)=4k$. 又已知 $P(0\leqslant x\leqslant 2)=1$，则 $k=\dfrac{1}{4}$. 故 $P(0\leqslant X\leqslant x)=\dfrac{x^2}{4}$，所以

$$F(x)=P(X\leqslant x)=P(X<0)+P(0\leqslant X\leqslant x)=\dfrac{x^2}{4}.$$

当 $x\geqslant 2$ 时，由题意 $\{X\leqslant x\}$ 是必然事件，于是 $F(x)=P(X\leqslant x)=1$.

故，X 的分布函数为

$$F(x)=\begin{cases}0, & x<0,\\ \dfrac{x^2}{4}, & 0\leqslant x<2,\\ 1, & x\geqslant 2.\end{cases}$$

§2.2 离散型随机变量及其分布

对于常见的随机变量，根据其可能取值的整体状况，通常将其分为两类进行讨论：离散型和连续型. 与微积分中的变量不同，概率论中的随机变量 X 是一种"随机取值的变量且每一个随机变量都伴随一个分布". 以离散型随机变量为例，我们不仅要知道 X 可能取哪些值，而且还要知道它取这些值的概率各是多少. 这就是下面将要介绍的离散型随机变量的概率分布.

2.2.1 离散型随机变量及其概率分布

定义 2.2.1 若随机变量 X 的可能取值为 x_1，x_2，…，记

$$P(X=x_k)=p_k, \ k=1, 2, \cdots \tag{2.2.1}$$

称式 (2.2.1) 为 X 的概率**分布列**或**分布律**或**分布**. 通常将分布列表示为如下表格形式：

$$
\begin{array}{c|ccccc}
X & x_1 & x_2 & \cdots & x_k & \cdots \\
\hline
p_k & p_1 & p_2 & \cdots & p_k & \cdots
\end{array}
\tag{2.2.2}
$$

分布列中的 p_k 满足：

(1) **非负性**：$p_k \geqslant 0$，$k=1, 2, \cdots$； $\tag{2.2.3}$

(2) **正则性**：$\sum\limits_k p_k = 1$. $\tag{2.2.4}$

一方面，以上两条性质是分布列必须具有的基本性质，同时也是判断某个数列是否能成为分布列的充要条件. 也就是说，对任一满足式 (2.2.3)、式 (2.2.4) 的数列 $\{p_k\}$ 一定是某一离散型随机变量的概率分布列. 另一方面，由随机变量 X 的分布列可以很容易写出 X 的分布函数

$$F(x) = P(X \leqslant x) = \sum_{x_k \leqslant x} P(X = x_k) = \sum_{x_k \leqslant x} p_k. \tag{2.2.5}$$

这里的和式是指对所有满足 $x_k \leqslant x$ 的 p_k 求和，由此可得分布函数 $F(x)$ 在 $x = x_k$ （$k=1, 2, \cdots$）处有跳跃值 p_k.

例 2.2.1 设随机变量 X 的概率分布列为

$$P(X=k)=\frac{Ck}{N}, \ (k=1, 2, \cdots, N),$$

求常数 C.

解 由非负性知 $C \geqslant 0$，又由正则性，有

$$\sum_{k=1}^{N} P(X = k) = \sum_{k=1}^{N} \frac{Ck}{N} = \frac{C(N+1)}{2} = 1,$$

所以 $C=\dfrac{2}{N+1}$.

例 2.2.2 将三个小球随机地投入四个盒子中,以 X 表示盒子中球的最大数目,试求 X 的分布列及 $P(X\leqslant 2)$,并写出 X 的分布函数.

解 X 的可能取值为 $1,2,3$,则

$$P(X=1)=\dfrac{C_4^3\times 3!}{4^3}=\dfrac{3}{8},\ P(X=2)=\dfrac{C_4^1\times C_3^2\times 3}{4^3}=\dfrac{9}{16},\ P(X=3)=\dfrac{C_4^1}{4^3}=\dfrac{1}{16}.$$

即

X	1	2	3
p_k	3/8	9/16	1/16

$$P(X\leqslant 2)=P(X=1)+P(X=2)=\dfrac{3}{8}+\dfrac{9}{16}=\dfrac{15}{16}.$$

X 的分布函数为

$$F(x)=\begin{cases}0, & x<1,\\ 3/8, & 1\leqslant x<2,\\ \dfrac{3}{8}+\dfrac{9}{16}=\dfrac{15}{16}, & 2\leqslant x<3,\\ \dfrac{3}{8}+\dfrac{9}{16}+\dfrac{1}{16}=1, & x\geqslant 3.\end{cases}$$

2.2.2 常见的离散型随机变量的概率分布

1. 两点分布

若 X 的分布列为

$$P(X=k)=p^k(1-p)^{1-k},\ k=0,1.$$

或

X	0	1
p_k	$1-p$	p

(2.2.6)

其中 $0<p<1$,则称 X 服从参数为 p 的两点分布,或称 $0-1$ 分布.

例 2.2.3 设 100 件产品中,有 95 件正品、5 件次品,现从中随机抽取一件. 以 X 表示取到的次品数,则 X 服从两点分布

X	0	1
p_k	0.95	0.05

其分布函数为

$$F(x)=\begin{cases}0, & x<0,\\ 0.95, & 0\leqslant x<1,\\ 1, & x\geqslant 1.\end{cases}$$

2. 二项分布

在第一章中我们曾介绍了 **n 重伯努利试验**，假设在每次试验中事件 A 发生的概率为 p，即 $P(A)=p(0<p<1)$. 以 X 表示 n 重伯努利试验中事件 A 发生的次数，则 X 是一个随机变量，X 的所有可能取值为 $0, 1, 2, \cdots, n$. 由 §1.5，有

$$P(X=k)=\binom{n}{k}p^k q^{n-k}, \quad k=0, 1, 2, \cdots, n,$$

其中 $p+q=1, 0<p<1$.

显然 $p_k=P(X=k)\geqslant 0, k=0, 1, 2, \cdots, n$；且

$$\sum_{k=0}^{n} P(X=k) = \sum_{k=0}^{n}\binom{n}{k}p^k q^{n-k} = (p+q)^n = 1.$$

所以，这些 p_k 满足式 (2.2.3) 和式 (2.2.4). 注意到 $\binom{n}{k}p^k q^{n-k}$ 刚好是二项式 $(p+q)^n$ 的展开式中出现 p^k 的那一项.

定义 2.2.2 若 X 的分布列为

$$P(X=k)=\binom{n}{k}p^k q^{n-k}, \quad k=0, 1, 2, \cdots, n, \tag{2.2.7}$$

其中 $p+q=1, 0<p<1$，此时称随机变量 X 服从**参数为 n, p 的二项分布**，记为 $X\sim B(n, p)$. 这里的大写字母 B 取自英文单词 Binomial（二项式）的第一个字母.

通常，我们把二项分布的第 k 项记为 $b(k; n, p)$，即

$$b(k; n, p)=\binom{n}{k}p^k q^{n-k}.$$

特别地，当 $n=1$ 时，二项分布式 (2.2.7) 变为

$$P(X=k)=p^k (1-p)^{1-k}, \quad k=0, 1.$$

这就是前面我们所介绍的 0—1 分布.

例 2.2.4 一种 40 瓦的灯泡，规定其使用寿命超过 2 000 小时的为正品，否则为次品. 已知有一大批这样的灯泡，其次品率为 0.1. 现从该批灯泡中随机抽取 20 只做寿命试验，问这 20 只灯泡中恰有 k 只是次品的概率为多少？

解 根据题意，这是不放回抽样，但由于这批灯泡的总数很大，且抽取灯泡的数量相对于灯泡总数来讲非常小. 因此，可以把这种试验当作有放回抽样来处理. 当然这样做会有一些误差，但是误差不大. 我们把观察一只灯泡的使用寿命是否超过 2 000 小时看成一次试验，观察 20 只灯泡相当于做 20 次伯努利试验，以 X 表示 20 只灯泡中次品的只数，则 X 是一个随机变量，且 $X\sim B(20, 0.1)$. 于是，由式 (2.2.7) 可知所求概率为

$$P(X=k)=\binom{20}{k}(0.1)^k (0.9)^{20-k}, \quad k=0, 1, 2, \cdots, 20.$$

代入上面的公式得到计算结果如下：

$P(X=0)=0.121\,6$	$P(X=3)=0.190\,1$	$P(X=6)=0.008\,9$	$P(X=9)=0.000\,05$
$P(X=1)=0.270\,2$	$P(X=4)=0.089\,8$	$P(X=7)=0.003\,4$	$P(X=10)=0.000\,006$
$P(X=2)=0.285\,2$	$P(X=5)=0.031\,9$	$P(X=8)=0.000\,4$	

当 $k\geqslant11$ 时，$P(X=k)<0.000\,001$

例 2.2.5 有一批产品，其中有 20% 的不合格品，现在从中任取 3 件，求其中至多有一件不合格品的概率.

解 设取出的不合格品数为 X，则 $X\sim B(3,0.2)$. X 的分布列为

$$P(X=k)=\binom{3}{k}(0.2)^k(0.8)^{3-k}, k=0,1,2,3.$$

于是所求概率为

$$P(X\leqslant1)=P(X=0)+P(X=1)=0.8^3+3\times0.2\times0.8^2=0.896.$$

3. 泊松分布

泊松分布是 1837 年由法国数学家泊松（Poisson，1781—1840）首次提出的.

定义 2.2.3 设随机变量 X 的所有可能取值为 0，1，2，…，而取各个值的概率为

$$P(X=k)=\frac{\lambda^k}{k!}\mathrm{e}^{-\lambda}, k=0,1,2,\cdots, \tag{2.2.8}$$

其中 $\lambda>0$ 且为常数，则称随机变量 X 服从**参数为 λ 的泊松(Poisson)分布**，记为 $X\sim P(\lambda)$.

易知，$P(X=k)\geqslant0$，$k=0,1,2,\cdots$，且有

$$\sum_{k=0}^{\infty}P(X=k)=\sum_{k=0}^{\infty}\frac{\lambda^k}{k!}\mathrm{e}^{-\lambda}=\mathrm{e}^{-\lambda}\sum_{k=0}^{\infty}\frac{\lambda^k}{k!}=\mathrm{e}^{-\lambda}\mathrm{e}^{\lambda}=1.$$

泊松分布是一种常见的离散分布，它常与单位时间（或单位面积、单位产品等）内的计数过程相联系. 例如，某地区在一天内邮递遗失的信件数；某一地区一个时间间隔内发生交通事故的次数；某城市一年内发生的火灾次数；某一本书一页中的印刷错误数；某交换台一段时间内的电话呼唤次数等都服从泊松分布.

例 2.2.6 某一城市每天发生交通事故的次数 X 服从参数 $\lambda=0.8$ 的泊松分布，求该城市一天内发生 3 次或 3 次以上交通事故的概率.

解 根据题意可得，$X\sim P(0.8)$，则由概率的性质及式（2.2.8），得

$$P(X\geqslant3)=1-P(X<3)=1-P(X=0)-P(X=1)-P(X=2)$$
$$=1-\mathrm{e}^{-0.8}\left(\frac{0.8^0}{0!}+\frac{0.8^1}{1!}+\frac{0.8^2}{2!}\right)=0.047\,4.$$

下面介绍一个用泊松分布来逼近二项分布的定理.

*定理 2.2.1(泊松定理) 设在 n 重伯努利试验中，事件 A 在一次试验中出现的概率为 p_n（p_n 与 n 有关），若 $n\to\infty$ 时，$np_n\to\lambda$（$\lambda>0$ 且为常数），则有

$$\lim_{n\to\infty}b(k;\ n,\ p_n)=\frac{\lambda^k}{k!}\mathrm{e}^{-\lambda},\ k=0,\ 1,\ 2,\ \cdots. \qquad (2.2.9)$$

证 令 $\lambda_n=np_n$，则 $\lambda_n\to\lambda$，且 $p_n=\dfrac{\lambda_n}{n}$，

$$b(k;\ n,\ p_n)=\binom{n}{k}p_n^k(1-p_n)^{n-k}=\frac{n(n-1)\cdots(n-k+1)}{k!}\left(\frac{\lambda_n}{n}\right)^k\left(1-\frac{\lambda_n}{n}\right)^{n-k}$$

$$=\frac{\lambda_n^k}{k!}\frac{n(n-1)\cdots(n-k+1)}{n^k}\left(1-\frac{\lambda_n}{n}\right)^n\left(1-\frac{\lambda_n}{n}\right)^{-k}$$

$$=\frac{\lambda_n^k}{k!}\left(1-\frac{1}{n}\right)\left(1-\frac{2}{n}\right)\cdots\left(1-\frac{k-1}{n}\right)\left(1-\frac{\lambda_n}{n}\right)^n\left(1-\frac{\lambda_n}{n}\right)^{-k},$$

对任意固定的 k，当 $n\to\infty$ 时

$$\left(1-\frac{1}{n}\right)\left(1-\frac{2}{n}\right)\cdots\left(1-\frac{k-1}{n}\right)\to1,\ \left(1-\frac{\lambda_n}{n}\right)^n\to\mathrm{e}^{-\lambda},\ \left(1-\frac{\lambda_n}{n}\right)^{-k}\to1,\ \lambda_n^k\to\lambda^k.$$

因此，$b(k;\ n,\ p_n)\to\dfrac{\lambda^k}{k!}\mathrm{e}^{-\lambda}$，即 $\lim\limits_{n\to\infty}b(k;\ n,\ p)=\dfrac{\lambda^k}{k!}\mathrm{e}^{-\lambda}$.

这样，在二项分布的计算中，当 n 较大、p 较小时，有

$$P(X=k)=b(k;\ n,\ p)\approx\frac{\lambda^k}{k!}\mathrm{e}^{-\lambda},$$

其中 $\lambda=np$. 也就是说，以 n，p 为参数的二项分布的概率值可以由参数为 $\lambda=np$ 的泊松分布的概率值近似替代，上式可用作二项分布概率的近似计算.

例 2.2.7 某城市一保险公司发现，公司所有索赔要求中有 15% 是因被盗提出的，在 2010 年中该公司共接到 10 件索赔要求，试计算其中至少有 5 件是因被盗提出索赔的概率.

解 以 X 表示 10 件索赔要求中因被盗提出索赔的件数，由题意可知 $X\sim B(10,0.15)$.

$$P(X\geqslant5)=1-P(X\leqslant4)=1-\sum_{k=0}^{4}\binom{10}{k}(0.15)^k(1-0.15)^{10-k}$$

$$=1-0.990\,1=0.009\,9.$$

上式计算中 $P(X\leqslant4)=0.990\,1$，系由附表 1 查得.

若用泊松分布计算，$\lambda=np=10\times0.15=1.5$，由附表 2 查得

$$P(X\geqslant5)=1-P(X\leqslant4)\approx1-\sum_{k=0}^{4}\frac{1.5^k}{k!}\mathrm{e}^{-1.5}=1-0.981\,4=0.018\,6.$$

可以看出两种方法计算的结果差异不足 0.01. 此外，本题中 $n=10$ 并不大，而按两种分布计算得到的概率吻合程度已相当好. 所以，当 n 较大时，将二项分布的概率计算转化为泊松分布的概率来计算就比较方便了.

例 2.2.8 为保证设备正常工作，需要配备一些维修工人. 假设各台设备是否发生故障是相互独立的，且每台设备发生故障的概率都是 0.01. 试在以下各种情况下，求设备一旦发生故障而不能及时得到维修的概率.

(1) 1 名维修工人维护 20 台设备；

(2) 3 名维修工人共同维护 90 台设备；

(3) 10 名维修工人共同维护 500 台设备.

解 (1) 以 X_1 表示 20 台设备中同时发生故障的台数，则 $X_1 \sim B(20，0.01)$. 用参数为 $\lambda = np = 20 \times 0.01 = 0.2$ 的泊松分布作近似计算，可得所求概率为

$$P(X_1 > 1) = 1 - P(X_1 \leqslant 1) \approx 1 - \sum_{k=0}^{1} \frac{0.2^k}{k!} \mathrm{e}^{-0.2} = 0.017\,5.$$

(2) 以 X_2 表示 90 台设备中同时发生故障的台数，则 $X_2 \sim B(90，0.01)$. 用参数为 $\lambda = np = 90 \times 0.01 = 0.9$ 的泊松分布作近似计算，得所求概率为

$$P(X_2 > 3) = 1 - P(X_2 \leqslant 3) \approx 1 - \sum_{k=0}^{3} \frac{0.9^k}{k!} \mathrm{e}^{-0.9} = 0.013\,5.$$

注 1 这种情况下，不但所求概率比 (1) 中有所降低，而且 3 名维修工人共同维护 90 台设备相当于每人维护 30 台设备，工作效率是 (1) 中的 1.5 倍.

(3) 以 X_3 表示 500 台设备中同时发生故障的台数，则 $X_3 \sim B(500，0.01)$. 用参数为 $\lambda = np = 500 \times 0.01 = 5$ 的泊松分布作近似计算，得所求概率为

$$P(X_3 > 10) = 1 - P(X_3 \leqslant 10) \approx 1 - \sum_{k=0}^{10} \frac{5^k}{k!} \mathrm{e}^{-5} = 0.013\,7.$$

注 2 这种情况下，虽然所求概率与 (2) 中基本一样，但 10 名维修工人共同维护 500 台设备相当于每人维护 50 台设备，工作效率却是 (2) 中的 1.67 倍、是 (1) 中的 2.5 倍.

由此可知，若干维修工人共同维护大量设备，将大大提高工作效率.

4. 超几何分布

设有 N 件产品，其中有 M 件是次品，从中不放回地随机抽取 n 件，以 X 表示抽到的次品数.由古典概率，有

$$P(X=k) = \frac{\binom{M}{k}\binom{N-M}{n-k}}{\binom{N}{n}}，k=0，1，\cdots，\min\{n，M\}, \tag{2.2.10}$$

称式 (2.2.10) 所示的分布为**超几何分布**.

超几何分布也是一种常见的离散型分布，它在抽样理论中占有非常重要的地位.

当抽取个数 n 远小于产品总数 N 时，每次抽取抽到不合格品的概率 p 变化很小，所以不放回抽样可近似地看成有放回抽样，这时超几何分布可用二项分布近似，即

$$P(X=k) = \frac{\binom{M}{k}\binom{N-M}{n-k}}{\binom{N}{n}} \approx \binom{n}{k} p^k (1-p)^k,$$

其中 $p = \dfrac{M}{N}$.

5. 几何分布

在伯努利试验序列中,假设每次试验中事件 A 发生的概率为 $p(0 < p < 1)$,如果以 X 表示事件 A 首次出现时的试验次数,X 的可能取值为 $1, 2, \cdots$,则

$$P(X = k) = p(1-p)^{k-1}, \quad k = 1, 2, \cdots. \tag{2.2.11}$$

易知,$P(X = k) \geqslant 0$,$k = 1, 2, \cdots$,且

$$\sum_{k=1}^{\infty} P(X = k) = \sum_{k=1}^{\infty} p(1-p)^{k-1} = \frac{p}{1-(1-p)} = 1.$$

该无穷级数为几何级数,从而称 X 服从**参数为 p 的几何分布**.

例 2.2.9 一射手独立重复地向一目标射击,假设每次击中目标的概率为 0.8,以 X 表示其首次击中目标所需的射击次数,求 X 的分布列.

解 根据题意可知,X 服从几何分布,则其分布列为

$$P(X = k) = 0.8 \times (1-0.8)^{k-1} = 0.8 \times (0.2)^{k-1}, \quad k = 1, 2, \cdots.$$

§2.3 连续型随机变量及其概率密度

2.3.1 连续型随机变量及其概率分布

定义 2.3.1 若 X 是一随机变量,$F(x)$ 为其分布函数,如果存在非负函数 $f(x)$,使对任意 $x \in R$,有

$$F(x) = \int_{-\infty}^{x} f(t) \mathrm{d}t, \tag{2.3.1}$$

则 X 为**连续型随机变量**,称 $f(x)$ 为 X 的**概率密度函数**,简称**概率密度**.

由定义 2.3.1 及分布函数的性质,概率密度 $f(x)$ 满足:

(1) **非负性**:$f(x) \geqslant 0$. $\qquad\qquad\qquad\qquad\qquad\qquad\qquad\qquad$ (2.3.2)

(2) **正则性**:$\displaystyle\int_{-\infty}^{+\infty} f(x)\mathrm{d}x = 1$. $\qquad\qquad\qquad\qquad\qquad\qquad$ (2.3.3)

反之,如果一个实函数 $f(x)$ 具有以上两个性质,则 $f(x)$ 一定是某一连续型随机变量的概率密度.

(3) 对任意实数 $x_1, x_2 (x_1 < x_2)$,有

$$P(x_1 < X \leqslant x_2) = F(x_2) - F(x_1) = \int_{x_1}^{x_2} f(x)\mathrm{d}x. \tag{2.3.4}$$

(4) 分布函数 $F(x)$ 是 $(-\infty, +\infty)$ 内的连续函数.

(5) 若 $f(x)$ 在点 x 处连续,则有

$$F'(x) = f(x). \tag{2.3.5}$$

对于连续型随机变量 X 来说，它取任一指定实数值 a 的概率均为 0，即 $P(X=a)=0$。事实上，

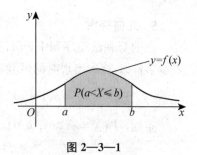

图 2—3—1

$$
\begin{aligned}
P(X=a) &= \lim_{\Delta x \to 0^+} P(a-\Delta x < X \leqslant a) \\
&= \lim_{\Delta x \to 0^+} \int_{a-\Delta x}^{a} f(x)\mathrm{d}x \\
&= \lim_{\Delta x \to 0^+} f(\xi)\Delta x = 0,
\end{aligned}
$$

其中 $a-\Delta x < \xi \leqslant a$。

因此，

$$
\begin{aligned}
P(a < X \leqslant b) &= P(a \leqslant X < b) = P(a \leqslant X \leqslant b) \\
&= P(a < X < b) = F(b) - F(a) = \int_a^b f(x)\mathrm{d}x. \quad (\text{见图 } 2\text{—}3\text{—}1)
\end{aligned}
$$

特别需要指出的是：对连续型随机变量来讲，尽管 $P(X=a)=0$，但事件 $\{X=a\}$ 并非是不可能事件（也就是说，若 A 是不可能事件，则有 $P(A)=0$；反之，若 $P(A)=0$，并不一定意味着 A 是不可能事件）。

由式 (2.3.5) 可知，在 $f(x)$ 的连续点 x 处，有

$$f(x) = \lim_{\Delta x \to 0^+} \frac{F(x+\Delta x) - F(x)}{\Delta x} = \lim_{\Delta x \to 0^+} \frac{P(x < X \leqslant x+\Delta x)}{\Delta x}. \tag{2.3.6}$$

由式 (2.3.6) 可知，若不计高阶无穷小，则当 Δx 很小时，有

$$
\begin{aligned}
f(x)\Delta x &\approx \int_x^{x+\Delta x} f(t)\mathrm{d}t = F(x+\Delta x) - F(x) \\
&= P(x < X \leqslant x+\Delta x),
\end{aligned} \tag{2.3.7}
$$

这表示 X 落在小区间 $(x, x+\Delta x]$ 的概率近似等于 $f(x)\Delta x$。因此，概率密度 $f(x)$ 的值在一定程度上反映了随机变量 X 在点 x 附近取值概率的大小。

例 2.3.1 设随机变量 X 具有概率密度

$$
f(x) = \begin{cases} ax, & 0 \leqslant x < 2, \\ 2-0.5x, & 2 \leqslant x < 3, \\ 0, & \text{其他}. \end{cases}
$$

(1) 确定常数 a；(2) 求 X 的分布函数 $F(x)$；(3) 求 $P(1 < X \leqslant 2.5)$。

解 (1) 由 $\int_{-\infty}^{+\infty} f(x)\mathrm{d}x = 1$，可得

$$\int_0^2 ax\mathrm{d}x + \int_2^3 (2-0.5x)\mathrm{d}x = 2a + \frac{3}{4} = 1,$$

所以 $a = \dfrac{1}{8}$。

故 X 的概率密度为

$$f(x)=\begin{cases} \dfrac{x}{8}, & 0\leqslant x<2, \\ 2-0.5x, & 2\leqslant x<3, \\ 0, & \text{其他.} \end{cases}$$

（2）X 的分布函数为

$$F(x)=\begin{cases} 0, & x<0, \\ \displaystyle\int_0^x \dfrac{x}{8}\mathrm{d}x, & 0\leqslant x<2, \\ \displaystyle\int_0^2 \dfrac{x}{8}\mathrm{d}x+\int_2^x(2-0.5x)\mathrm{d}x, & 2\leqslant x<3, \\ 1 & x\geqslant 3. \end{cases}$$

即

$$F(x)=\begin{cases} 0, & x<0, \\ \dfrac{x^2}{16}, & 0\leqslant x<2, \\ -\dfrac{1}{4}x^2+2x-\dfrac{11}{4}, & 2\leqslant x<3, \\ 1, & x\geqslant 3. \end{cases}$$

（3）$P(1<X\leqslant 2.5)=F(2.5)-F(1)=\dfrac{5}{8}$.

2.3.2 常见的连续型随机变量的概率分布

在一般的理论研究和实际应用中，有三种连续型随机变量的分布最常见且最重要，它们分别是：**均匀分布、指数分布和正态分布**，下面我们将对这三种分布做详细介绍．另外，也将对统计学中一种常见的分布——**伽玛分布**做简单介绍．

1. 均匀分布

定义 2.3.2 若连续型随机变量 X 的概率密度为

$$f(x)=\begin{cases} \dfrac{1}{b-a}, & a<x<b, \\ 0, & \text{其他,} \end{cases} \tag{2.3.8}$$

则称 X 在区间 (a,b) 上服从**均匀分布**，记为 $X\sim U(a,b)$.

设 $X\sim U(a,b)$，对任一长度为 d 的子区间 $(c,c+d)\subseteq(a,b)$，有

$$P(c<X\leqslant c+d)=\int_c^{c+d}f(x)\mathrm{d}x=\int_c^{c+d}\dfrac{1}{b-a}\mathrm{d}x=\dfrac{d}{b-a}.$$

这说明 X 落在 (a,b) 的任意子区间内的概率仅依赖于子区间的长度而与子区间的位置无关．

另一方面, 由式 (2.3.8) 可得 X 的分布函数

$$F(x)=\begin{cases} 0, & x<a, \\ \dfrac{x-a}{b-a}, & a\leqslant x<b, \\ 1, & x\geqslant b. \end{cases} \tag{2.3.9}$$

例 2.3.2 某公共汽车站从上午 7:00 起, 每隔 15 分钟就有一趟汽车进站, 假设一乘客在 7:00～7:30 之间任意时刻到达车站是等可能的, 试求该乘客候车时间不超过 5 分钟的概率.

解 设乘客上午 7:00 以后, X 分钟到达车站. 由于乘客在 7:00～7:30 之间任意时刻到达车站是等可能的, 因此 X 服从区间 $(0,30)$ 上的均匀分布, 即 $X\sim U(0,30)$, 则其概率密度为

$$f(x)=\begin{cases} \dfrac{1}{30}, & 0<x<30, \\ 0, & 其他. \end{cases}$$

若该乘客候车时间不超过 5 分钟, 则其到达车站的时间必须且只需在 7:10～7:15 之间或 7:25～7:30 之间.

故所求概率为

$$P(10<X<15)+P(25<X<30)=\int_{10}^{15}\frac{1}{30}\mathrm{d}x+\int_{25}^{30}\frac{1}{30}\mathrm{d}x=\frac{1}{3}.$$

例 2.3.3 设随机变量 X 服从区间 $(2,5)$ 上的均匀分布, 求对 X 进行 3 次独立观测中, 至少有 2 次其观测值大于 3 的概率.

解 以 Y 表示 3 次独立观测中观测值大于 3 的次数, 则 $Y\sim B(3,p)$, 其中 $p=P(X>3)$. 根据题意, $X\sim U(2,5)$, 则其概率密度为

$$f(x)=\begin{cases} \dfrac{1}{3}, & 2<x<5, \\ 0, & 其他. \end{cases}$$

从而

$$p=P(X>3)=\int_{3}^{+\infty}f(x)\mathrm{d}x=\int_{3}^{5}\frac{1}{3}\mathrm{d}x=\frac{2}{3}.$$

所以

$$P(Y\geqslant2)=P(Y=2)+P(Y=3)=\binom{3}{2}\left(\frac{2}{3}\right)^2\left(1-\frac{2}{3}\right)+\binom{3}{3}\left(\frac{2}{3}\right)^3=\frac{20}{27}.$$

2. 指数分布

定义 2.3.3 若连续型随机变量 X 的概率密度为

$$f(x)=\begin{cases}\lambda e^{-\lambda x}, & x>0,\\ 0, & x\leqslant 0,\end{cases} \tag{2.3.10}$$

其中 $\lambda>0$ 且为常数,则称 X 服从**参数为 λ 的指数分布**,记为 $X\sim Exp(\lambda)$.

X 的分布函数为

$$F(x)=\begin{cases}1-e^{-\lambda x}, & x>0,\\ 0, & x\leqslant 0.\end{cases} \tag{2.3.11}$$

指数分布是一种偏态分布,由于指数分布中随机变量只可能取非负实数,所以指数分布常用来作各种"寿命"分布的近似. 常用 $P(X>a)=e^{-\lambda a}$ 表示"**存活率**"或"**生存率**",则 $P(X\leqslant a)=1-e^{-\lambda a}$ 常用来表示"**死亡率**".例如某些电子元件的寿命、人的寿命等都可以认为服从指数分布. 指数分布具有"**无记忆性**",即对于任意的 $s,t>0$,有

$$P\{X>s+t\mid X>s\}=P\{X>t\}. \tag{2.3.12}$$

事实上,

$$P\{X>s+t\mid X>s\}=\frac{P\{(X>s+t)\bigcap(X>s)\}}{P\{X>s\}}=\frac{P\{X>s+t\}}{P\{X>s\}}=\frac{1-F(s+t)}{1-F(s)}$$
$$=\frac{e^{-\lambda(s+t)}}{e^{-\lambda s}}=e^{-\lambda t}=P(X>t).$$

也就是说,如果 X 为某一电子元件的寿命,由式 (2.3.12) 可知,该元件使用了 s 小时之后,它总共能使用至少 $s+t$ 小时的条件概率与从开始使用时算起它至少能使用 t 小时的概率相等,即该元件对它已使用过的 s 小时没有记忆.

此外,指数分布在可靠性理论与排队论中有着广泛的应用.

例 2.3.4 设一乘客在某车站等候公共汽车的时间 X(以分计) 服从指数分布,其概率密度为

$$f(x)=\begin{cases}0.2e^{-0.2x}, & x>0,\\ 0, & x\leqslant 0.\end{cases}$$

他在车站等车,若超过 30 分钟汽车没有来他便离开,求他未等到汽车的概率.

解 $P(X>30)=\int_{30}^{+\infty}0.2e^{-0.2x}dx=-e^{-0.2x}\Big|_{30}^{+\infty}=e^{-6}.$

3. 正态分布

正态分布是概率论与数理统计中最重要的一个分布,19 世纪初高斯 (Gauss,1777—1855) 在研究误差理论时首先用正态分布来刻画误差,所以正态分布又称为**高斯分布**.

定义 2.3.4 若连续型随机变量 X 的概率密度为

$$f(x)=\frac{1}{\sqrt{2\pi}\sigma}e^{-\frac{(x-\mu)^2}{2\sigma^2}}, \quad -\infty<x<+\infty, \tag{2.3.13}$$

其中 $\mu,\sigma(\sigma>0)$ 都为常数,则称 X 服从**参数为 μ,σ 的正态分布**或高斯分布,记为 $X\sim N(\mu,\sigma^2)$. 其概率密度 $f(x)$ 的图形如图 2—3—2 所示.

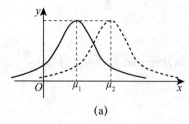 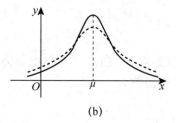

(a)   (b)

图 2—3—2

正态分布的概率密度图形有如下特征：

（1）正态分布的密度曲线称为正态曲线，它关于直线 $x=\mu$ 对称，曲线的中间高、两边低，在 $x=\mu$ 处取值的可能性大，在两侧取值的可能性小；在 $x=\mu\pm\sigma$ 处有拐点，曲线以 x 轴为水平渐近线.

（2）由图 2—3—2(a) 可知：如果固定 σ，改变 μ 值，则图形沿 x 轴平移，而不改变其形状，也就是说正态曲线的位置是由参数 μ 确定的.

（3）由图 2—3—2(b) 可知：如果固定 μ，改变 σ 值，则分布的位置不变，也就是说，σ 决定曲线形状，σ 越大，曲线越矮胖，分布较为分散；σ 越小，曲线越高瘦，分布较为集中.

X 的分布函数为

$$F(x) = \frac{1}{\sqrt{2\pi}\sigma} \int_{-\infty}^{x} e^{-\frac{(t-\mu)^2}{2\sigma^2}} \, \mathrm{d}t \, , \tag{2.3.14}$$

它是**一条光滑上升的 S 形曲线**（如图 2—3—3 所示）.

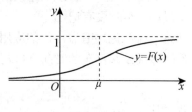

图 2—3—3

特别地，当 $\mu=0$，$\sigma=1$ 时，称 X 服从**标准正态分布**，记为 $X\sim N(0,1)$. 其概率密度和分布函数分别用 $\varphi(x)$ 和 $\Phi(x)$ 表示，即

$$\varphi(x) = \frac{1}{\sqrt{2\pi}} e^{-\frac{x^2}{2}} \, , \quad -\infty < x < +\infty. \tag{2.3.15}$$

$$\Phi(x) = \frac{1}{\sqrt{2\pi}} \int_{-\infty}^{x} e^{-\frac{t^2}{2}} \, \mathrm{d}t \, , \quad -\infty < x < +\infty. \tag{2.3.16}$$

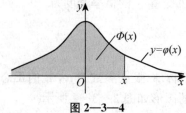

图 2—3—4

设 $X \sim N(0, 1)$，则

(1) $P(a<X \leqslant b)=P(a \leqslant X<b)=P(a \leqslant X \leqslant b)=P(a<X<b)=\Phi(b)-\Phi(a)$；

(2) 当 $x<0$ 时，$\Phi(x)=1-\Phi(-x)$；

(3) $P(X>a)=1-P(X \leqslant a)=1-\Phi(a)$.

其中 $\Phi(x)(x>0)$ 可通过附表 3 查到.

例 2.3.5 设 $X \sim N(0, 1)$，试通过附表 3 查以下事件的概率：

(1) $P(X>1.65)=1-\Phi(1.65)=1-0.9505=0.0495$；

(2) $P(-0.52<X<1.65)=\Phi(1.65)-\Phi(-0.52)=\Phi(1.65)-[1-\Phi(0.52)]$
$$=0.9505-1+0.6985=0.649$$；

(3) $P(|X|<1.65)=P(-1.65<X<1.65)=2\Phi(1.65)-1=2 \times 0.9505-1=0.901$.

一般地，对正态分布 $X \sim N(\mu, \sigma^2)$，我们用以下定理将其化为标准正态分布来处理.

定理 2.3.1 若 $X \sim N(\mu, \sigma^2)$，则 $U=\dfrac{X-\mu}{\sigma} \sim N(0, 1)$.

证明 作线性变换 $U=\dfrac{X-\mu}{\sigma}$，其分布函数为

$$F_U(x)=P(U \leqslant x)=P\left(\frac{X-\mu}{\sigma} \leqslant x\right)=P(X \leqslant \mu+\sigma x)$$
$$=\frac{1}{\sqrt{2\pi}\sigma}\int_{-\infty}^{\mu+\sigma x} e^{-\frac{(t-\mu)^2}{2\sigma^2}} dt.$$

令 $\dfrac{t-\mu}{\sigma}=u$，得

$$P(U \leqslant x)=\frac{1}{\sqrt{2\pi}}\int_{-\infty}^{x} e^{-\frac{u^2}{2}} du=\Phi(x),$$

因此

$$U=\frac{X-\mu}{\sigma} \sim N(0, 1).$$

由此定理可以得到一个在实际运算中十分有用的公式，即若随机变量 $X \sim N(\mu, \sigma^2)$，则其分布函数 $F(x)$ 可写为

$$F(x)=P(X \leqslant x)=P\left(\frac{X-\mu}{\sigma} \leqslant \frac{x-\mu}{\sigma}\right)=\Phi\left(\frac{x-\mu}{\sigma}\right).$$

因此，

$$P(a<X \leqslant b)=P\left(\frac{a-\mu}{\sigma}<\frac{X-\mu}{\sigma} \leqslant \frac{b-\mu}{\sigma}\right)=\Phi\left(\frac{b-\mu}{\sigma}\right)-\Phi\left(\frac{a-\mu}{\sigma}\right).$$

例 2.3.6 设随机变量 $X \sim N(108, 3^2)$，求

(1) $P(105<X<117)$；

(2) 常数 k 为何值时，$P(X<k)=0.95$.

解 利用定理 2.3.1 并查附表 3，得

(1) $P(105 < X < 117) = P\left(\dfrac{105-108}{3} < \dfrac{X-108}{3} < \dfrac{117-108}{3}\right)$

$\qquad\qquad\qquad = \Phi(3) - \Phi(-1) = \Phi(3) + \Phi(1) - 1$

$\qquad\qquad\qquad = 0.9987 + 0.8413 - 1 = 0.84.$

(2) 因

$$P(X < k) = P\left(\dfrac{X-108}{3} < \dfrac{k-108}{3}\right) = \Phi\left(\dfrac{k-108}{3}\right) = 0.95,$$

查表，得

$$\dfrac{k-108}{3} = 1.645, \text{所以 } k = 112.935.$$

例 2.3.7 已知 $X \sim N(\mu, \sigma^2)$，试求 $P(|X-\mu| \leqslant \sigma)$.

解 $P(|X-\mu| \leqslant \sigma) = P(-\sigma \leqslant X - \mu \leqslant \sigma) = P\left(-1 \leqslant \dfrac{X-\mu}{\sigma} \leqslant 1\right)$

$\qquad\qquad = \Phi(1) - \Phi(-1) = 2\Phi(1) - 1 = 2 \times 0.8413 - 1 = 0.6826.$

同理可得，

$$P(|X-\mu| \leqslant 2\sigma) = 2\Phi(2) - 1 = 2 \times 0.9772 - 1 = 0.9544;$$

$$P(|X-\mu| \leqslant 3\sigma) = 2\Phi(3) - 1 = 2 \times 0.9987 - 1 = 0.9974.$$

这说明，尽管正态变量的取值范围是 $(-\infty, +\infty)$，但其值以 99% 以上的可能落在 $(\mu-3\sigma, \mu+3\sigma)$ 内，在 $(\mu-3\sigma, \mu+3\sigma)$ 外取值的可能性极小. 这个性质被称为正态变量 X 的 "3σ" 原理.

例 2.3.8 在一次考试中，如果考生的成绩 X 近似服从正态分布，则通常认为此次考试（就合理地划分考生成绩的等级而言）是正常的. 教师经常把分数超过 $\mu+\sigma$ 的评为 A 等，分数在 μ 到 $\mu+\sigma$ 之间的评为 B 等，分数在 $\mu-\sigma$ 到 μ 之间的评为 C 等，分数在 $\mu-2\sigma$ 到 $\mu-\sigma$ 之间的评为 D 等，分数在 $\mu-2\sigma$ 以下的评为 F 等. 由此可计算得：

$$P(X \geqslant \mu+\sigma) = P\left(\dfrac{X-\mu}{\sigma} \geqslant 1\right) = 1 - \Phi(1) \approx 0.1587;$$

$$P(\mu \leqslant X < \mu+\sigma) = P\left(0 \leqslant \dfrac{X-\mu}{\sigma} < 1\right) = \Phi(1) - \Phi(0) \approx 0.3413;$$

$$P(\mu-\sigma \leqslant X < \mu) = P\left(-1 \leqslant \dfrac{X-\mu}{\sigma} < 0\right) = \Phi(0) - \Phi(-1)$$

$$= \Phi(0) + \Phi(1) - 1 \approx 0.3413;$$

$$P(\mu-2\sigma \leqslant X < \mu-\sigma) = P\left(-2 \leqslant \dfrac{X-\mu}{\sigma} < -1\right) = \Phi(-1) - \Phi(-2)$$

$$= \Phi(2) - \Phi(1) \approx 0.1359;$$

$$P(X < \mu-2\sigma) = P\left(\dfrac{X-\mu}{\sigma} < -2\right) = \Phi(-2) = 1 - \Phi(2) \approx 0.0228.$$

这表明：用这种方法划分成绩的等级，获得 A 等的学生约占 16%，获得 B 等的学生约占 34%，获得 C 等的学生约占 34%，获得 D 等的学生约占 14%，获得 F 等的学生约占 2%.

为了便于今后在数理统计中的应用，对于标准正态随机变量，我们引入上 α 分位点的定义.

定义 2. 3. 5 设 $X \sim N(0, 1)$，若 u_α 满足条件

$$P(X > u_\alpha) = \alpha, \quad 0 < \alpha < 1, \tag{2.3.17}$$

则称点 u_α 为**标准正态分布的上 α 分位点**（如图 2—3—5 所示）.

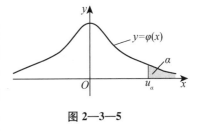

由对称性，有 $u_{1-\alpha} = -u_\alpha$. 如 $u_{0.95} = -1.645 = -u_{0.05}$. 在实际问题中，很多随机变量可以用正态分布描述或近似描述，譬如测量误差、人的身高、某地区年降雨量等都服从正态分布. 本书第五章的中心极限定理还将说明：一个随机变量如果是由大量微小的、独立的随机因素叠加而成，那么这个变量一般都可以认为服从正态分布. 可见，在概率论与数理统计的理论研究与实际应用中，正态分布起着非常重要的作用.

图 2—3—5

* 4. 伽玛分布

定义 2. 3. 6 称函数

$$\Gamma(\alpha) = \int_0^{+\infty} x^{\alpha-1} \mathrm{e}^{-x} \mathrm{d}x \tag{2.3.18}$$

为**伽玛函数**，其中参数 $\alpha > 0$. 伽玛函数具有如下性质：

(1) $\Gamma(1) = 1, \Gamma(1/2) = \sqrt{\pi}$；

(2) $\Gamma(\alpha+1) = \alpha\Gamma(\alpha)$，且当 α 为自然数 n 时，有 $\Gamma(n+1) = n\Gamma(n) = n!$.

定义 2. 3. 7 若随机变量 X 的概率密度为

$$f(x) = \begin{cases} \dfrac{\lambda^\alpha}{\Gamma(\alpha)} x^{\alpha-1} \mathrm{e}^{-\lambda x}, & x \geqslant 0, \\ 0, & x < 0, \end{cases} \tag{2.3.19}$$

则称 X 服从伽玛分布.

特别地，当 $\alpha = \dfrac{n}{2}$，$\lambda = \dfrac{1}{2}$ 时，称此伽玛分布为**自由度为 n 的 χ^2（卡方）分布**，记为 $X \sim \chi^2(n)$，其概率密度为

$$f(x) = \begin{cases} \dfrac{1}{2^{\frac{n}{2}} \Gamma\left(\dfrac{n}{2}\right)} x^{\frac{n}{2}-1} \mathrm{e}^{-\frac{x}{2}}, & x > 0, \\ 0, & x \leqslant 0. \end{cases} \tag{2.3.20}$$

其中 n 为 χ^2 分布的唯一参数，称为**自由度**，它可以是正实数，但更多时候取的是正整数，χ^2 分布的有关性质将在第六章中介绍.

§2.4 随机变量函数的分布

设 $y = g(x)$ 是一个函数，X 是一个随机变量，那么 $Y = g(X)$ 作为 X 的函数，也是一

个随机变量. 在实际问题中, 我们经常感兴趣的是: 已知随机变量 X 的分布, 如何求随机变量函数 $Y=g(X)$ 的分布. 本节分离散型和连续型分别讨论.

2.4.1 离散型随机变量函数的分布

设 X 是离散型随机变量, 其分布列为

X	x_1	x_2	$\cdots$	x_k	$\cdots$
p_i	p_1	p_2	$\cdots$	p_k	$\cdots$

则 $Y=g(X)$ 的可能取值为: $g(x_1)$, $g(x_2)$, $\cdots$, $g(x_k)$, $\cdots$.

当 $g(x_1)$, $g(x_2)$, $\cdots$, $g(x_k)$, $\cdots$ 互不相等时, 有

$$P(Y=g(x_k))=P(X=x_k)=p_k, k=1, 2, \cdots.$$

即

Y	$g(x_1)$	$g(x_2)$	$\cdots$	$g(x_k)$	$\cdots$
p_i	p_1	p_2	$\cdots$	p_k	$\cdots$

(2.4.1)

当 $g(x_1)$, $g(x_2)$, $\cdots$, $g(x_k)$, $\cdots$ 中有某些值相等时, 则把这些相等的值分别进行合并, 同时把对应的概率相加, 即得到 Y 的分布列.

例 2.4.1 设随机变量 X 的分布列为

X	-1	0	1	2
p_k	0.25	0.125	0.375	0.25

求 $Y=X^2+X$ 的分布列.

解 因

X	-1	0	1	2
Y	0	0	2	6
p_k	0.25	0.125	0.375	0.25

再对相等的值进行合并, 得 $Y=X^2+X$ 的分布列.

Y	0	2	6
p_k	0.375	0.375	0.25

例 2.4.2 设 X 服从参数为 λ 的泊松分布, $g(x)=\begin{cases} 1, & x \text{ 为偶数}, \\ 0, & x=0, \\ -1, & x \text{ 为奇数}, \end{cases}$ 求 $Y=g(X)$ 的分布列.

解 因

$$Y=g(X)=\begin{cases}1, & X \text{ 取偶数,}\\ 0, & X=0,\\ -1, & X \text{ 取奇数,}\end{cases}$$

所以,

$$P(Y=1)=P(X=2)+P(X=4)+P(X=6)+\cdots$$

$$=\frac{\lambda^2}{2!}e^{-\lambda}+\frac{\lambda^4}{4!}e^{-\lambda}+\frac{\lambda^6}{6!}e^{-\lambda}+\cdots=e^{-\lambda}\sum_{n=1}^{\infty}\frac{\lambda^{2n}}{(2n)!}$$

$$=\frac{1}{2}+\frac{1}{2}e^{-2\lambda}-e^{-\lambda}\quad\left(\text{因 }e^{\lambda}=\sum_{k=0}^{\infty}\frac{\lambda^k}{k!},\ e^{-\lambda}=\sum_{k=0}^{\infty}(-1)^k\frac{\lambda^k}{k!}\right),$$

$$P(Y=0)=P(X=0)=\frac{\lambda^0}{0!}e^{-\lambda}=e^{-\lambda},$$

$$P(Y=-1)=1-P(Y=0)-P(Y=1)=\frac{1}{2}-\frac{1}{2}e^{-2\lambda},$$

则 Y 的分布列为

Y	-1	0	1
p_k	$\frac{1}{2}-\frac{1}{2}e^{-2\lambda}$	$e^{-\lambda}$	$\frac{1}{2}+\frac{1}{2}e^{-2\lambda}-e^{-\lambda}$

2.4.2 连续型随机变量函数的分布

设连续型随机变量 X 的概率密度为 $f_X(x)$,分布函数为 $F_X(x)$,要求 $Y=g(X)$ 的概率密度. 其步骤如下:

(1) 求 $Y=g(X)$ 的分布函数 $F_Y(y)$.

由分布函数的定义,有

$$F_Y(y)=P(Y\leqslant y)=P(g(X)\leqslant y)=P(X\in I_y),$$

其中 I_y 为满足 $g(x)\leqslant y$ 的一切 x 构成的集合.

(2) 对分布函数 $F_Y(y)$ 求导,得 $Y=g(X)$ 的概率密度 $f_Y(y)$,即

$$f_Y(y)=\frac{d}{dy}(F_Y(y)).$$

例 2.4.3 设 X 的概率密度为

$$f_X(x)=\begin{cases}2x, & 0<x<1,\\ 0, & \text{其他.}\end{cases}$$

试求 $Y=2X-1$ 的概率密度.

解 由分布函数的定义可得,$Y=2X-1$ 的分布函数为

$$F_Y(y)=P(Y\leqslant y)=P(2X-1\leqslant y)=P\left(X\leqslant\frac{y+1}{2}\right)=F_X\left(\frac{y+1}{2}\right).$$

利用复合函数的求导法对 $F_Y(y)$ 求导，得 $Y=2X-1$ 的概率密度：

$$f_Y(y)=\frac{\mathrm{d}}{\mathrm{d}y}\left(F_X\left(\frac{y+1}{2}\right)\right)=\frac{1}{2}f_X\left(\frac{y+1}{2}\right)$$

$$=\begin{cases}\frac{1}{2}\cdot 2\cdot\frac{y+1}{2}, & 0<\frac{y+1}{2}<1,\\ 0, & \text{其他.}\end{cases}$$

$$=\begin{cases}\frac{y+1}{2}, & -1<y<1,\\ 0, & \text{其他.}\end{cases}$$

例 2.4.4 设 $X\sim N(0,1)$，求 $Y=X^2$ 的概率密度.

解 先求 Y 的分布函数 $F_Y(y)$.

由于 $Y=X^2\geqslant 0$，因此，当 $y\leqslant 0$ 时，有 $F_Y(y)=0$.

当 $y>0$ 时，有

$$F_Y(y)=P(Y\leqslant y)=P(X^2\leqslant y)=P(-\sqrt{y}\leqslant X\leqslant\sqrt{y})=2\Phi(\sqrt{y})-1.$$

Y 的分布函数为

$$F_Y(y)=\begin{cases}2\Phi(\sqrt{y})-1, & y>0,\\ 0, & y\leqslant 0.\end{cases}$$

对 $F_Y(y)$ 求导，得 $Y=X^2$ 的概率密度

$$f_Y(y)=\begin{cases}y^{-\frac{1}{2}}\varphi(\sqrt{y}), & y>0,\\ 0, & y\leqslant 0\end{cases}=\begin{cases}\frac{1}{\sqrt{2\pi}}y^{-\frac{1}{2}}\mathrm{e}^{-\frac{y}{2}}, & y>0,\\ 0, & y\leqslant 0.\end{cases}$$

由例 2.4.4 及 χ^2 分布的密度函数，可知如果 $X\sim N(0,1)$，则 $Y=X^2\sim\chi^2(1)$. 这个结论在后面的统计学理论部分将用到.

***例 2.4.5** 设随机变量 X 的概率密度为

$$f_X(x)=\begin{cases}\frac{2x}{\pi^2}, & 0<x<\pi,\\ 0, & \text{其他.}\end{cases}$$

试求 $Y=\sin X$ 的概率密度 $f_Y(y)$.

解 因为随机变量 X 在 $(0,\pi)$ 内取值，则 $Y=\sin X$ 的可能取值区间为 $(0,1)$. 故在 Y 的其他取值区间 $f_Y(y)=0$.

当 $0<y<1$ 时，使 $\{Y\leqslant y\}=\{\sin X\leqslant y\}$ 的 x 的取值范围为两个互不相交的区间（如图 2—4—1 所示），为

$$I_1=(0,x_1]=(0,\arcsin y],$$
$$I_2=[x_2,\pi)=[\pi-\arcsin y,\pi),$$

即

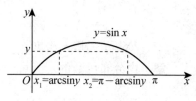

图 2—4—1

$$\{Y \leqslant y\} = \{X \in I_1\} \bigcup \{X \in I_2\} = \{0 < X \leqslant \arcsin y\} \bigcup \{\pi - \arcsin y \leqslant X < \pi\},$$

则

$$F_Y(y) = P(Y \leqslant y) = \int_0^{\arcsin y} f_X(x)\mathrm{d}x + \int_{\pi - \arcsin y}^{\pi} f_X(x)\mathrm{d}x$$

$$= \int_0^{\arcsin y} \frac{2x}{\pi^2}\mathrm{d}x + \int_{\pi - \arcsin y}^{\pi} \frac{2x}{\pi^2}\mathrm{d}x,$$

上式两端同时对 y 求导, 得

$$f_Y(y) = \frac{2\arcsin y}{\pi^2}(\arcsin y)' - \frac{2(\pi - \arcsin y)}{\pi^2}(\pi - \arcsin y)'$$

$$= \frac{2\arcsin y}{\pi^2 \sqrt{1 - y^2}} + \frac{2(\pi - \arcsin y)}{\pi^2 \sqrt{1 - y^2}} = \frac{2}{\pi \sqrt{1 - y^2}}.$$

因此

$$f_Y(y) = \begin{cases} \dfrac{2}{\pi \ \sqrt{1 - y^2}}, & 0 < y < 1, \\ 0, & \text{其他.} \end{cases}$$

特别地, 当 $g(x)$ 为严格单调函数时, 有以下定理.

定理 2.4.1 设连续型随机变量 X 的概率密度为 $f_X(x)$, $x \in (-\infty, +\infty)$, 函数 $y = g(x)$ 严格单调, 且其反函数 $x = h(y)$ 有连续的导数 $h'(y)$, 则 $Y = g(X)$ 也是一连续型随机变量, 且其概率密度为

$$f_Y(y) = \begin{cases} f_X[h(y)]|h'(y)|, & \alpha < y < \beta, \\ 0, & \text{其他,} \end{cases} \tag{2.4.2}$$

其中 $\alpha = \min\{g(-\infty), g(+\infty)\}$, $\beta = \max\{g(-\infty), g(+\infty)\}$.

(证明略)

例 2.4.6 设 $X \sim N(\mu, \sigma^2)$, 试证明 X 的线性函数 $Y = aX + b(a \neq 0)$ 也服从正态分布.

证明 X 的概率密度为

$$f_X(x) = \frac{1}{\sqrt{2\pi}\sigma}\mathrm{e}^{-\frac{(x - \mu)^2}{2\sigma^2}}, \quad -\infty < x < +\infty.$$

因为 $y = ax + b \Rightarrow x = h(y) = \dfrac{y - b}{a}$, $h'(y) = \dfrac{1}{a}$, 则由式 (2.4.2) 可得, $Y = aX + b$ 的概率密度为

$$f_Y(y) = \frac{1}{|a|} f_X\left(\frac{y - b}{a}\right), \quad -\infty < y < +\infty,$$

即

$$f_Y(y) = \frac{1}{|a|} \frac{1}{\sqrt{2\pi}\sigma} \mathrm{e}^{-\frac{(\frac{y-b}{a} - \mu)^2}{2\sigma^2}} = \frac{1}{|a|\sigma\sqrt{2\pi}} \mathrm{e}^{-\frac{[y - (a\mu + b)]^2}{2(a\sigma)^2}}, \quad -\infty < y < +\infty.$$

因此，$Y = aX + b \sim N(a\mu + b, (a\sigma)^2)$.

特别地，若取 $a = \dfrac{1}{\sigma}$，$b = -\dfrac{\mu}{\sigma}$，则 $Y = \dfrac{X - \mu}{\sigma} \sim N(0, 1)$. 这就是定理 2.3.1.

习题二

1. 设随机变量 X 的分布函数为

$$F(x) = \begin{cases} 0, & x < 0, \\ 1/4, & 0 \leqslant x < 1, \\ 1/3, & 1 \leqslant x < 3, \\ 1/2, & 3 \leqslant x < 6, \\ 1, & x \geqslant 6. \end{cases}$$

试求 X 的概率分布列及 $P(X < 1)$，$P(X \leqslant 1)$，$P(X > 3)$，$P(X \geqslant 3)$.

2. 设离散型随机变量 X 的分布函数为

$$F(x) = \begin{cases} 0, & x < -1, \\ a, & -1 \leqslant x < 1, \\ \dfrac{2}{3} - a, & 1 \leqslant x < 2, \\ a + b, & x \geqslant 2, \end{cases}$$

且 $P(X = 2) = \dfrac{1}{2}$，试求 a，b 和 X 的分布列.

3. 设随机变量 X 的分布函数为

$$F(x) = \begin{cases} 0, & x < 1, \\ \ln x, & 1 \leqslant x < e, \\ 1, & x \geqslant e. \end{cases}$$

试求 $P(X < 2.5)$，$P(0 < X \leqslant 3.5)$，$P(1.5 < X < 2.5)$.

4. 若 $P(X \geqslant x_1) = 1 - \alpha$，$P(X \leqslant x_2) = 1 - \beta$，其中 $x_1 < x_2$，试求 $P(x_1 \leqslant X \leqslant x_2)$.

5. 一只口袋中有 5 个球，编号分别为 1，2，3，4，5. 从中任意取 3 个，以 X 表示取出的 3 个球中的最大号码.

(1) 求 X 的分布列；

(2) 写出 X 的分布函数，并作图.

6. 有三个盒子，第一个盒子装有 1 个白球、4 个黑球；第二个盒子装有 2 个白球、3 个黑球；第三个盒子装有 3 个白球、2 个黑球. 现任取一个盒子，从中任取 3 个球，以 X 表示所取到的白球数.

(1) 试求 X 的概率分布列；

(2) 取到的白球数不少于 2 个的概率为多少？

7. 掷一颗骰子 4 次,求点数 6 出现的次数的概率分布.

8. 一批产品共有 100 件,其中 10 件是不合格品.根据验收规则,从中任取 5 件产品进行质量检验,假如 5 件中无不合格品,则这批产品被接受,否则就要重新对这批产品逐个检验.

(1) 试求 5 件中不合格品数 X 的分布列;

(2) 需要对这批产品进行逐个检验的概率为多少?

9. 设某人射击命中率为 0.8,现向一目标射击 20 次,试写出目标被击中次数 X 的分布列.

10. 某车间有 5 台车床,每台车床使用电力是间歇的,平均每小时有 10 分钟使用电力.假定每台车床的工作是相互独立的,试求:

(1) 同一时刻至少有 3 台车床用电的概率;

(2) 同一时刻至多有 3 台车床用电的概率.

11. 某优秀的射击手命中 10 环的概率为 0.7,命中 9 环的概率为 0.3.试求该射手三次射击所得的环数不少于 29 环的概率.

12. 设随机变量 X 和 Y 均服从二项分布,即 $X \sim B(2, p)$,$Y \sim B(4, p)$. 若 $P(X \geq 1) = 8/9$,试求 $P(Y \geq 1)$.

13. 已知一电话交换台每分钟的呼叫次数服从参数为 4 的泊松分布,求:

(1) 每分钟恰有 8 次呼叫的概率;

(2) 每分钟呼叫次数大于 8 的概率.

14. 某公司生产的一种产品,根据历史生产记录可知,该产品的次品率为 0.01,问该种产品 300 件中次品数大于 5 的概率为多少?

15. 保险公司在一天内承保了 5 000 份同年龄段为期一年的寿险保单,在合同有效期内若投保人死亡,则公司需赔付 3 万元.设在一年内,该年龄段的死亡率为 0.001 5,且各投保人是否死亡相互独立.求该公司对于这批投保人的赔付总额不超过 30 万元的概率.

16. 有一繁忙的汽车站,每天有大量汽车通过,设一辆汽车在一天的某段时间内出事故的概率为 0.000 1. 在某天的该段时间内有 1 000 辆汽车通过,问出事故的车辆数不小于 2 的概率是多少?

17. 进行重复独立试验,设每次试验成功的概率为 p,则失败的概率为 $q = 1 - p$ $(0 < p < 1)$.

(1) 将试验进行到第一次成功为止,求所需试验次数 X 的分布列.

(2) 将试验进行到第 r 次成功为止,求所需试验次数 Y 的分布列.(此分布称为**负二项分布**.)

18. 一篮球运动员的投篮命中率为 0.45,求他首次投中时累计已投篮次数 X 的分布列,并计算 X 为偶数的概率.

19. 设随机变量 X 的概率密度为

$$f(x) = \begin{cases} x, & 0 \leq x < 1, \\ 2 - x, & 1 \leq x < 2, \\ 0, & \text{其他.} \end{cases}$$

试求 $P(X \leqslant 1.5)$.

20. 设随机变量 X 的概率密度为

$$f(x)=\begin{cases} A\cos x, & |x| \leqslant \dfrac{\pi}{2}, \\ 0, & |x| > \dfrac{\pi}{2}. \end{cases}$$

试求：

(1) 常数 A；

(2) X 落在区间 $\left(0, \dfrac{\pi}{4}\right)$ 内的概率.

21. 设随机变量 X 的分布函数为

$$F(x)=\begin{cases} 0, & x<0, \\ Ax^2, & 0 \leqslant x < 1, \\ 1, & x \geqslant 1. \end{cases}$$

试求：

(1) 常数 A；

(2) X 落在区间 (0.3, 0.7) 内的概率；

(3) X 的概率密度.

22. 某加油站每周补给一次油，如果这个加油站每周的销售量（单位：千升）为一随机变量，其概率密度为

$$f(x)=\begin{cases} 0.05\left(1-\dfrac{x}{100}\right)^4, & 0<x<100, \\ 0, & \text{其他.} \end{cases}$$

试问该加油站需要多大的储油量，才能把一周内断油的概率控制在 5% 以下？

23. 在区间 $[0, a]$ 上任意投掷一个质点，以 X 表示这个质点的坐标. 设该质点落在区间 $[0, a]$ 中任意小区间的概率与这个小区间的长度成正比，试求 X 的分布函数和概率密度.

24. 设随机变量 X 服从区间 (0, 10) 上的均匀分布，求对 X 进行的 4 次独立观测中，观测值至少有 3 次大于 5 的概率.

25. 设随机变量 $K \sim U(0, 5)$，求方程 $4x^2 + 4Kx + K + 2 = 0$ 无实根的概率和有实根的概率.

26. 设顾客在某银行的窗口等待服务的时间 X（以分计）服从指数分布，其概率密度为

$$f(x)=\begin{cases} 0.2e^{-0.2x}, & x>0, \\ 0, & x \leqslant 0. \end{cases}$$

某顾客在窗口等待服务，若超过 10 分钟他便离开，他每月要到银行 5 次，以 Y 表示他未等到服务而离开窗口的次数，试求他至少有一次没有等到服务而离开的概率.

27. 某仪器装了 3 个独立工作的同型号电子元件，其寿命 X（以小时计）都服从同一指

数分布

$$f(x)=\begin{cases}\dfrac{1}{600}e^{-\frac{1}{600}x}, & x>0,\\[2mm] 0, & x\leqslant 0,\end{cases}$$

试求此仪器在最初使用的 300 小时内，至少有一个该种电子元件损坏的概率.

28. 设随机变量 $X\sim N(3,2^2)$，求：

(1) $P(-1\leqslant X\leqslant 5)$；

(2) $P(|X|\leqslant 5)$；

(3) 确定 a，使得 $P(X<a)=P(X>a)$.

29. 设随机变量 $X\sim N(4,3^2)$，求：

(1) $P(-2<X\leqslant 5)$；

(2) $P(|X|>3)$；

(3) 设 a 为参数，要使得 $P(X>a)\geqslant 0.9$，问 a 最多应取多少？

30. 测量到某一目标的距离时，发生的随机误差 X（以 m 计）具有概率密度

$$f(x)=\frac{1}{40\sqrt{2\pi}}e^{-\frac{(x-20)^2}{3\,200}},\quad -\infty<x<+\infty,$$

试求在三次测量中，至少有一次误差的绝对值不超过 30m 的概率.

31. 某单位招聘员工，共有 10 000 人报考.假设考试成绩服从正态分布，且已知 90 分以上有 359 人，60 分以下有 1 151 人，现按考试成绩从高分到低分一次录用 2 500 人，试问被录用者中最低分数是多少？

32. 已知离散型随机变量 X 的分布列为

X	-2	-1	0	1	3
p_k	1/5	1/6	1/5	1/15	11/30

试求 $Y=X^2$ 与 $Z=|X|$ 的分布列.

33. 设随机变量 X 的概率密度为

$$f(x)=\begin{cases}0.5\cos(0.5x), & 0\leqslant x\leqslant\pi,\\ 0, & \text{其他}.\end{cases}$$

对 X 独立重复观察 4 次，Y 表示观察值大于 $\pi/3$ 的次数，求 $Z=2Y-1$ 的分布列.

34. 设随机变量 $X\sim U(0,1)$，试求以下随机变量函数的概率密度：

(1) $Y=1-X$；(2) $Y=e^X$；(3) $Y=-2\ln X$；(4) $Y=|\ln X|$.

35. 设随机变量 $X\sim N(0,1)$，试求以下随机变量函数的概率密度：

(1) $Y=e^X$；(2) $Y=|X|$；(3) $Y=2X^2+1$.

36. 某物体的温度 T（华氏）是随机变量，且有 $T\sim N(98.6,2)$，已知 $W=\dfrac{5}{9}(T-32)$，试求 W（摄氏）的概率密度.

第三章

多维随机变量及其分布

在上一章中，我们介绍了一维随机变量及其分布，但在实际问题中，对某些随机试验的结果需要同时用两个或两个以上的随机变量来描述。这就涉及对多维随机变量统计规律的研究。本章主要讨论二维随机变量及其分布。

§3.1 多维随机变量及其分布函数

3.1.1 多维随机变量的概念

在实际问题中，对某些随机试验的结果需要同时用两个或两个以上的随机变量来描述。如在研究某一地区学龄前儿童的发育情况时，对于每一个儿童（样本点 ω）需要观察其身高 $H(\omega)$ 和体重 $W(\omega)$，这里 (H, W) 就是一个二维随机变量；再比如在研究每个家庭的支出情况时，我们需要了解每个家庭（样本点 ω）日常生活中衣、食、住、行四个方面的开支情况，若用 $X(\omega)$，$Y(\omega)$，$Z(\omega)$，$R(\omega)$ 分别表示衣、食、住、行的开支占其家庭总收入的百分比，则 (X, Y, Z, R) 就是一个四维随机变量。

一般地，设 E 是一随机试验，其样本空间为 $\Omega=\{\omega\}$，如果 $X_1=X_1(\omega)$，$X_2=X_2(\omega)$，$\cdots$，$X_n=X_n(\omega)$ 是定义在 Ω 上的 n 个一维随机变量，则称 $(X_1, X_2, \cdots, X_n)$ **为 n 维随机变量**。

3.1.2 多维随机变量的联合分布函数

n 维随机变量 $(X_1, X_2, \cdots, X_n)$ 的性质，不仅与 $X_1, X_2, \cdots, X_n$ 的性质有关，而且还依赖于这 n 个随机变量的相互关系。因此，仅仅逐个研究它们的性质是不够的，必须要把 $(X_1, X_2, \cdots, X_n)$ 作为一个整体加以研究。为此，和一维随机变量一样，我们引入 n 维随机变量 $(X_1, X_2, \cdots, X_n)$ 的分布函数的定义。

定义 3.1.1 设 $(X_1, X_2, \cdots, X_n)$ 是一个 n 维随机变量，对于任意的 n 个实数 x_1，$x_2, \cdots, x_n$，称 n 元函数

$$F(x_1, x_2, \cdots, x_n)=P(X_1 \leqslant x_1, X_2 \leqslant x_2, \cdots, X_n \leqslant x_n)$$

为 n 维随机变量 $(X_1, X_2, \cdots, X_n)$ **的分布函数**，或称为随机变量 $X_1, X_2, \cdots, X_n$ 的**联合分布函数**。

注　联合分布函数 $F(x_1, x_2, \cdots, x_n)$ 表示事件 $\{X_1 \leqslant x_1\}$，$\{X_2 \leqslant x_2\}$，$\cdots$，$\{X_n \leqslant x_n\}$ 同时发生的概率.

本章我们主要研究二维随机变量，而二维以上的情况可作类似推广.

对于二维随机变量 (X, Y)，其分布函数为

$$F(x, y) = P(X \leqslant x, Y \leqslant y).$$

它表示事件 $\{X \leqslant x\}$ 和 $\{Y \leqslant y\}$ 同时发生的概率. 如果将二维随机变量 (X, Y) 看成是平面上随机点的坐标，那么分布函数 $F(x, y)$ 在 (x, y) 处的函数值就是随机点 (X, Y) 落在以 (x, y) 为顶点且位于该点左下方的无穷矩形区域（如图 3—1—1 所示）内的概率.

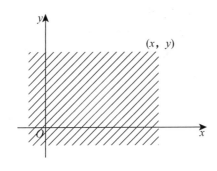

图 3—1—1

特别地，随机点 (X, Y) 落在矩形区域 $\{(x, y) | a < x \leqslant b, c < y \leqslant d\}$ 内的概率为

$$P(a < X \leqslant b, c < Y \leqslant d) = F(b, d) - F(a, d) - F(b, c) + F(a, c). \qquad (3.1.1)$$

二维随机变量的联合分布函数 $F(x, y)$ 具有如下性质：

(1) **有界性**：对 $\forall x \in (-\infty, +\infty)$ 和 $\forall y \in (-\infty, +\infty)$，有 $0 \leqslant F(x, y) \leqslant 1$，且

$$F(-\infty, y) = \lim_{x \to -\infty} F(x, y) = 0, \qquad F(x, -\infty) = \lim_{y \to -\infty} F(x, y) = 0,$$

$$F(-\infty, -\infty) = \lim_{\substack{x \to -\infty \\ y \to -\infty}} F(x, y) = 0, \qquad F(+\infty, +\infty) = \lim_{\substack{x \to +\infty \\ y \to +\infty}} F(x, y) = 1.$$

对于该性质我们不作严格证明，只作一些简单说明. 由 $F(x, y)$ 的几何意义直接可知，若图 3—1—1 中将无穷矩形的右边界向左无限移动（即令 $x \to -\infty$），则随机点 (X, Y) 落在这个矩形区域内这一事件趋于不可能事件 $\varnothing$，其概率趋于零，即有 $F(-\infty, y) = 0$. 同理 $F(x, -\infty) = 0$，$F(-\infty, -\infty) = 0$；又如当 $x \to +\infty$，$y \to +\infty$ 时，图 3—1—1 中的无穷矩形扩展到整个平面，随机点 (X, Y) 落在这个矩形区域内这一事件趋于必然事件 Ω，其概率趋于 1，即有 $F(+\infty, +\infty) = 1$.

(2) **单调性**：$F(x, y)$ 对 x，y 是单调不减函数，即

当 $x_1 < x_2$ 时，$F(x_1, y) \leqslant F(x_2, y)$；

当 $y_1 < y_2$ 时，$F(x, y_1) \leqslant F(x, y_2)$.

这里仅对固定 y 的情况加以证明. 因为当 $x_1 < x_2$ 时，有 $\{X \leqslant x_1\} \subset \{X \leqslant x_2\}$，则 $\{X \leqslant x_1, Y \leqslant y\} \subset \{X \leqslant x_2, Y \leqslant y\}$，由此可得

$$F(x_1, y) = P(X \leqslant x_1, Y \leqslant y) \leqslant P(X \leqslant x_2, Y \leqslant y) = F(x_2, y),$$

即 $F(x, y)$ 关于 x 是单调不减的. 同理可证 $F(x, y)$ 关于 y 也是单调不减的.

(3) **右连续性**：$F(x, y)$ 关于 x 和 y 都是右连续的, 即

$$F(x+0, y) = F(x, y); F(x, y+0) = F(x, y).$$

3.1.3 边缘分布函数

二维随机变量 (X, Y) 作为一个整体, 具有分布函数 $F(x, y)$. 而 X 和 Y 都是随机变量, 各自也有分布函数, 将其分别记为 $F_X(x)$ 和 $F_Y(y)$, 分别称为二维随机变量 (X, Y) 关于 X 和关于 Y 的**边缘分布函数**, 简称**边缘分布**.

一方面, 需要注意的是, X 和 Y 的边缘分布函数本质上就是一维随机变量 X 和 Y 的分布函数, 我们现在之所以称其为边缘分布是相对于它们的联合分布而言的. 同样地, 联合分布函数 $F(x, y)$ 就是二维随机变量 (X, Y) 的分布函数, 之所以称其为联合分布是相对于其分量 X 或 Y 的边缘分布而言的.

另一方面, 边缘分布函数可以由 (X, Y) 的分布函数 $F(x, y)$ 确定. 事实上,

$$F_X(x) = P(X \leqslant x) = P(X \leqslant x, Y < +\infty) = F(x, +\infty),$$

即

$$F_X(x) = F(x, +\infty). \tag{3.1.2}$$

也就是说, 只要在分布函数 $F(x, y)$ 中令 $y \rightarrow +\infty$ 就能得到 $F_X(x)$.

同理可得

$$F_Y(y) = F(+\infty, y). \tag{3.1.3}$$

例 3.1.1　设二维随机变量 (X, Y) 的分布函数为

$$F(x, y) = \begin{cases} 1 - e^{-x} - e^{-y} + e^{-x-y-\lambda xy}, & x > 0, y > 0, \\ 0, & \text{其他,} \end{cases}$$

其中 λ 为大于零的常数. 则由分布函数 $F(x, y)$, 容易得到 X 和 Y 的边缘分布函数分别为

$$F_X(x) = F(x, +\infty) = \begin{cases} 1 - e^{-x}, & x > 0, \\ 0, & \text{其他.} \end{cases}$$

$$F_Y(y) = F(+\infty, y) = \begin{cases} 1 - e^{-y}, & y > 0, \\ 0, & \text{其他.} \end{cases}$$

由上例可以看出, X 和 Y 的边缘分布都是一维指数分布, 且与参数 $\lambda > 0$ 无关. 大于零的不同的 λ 对应不同的二维指数分布, 但它们的两个边缘分布不变. 这说明：二维联合分布不仅含有每个分量的概率分布, 而且还含有两个变量 X 和 Y 之间的关系信息, 所以由联合分布可以确定边缘分布, 但是一般情况下由边缘分布不能确定联合分布.

§3.2 二维离散型随机变量及其分布

3.2.1 二维离散型随机变量的联合分布列

定义 3.2.1 如果二维随机变量 (X, Y) 的全部可能取值是有限对或无限可列对，则称 (X, Y) 为**二维离散型随机变量**.

设 (X, Y) 的一切可能取值为 (x_i, y_j), $i, j = 1, 2, \cdots$，则称

$$P(X = x_i, Y = y_j) = p_{ij}, \quad i, j = 1, 2, \cdots \tag{3.2.1}$$

为二维离散型随机变量 (X, Y) **的分布列**，或随机变量 X 和 Y 的**联合分布列**.

(X, Y) 的分布列也可用表格表示如下：

X \ Y	y_1	y_2	$\cdots$	y_j	$\cdots$
x_1	p_{11}	p_{12}	$\cdots$	p_{1j}	$\cdots$
x_2	p_{21}	p_{22}	$\cdots$	p_{2j}	$\cdots$
$\vdots$	$\vdots$	$\vdots$		$\vdots$	
x_i	p_{i1}	p_{i2}	$\cdots$	p_{ij}	$\cdots$
$\vdots$	$\vdots$	$\vdots$		$\vdots$	

(X, Y) 的分布列满足：

(1) **非负性**：$p_{ij} \geqslant 0$; $\tag{3.2.2}$

(2) **正则性**：$\sum_{i, j} p_{ij} = 1$. $\tag{3.2.3}$

(X, Y) 的分布函数为

$$F(x, y) = P(X \leqslant x, Y \leqslant y) = \sum_{\substack{x_i \leqslant x \\ y_j \leqslant y}} p_{ij}, \tag{3.2.4}$$

其中和式是对一切满足 $x_i \leqslant x$, $y_j \leqslant y$ 的 i, j 求和.

例 3.2.1 设有 10 件产品，其中 4 件是次品，从中不放回地抽取两件，分别以 X 和 Y 表示第一次和第二次取到的次品数，求 (X, Y) 的分布列.

解 (X, Y) 的所有可能取值为：$(0, 0)$, $(0, 1)$, $(1, 0)$, $(1, 1)$. 而事件 $\{X = 0, Y = 0\}$ 表示"第一次取到正品，第二次也取到正品"，由古典概率的计算公式，有

$$P(X = 0, Y = 0) = \frac{6 \times 5}{10 \times 9} = \frac{1}{3},$$

同理，

$$P(X = 0, Y = 1) = \frac{6 \times 4}{10 \times 9} = \frac{4}{15},$$

$$P(X = 1, Y = 0) = \frac{4 \times 6}{10 \times 9} = \frac{4}{15},$$

$$P(X = 1, Y = 1) = \frac{4 \times 3}{10 \times 9} = \frac{2}{15}.$$

因此，(X, Y) 的分布列为

X \ Y	0	1
0	1/3	4/15
1	4/15	2/15

例 3.2.2 从 1，2，3，4，5 中任取一数记为 X，再从 $1, \cdots, X$ 中任取一数记为 Y，试求 (X, Y) 的分布列.

解 (X, Y) 为二维离散型随机变量，其可能取值为 (i, j)，$i=1, 2, 3, 4, 5; j=1, \cdots, i$. 当 $j>i$ 时，

$$P(X=i, Y=j)=0;$$

当 $1 \leqslant j \leqslant i \leqslant 5$ 时，由概率的乘法公式，得

$$P(X=i, Y=j)=P(X=i)P(Y=j|X=i)=\frac{1}{5} \cdot \frac{1}{i}=\frac{1}{5i}.$$

因此，(X, Y) 的分布列为：

X \ Y	1	2	3	4	5
1	1/5	0	0	0	0
2	1/10	1/10	0	0	0
3	1/15	1/15	1/15	0	0
4	1/20	1/20	1/20	1/20	0
5	1/25	1/25	1/25	1/25	1/25

3.2.2 二维离散型随机变量的边缘分布列

定义 3.2.2 设二维离散型随机变量 (X, Y) 的分布列为

$$P(X=x_i, Y=y_j)=p_{ij}, i, j=1, 2, \cdots,$$

称

$$P(X=x_i)=\sum_j P(X=x_i, Y=y_j)=\sum_j p_{ij}, i=1, 2, \cdots \tag{3.2.5}$$

为 X 的**边缘分布列**. 常记为

$$p_{i\cdot}=\sum_j p_{ij}, i=1, 2, \cdots;$$

类似地，Y 的边缘分布列为

$$P(Y=y_j)=\sum_i P(X=x_i, Y=y_j)=\sum_i p_{ij}, j=1, 2, \cdots, \tag{3.2.6}$$

常记为

$$p_{\cdot j}=\sum_i p_{ij}, j=1, 2, \cdots.$$

可用如下表格形式表示随机变量 (X, Y) 的分布列与 X 和 Y 的边缘分布列:

X \ Y	y_1	y_2	$\cdots$	y_j	$\cdots$	$P(X=x_i)$
x_1	p_{11}	p_{12}	$\cdots$	p_{1j}	$\cdots$	$p_{1\cdot}$
x_2	p_{21}	p_{22}	$\cdots$	p_{2j}	$\cdots$	$p_{2\cdot}$
$\vdots$	$\vdots$	$\vdots$		$\vdots$		$\vdots$
x_i	p_{i1}	p_{i2}	$\cdots$	p_{ij}	$\cdots$	$p_{i\cdot}$
$\vdots$	$\vdots$	$\vdots$		$\vdots$		$\vdots$
$P(Y=y_j)$	$p_{\cdot 1}$	$p_{\cdot 2}$	$\cdots$	$p_{\cdot j}$	$\cdots$	

例 3.2.3　求例 3.2.1 中随机变量 X 和 Y 的边缘分布列.

解　由式（3.2.5）和式（3.2.6），得

$$P(X=0)=3/5, \qquad P(X=1)=2/5,$$
$$P(Y=0)=3/5, \qquad P(Y=1)=2/5,$$

也可用表格形式表示随机变量 (X, Y) 的分布列以及 X 和 Y 的边缘分布列:

X \ Y	0	1	$P(X=x_i)$
0	1/3	4/15	3/5
1	4/15	2/15	2/5
$P(Y=y_j)$	3/5	2/5	

§3.3　二维连续型随机变量及其分布

3.3.1　二维连续型随机变量的概率密度

定义 3.3.1　设二维随机变量 (X, Y) 的分布函数为 $F(x, y)$，如果存在非负可积函数 $f(x, y)$，使得对任意实数 x 和 y 有

$$F(x, y) = \int_{-\infty}^{x} \int_{-\infty}^{y} f(u, v)\mathrm{d}u\mathrm{d}v, \tag{3.3.1}$$

则称 (X, Y) 为连续型随机变量，称 $f(x, y)$ 为二维随机变量 (X, Y) 的**概率密度**，或称为随机变量 X 和 Y 的**联合概率密度**.

由定义，概率密度具有以下性质:

(1) **非负性**: $f(x, y) \geqslant 0$；　　　　(3.3.2)

(2) **正则性**: $\int_{-\infty}^{+\infty} \int_{-\infty}^{+\infty} f(x, y)\mathrm{d}x\mathrm{d}y = 1$；　　(3.3.3)

(3) 设 D 是 xOy 平面上的区域，则点 (X, Y) 落在区域 D 内的概率为

$$P\{(X, Y) \in D\} = \iint\limits_{D} f(x, y)\mathrm{d}x\mathrm{d}y; \tag{3.3.4}$$

(4) 若 $f(x, y)$ 在点 (x, y) 处连续，则有

$$\frac{\partial^2 F(x, y)}{\partial x \partial y} = f(x, y).$$
(3.3.5)

需要明确的是，在具体使用式 (3.3.4) 求事件的概率时，应注意积分区域是 $f(x, y)$ 的非零区域与 D 的公共部分，然后设法将二重积分化成累次积分，最后计算出结果. 但计算中还应注意，因为"直线的面积为零"，故积分区域的边界线是否在积分区域内不会影响到概率计算的结果.

例 3.3.1 设 (X, Y) 的概率密度为

$$f(x, y) = \begin{cases} k\mathrm{e}^{-(3x+4y)}, & x>0, \ y>0, \\ 0, & \text{其他}. \end{cases}$$

试求：(1) 常数 k；(2) (X, Y) 的分布函数 $F(x, y)$；(3) $P\{X+Y \leqslant 1\}$.

解 (1) 由

$$1 = \int_{-\infty}^{+\infty} \int_{-\infty}^{+\infty} f(x, y)\mathrm{d}x\mathrm{d}y = k\int_0^{+\infty} \mathrm{e}^{-3x}\mathrm{d}x \int_0^{+\infty} \mathrm{e}^{-4y}\mathrm{d}y,$$

可得

$$\frac{k}{12} = 1 \Rightarrow k = 12.$$

(2) $F(x, y) = \int_{-\infty}^{x} \int_{-\infty}^{y} f(u, v)\mathrm{d}u\mathrm{d}v = \begin{cases} \int_0^x \int_0^y 12\mathrm{e}^{-(3u+4v)}\mathrm{d}u\mathrm{d}v, & x>0, \ y>0, \\ 0, & \text{其他}. \end{cases}$

$$= \begin{cases} (1-\mathrm{e}^{-3x})(1-\mathrm{e}^{-4y}), & x>0, \ y>0, \\ 0, & \text{其他}. \end{cases}$$

(3) 积分区域见图 3—3—1 中阴影部分 D_1.

$$P\{X+Y \leqslant 1\} = \iint\limits_{D_1} 12\mathrm{e}^{-(3x+4y)}\mathrm{d}x\mathrm{d}y$$

$$= 12\int_0^1 \mathrm{e}^{-3x}\mathrm{d}x \int_0^{1-x} \mathrm{e}^{-4y}\mathrm{d}y$$

$$= 1 - 4\mathrm{e}^{-3} + 3\mathrm{e}^{-4}.$$

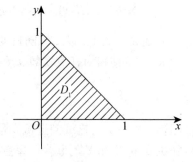

图 3—3—1

3.3.2 二维连续型随机变量的边缘概率密度

设 (X, Y) 的概率密度为 $f(x, y)$，由于

$$F_X(x) = F(x, +\infty) = \int_{-\infty}^{x} \left(\int_{-\infty}^{+\infty} f(x, y)\mathrm{d}y \right)\mathrm{d}x,$$

由一维连续型随机变量概率密度的定义，得 X 的概率密度为

$$f_X(x) = \int_{-\infty}^{+\infty} f(x, y)\mathrm{d}y.$$
(3.3.6)

同理,可得 Y 的概率密度为

$$f_Y(y) = \int_{-\infty}^{+\infty} f(x,y)\mathrm{d}x. \tag{3.3.7}$$

称 $f_X(x)$ 和 $f_Y(y)$ 分别为随机变量 X 和 Y 的**边缘概率密度**.

例 3.3.2　设随机变量 (X,Y) 的概率密度为

$$f(x,y) = \begin{cases} 6, & x^2 \leqslant y \leqslant x, \\ 0, & \text{其他.} \end{cases}$$

求随机变量 X 和 Y 的边缘概率密度 $f_X(x)$ 和 $f_Y(y)$.

解　$f(x,y)$ 的非零区域 D 为图 3—3—2 中的阴影部分,由式 (3.3.6) 和式 (3.3.7) 可得

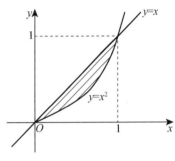

图 3—3—2

$$\begin{aligned} f_X(x) &= \int_{-\infty}^{+\infty} f(x,y)\mathrm{d}y \\ &= \begin{cases} \int_{x^2}^{x} 6\mathrm{d}y, & 0 \leqslant x \leqslant 1, \\ 0, & \text{其他.} \end{cases} \\ &= \begin{cases} 6x(1-x), & 0 \leqslant x \leqslant 1, \\ 0, & \text{其他.} \end{cases} \end{aligned}$$

$$f_Y(y) = \int_{-\infty}^{+\infty} f(x,y)\mathrm{d}x = \begin{cases} \int_{y}^{\sqrt{y}} 6\mathrm{d}x, & 0 \leqslant y \leqslant 1, \\ 0, & \text{其他.} \end{cases}$$

$$= \begin{cases} 6(\sqrt{y}-y), & 0 \leqslant y \leqslant 1, \\ 0, & \text{其他.} \end{cases}$$

3.3.3　常见的二维连续型随机变量的分布

1. 均匀分布

定义 3.3.2　设 D 为平面内的一个有界区域,其面积为 S_D,若二维随机变量 (X,Y) 的概率密度为

$$f(x,y) = \begin{cases} \dfrac{1}{S_D}, & (x,y) \in D, \\ 0, & \text{其他,} \end{cases} \tag{3.3.8}$$

则称二维随机变量 (X,Y) 服从区域 D 上的**二维均匀分布**.

对区域 $D_1 \subset D$,有

$$P\{(X,Y) \in D_1\} = \iint\limits_{D_1} f(x,y)\mathrm{d}x\mathrm{d}y = \iint\limits_{D_1} \frac{1}{S_D}\mathrm{d}x\mathrm{d}y = \frac{S_{D_1}}{S_D},$$

其中 S_D 表示区域 D 的面积,S_{D_1} 表示子区域 D_1 的面积. 这正是我们在第一章中所介绍的几何概率的计算公式.

例 3.3.3 设随机变量 (X, Y) 服从圆域 $D=\{(x, y)\,|\,x^2+y^2\leqslant 4\}$ 上的二维均匀分布，试求概率 $P\{(X, Y)\in D_1\}$，其中 D_1 是由 x 轴、y 轴及直线 $x+y=1$ 所围成的区域.

解 因 $S_D=4\pi$，故 (X, Y) 的概率密度为

$$f(x, y)=\begin{cases} \dfrac{1}{4\pi}, & (x, y)\in D, \\ 0, & \text{其他}, \end{cases}$$

则

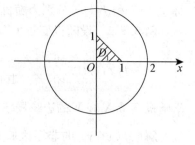

$$P\{(X, Y)\in D_1\}=\iint\limits_{D_1}\frac{1}{4\pi}\mathrm{d}x\mathrm{d}y=\frac{1}{8\pi}.$$

图 3—3—3

2. 二维正态分布

定义 3.3.3 如果二维随机变量 (X, Y) 的概率密度为

$$f(x, y)=\frac{1}{2\pi\sigma_1\sigma_2\sqrt{1-\rho^2}}\cdot\exp\left\{-\frac{1}{2(1-\rho^2)}\left[\frac{(x-\mu_1)^2}{\sigma_1^2}\right.\right.$$

$$\left.\left.-2\rho\frac{(x-\mu_1)(y-\mu_2)}{\sigma_1\sigma_2}+\frac{(y-\mu_2)^2}{\sigma_2^2}\right]\right\}, \quad -\infty<x, y<+\infty, \tag{3.3.9}$$

其中 μ_1，μ_2，σ_1，σ_2，ρ 都为常数，且 σ_1，$\sigma_2>0$，$-1<\rho<1$，则称 (X, Y) 服从**二维正态分布**，记为 $(X, Y)\sim N(\mu_1, \mu_2, \sigma_1^2, \sigma_2^2, \rho)$.

下面我们来求二维正态分布的边缘概率密度.

首先，配方可得

$$\frac{(y-\mu_2)^2}{\sigma_2^2}-2\rho\frac{(x-\mu_1)(y-\mu_2)}{\sigma_1\sigma_2}=\left(\frac{y-\mu_2}{\sigma_2}-\rho\frac{x-\mu_1}{\sigma_1}\right)^2-\rho^2\frac{(x-\mu_1)^2}{\sigma_1^2}.$$

然后，由边缘概率密度的计算公式，

$$f_X(x)=\int_{-\infty}^{+\infty}f(x, y)\mathrm{d}y=\frac{1}{2\pi\sigma_1\sigma_2\sqrt{1-\rho^2}}\mathrm{e}^{-\frac{(x-\mu_1)^2}{2\sigma_1^2}}\int_{-\infty}^{+\infty}\mathrm{e}^{-\frac{1}{2(1-\rho^2)}\left(\frac{y-\mu_2}{\sigma_2}-\rho\frac{x-\mu_1}{\sigma_1}\right)^2}\mathrm{d}y,$$

此时，令

$$t=\frac{1}{\sqrt{1-\rho^2}}\left(\frac{y-\mu_2}{\sigma_2}-\rho\frac{x-\mu_1}{\sigma_1}\right),$$

则有

$$f_X(x)=\frac{1}{2\pi\sigma_1}\mathrm{e}^{-\frac{(x-\mu_1)^2}{2\sigma_1^2}}\int_{-\infty}^{+\infty}\mathrm{e}^{-\frac{t^2}{2}}\mathrm{d}t.$$

最后，利用 $\dfrac{1}{\sqrt{2\pi}}\displaystyle\int_{-\infty}^{+\infty}\mathrm{e}^{-\frac{t^2}{2}}\mathrm{d}t=1$，得

$$f_X(x)=\frac{1}{\sqrt{2\pi}\sigma_1}\mathrm{e}^{-\frac{(x-\mu_1)^2}{2\sigma_1^2}}, \quad -\infty<x<+\infty. \tag{3.3.10}$$

同理

$$f_Y(y) = \frac{1}{\sqrt{2\pi}\sigma_2} e^{-\frac{(y-\mu_2)^2}{2\sigma_2^2}}, \quad -\infty < y < +\infty, \tag{3.3.11}$$

即 $X \sim N(\mu_1, \sigma_1^2)$，$Y \sim N(\mu_2, \sigma_2^2)$.

由此可见，二维正态分布的两个边缘分布都是一维正态分布，且都不依赖于参数 ρ，也就是说，如果 $\rho_1 \neq \rho_2$，则 $N(\mu_1, \mu_2, \sigma_1^2, \sigma_2^2, \rho_1)$ 与 $N(\mu_1, \mu_2, \sigma_1^2, \sigma_2^2, \rho_2)$ 是不同的，但它们都有相同的边缘分布. 这说明，一般情况下，由边缘分布不能确定联合分布.

§3.4　随机变量的独立性

本节我们将利用随机事件的独立性来建立随机变量独立性的概念.

设 A 和 B 是两个事件，如果 $P(AB) = P(A)P(B)$，则称事件 A，B 相互独立. 对于随机变量 X 和 Y，如果对任意实数 x 和 y，事件 $\{X \leqslant x\}$ 与 $\{Y \leqslant y\}$ 相互独立，即

$$P(\{X \leqslant x\} \cap \{Y \leqslant y\}) = P(X \leqslant x, Y \leqslant y) = P(X \leqslant x)P(Y \leqslant y),$$

则称随机变量 X 和 Y 相互独立.

从而得到如下定义：

定义 3.4.1　设 $F(x, y)$，$F_X(x)$ 及 $F_Y(y)$ 分别是二维随机变量 (X, Y) 的分布函数及 X 和 Y 的边缘分布函数，若对于任意实数 x，y 有

$$F(x, y) = F_X(x) \cdot F_Y(y), \tag{3.4.1}$$

则称随机变量 X 与 Y **相互独立**.

当 (X, Y) 是离散型随机变量时，则 X 与 Y 相互独立的条件式（3.4.1）等价于：对于 (X, Y) 的所有可能的取值 (x_i, y_j)，$i, j = 1, 2, \cdots$，有

$$P(X = x_i, Y = y_j) = P(X = x_i) \cdot P(Y = y_j), \tag{3.4.2}$$

即对一切 i 和 j，有

$$p_{ij} = p_{i\cdot} \cdot p_{\cdot j}.$$

当 (X, Y) 是连续型随机变量时，$f(x, y)$，$f_X(x)$ 及 $f_Y(y)$ 分别是二维随机变量 (X, Y) 的概率密度及 X 和 Y 的边缘概率密度，则 X 和 Y 相互独立的条件式（3.4.1）等价于：对任意实数 x 和 y，有

$$f(x, y) = f_X(x) \cdot f_Y(y). \tag{3.4.3}$$

例如，若随机变量 (X, Y) 的分布列以及 X 和 Y 的边缘分布列如下：

X ＼ Y	0	1	$p_{i\cdot}$
0	1/3	4/15	3/5
1	4/15	2/15	2/5
$p_{\cdot j}$	3/5	2/5	

因

$$P(X=0, Y=0)=1/3 \neq P(X=0) \cdot P(Y=0)=9/25,$$

故 X 和 Y 不是相互独立的.

例 3.4.1 设二维随机变量 $(X, Y) \sim N(\mu_1, \mu_2, \sigma_1^2, \sigma_2^2, \rho)$. 试证明 X 与 Y 相互独立的充分必要条件是 $\rho=0$.

证明 二维随机变量 (X, Y) 的概率密度为

$$f(x, y)=\frac{1}{2\pi\sigma_1\sigma_2\sqrt{1-\rho^2}}$$

$$\cdot \exp\left\{-\frac{1}{2(1-\rho^2)}\left[\frac{(x-\mu_1)^2}{\sigma_1^2}-2\rho\frac{(x-\mu_1)(y-\mu_2)}{\sigma_1\sigma_2}+\frac{(y-\mu_2)^2}{\sigma_2^2}\right]\right\},$$

由式 (3.3.10) 和式 (3.3.11) , 有

$$f_X(x) \cdot f_Y(y)=\frac{1}{2\pi\sigma_1\sigma_2} \cdot \exp\left\{-\frac{1}{2}\left[\frac{(x-\mu_1)^2}{\sigma_1^2}+\frac{(y-\mu_2)^2}{\sigma_2^2}\right]\right\}.$$

故当 $\rho=0$ 时, 对于任意实数 x, y 有 $f(x, y)=f_X(x) \cdot f_Y(y)$ 成立, 则 X 和 Y 相互独立. 反之, 如果 X 和 Y 相互独立, 由于 $f(x, y)$, $f_X(x)$ 以及 $f_Y(y)$ 均为连续函数, 故对任意实数 x, y 都有 $f(x, y)=f_X(x) \cdot f_Y(y)$. 特别地, 取 $x=\mu_1, y=\mu_2$, 可得

$$\frac{1}{2\pi\sigma_1\sigma_2\sqrt{1-\rho^2}}=\frac{1}{2\pi\sigma_1\sigma_2},$$

故 $\rho=0$.

综上所述, 二维正态随机变量 $(X, Y) \sim N(\mu_1, \mu_2, \sigma_1^2, \sigma_2^2, \rho)$, X 和 Y 相互独立的充分必要条件是: $\rho=0$.

例 3.4.2 设二维随机变量 (X, Y) 的概率密度为

$$f(x, y)=\begin{cases} 3y, & 0<x<y<1, \\ 0, & \text{其他}. \end{cases}$$

试问 X 和 Y 是否相互独立?

解 要判断 X 和 Y 是否相互独立, 对于连续型随机变量来说, 只需看边缘概率密度的乘积是否等于联合概率密度. 为此需要先求出 X 和 Y 的边缘概率密度.

当 $x \leqslant 0$ 或 $x \geqslant 1$ 时, $f(x, y)=0$;

当 $0<x<1$ 时, 有

$$f_X(x)=\int_{-\infty}^{+\infty} f(x, y)\mathrm{d}y=\int_x^1 3y\mathrm{d}y=\frac{3}{2}(1-x^2),$$

即

$$f_X(x)=\begin{cases} \frac{3}{2}(1-x^2), & 0<x<1 \\ 0, & \text{其他}. \end{cases}$$

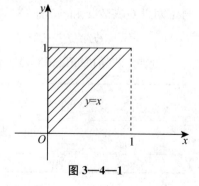

图 3—4—1

同理可得,

$$f_Y(y) = \int_{-\infty}^{+\infty} f(x, y)\mathrm{d}x = \begin{cases} 3y^2, & 0 < y < 1 \\ 0, & \text{其他.} \end{cases}$$

因 $f(x, y) \neq f_X(x)\,f_Y(y)$,所以 X 与 Y 不是相互独立的.

例 3.4.3 在区间 $(0, 1)$ 中随机地取两个数,求这两个数之差的绝对值小于 $1/2$ 的概率.

解 记取得的这两个数分别为 X 和 Y,则 X 和 Y 都服从区间 $(0, 1)$ 上的均匀分布,且 X 与 Y 相互独立,则 (X, Y) 的概率密度为

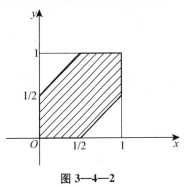

图 3—4—2

$$f(x, y) = f_X(x)f_Y(y) = \begin{cases} 1, & 0 < x, y < 1, \\ 0, & \text{其他.} \end{cases}$$

积分区域如图 3—4—2 所示,因此

$$P\left\{ |X - Y| < \frac{1}{2} \right\} = \iint_D 1\mathrm{d}x\mathrm{d}y = 1 - \frac{1}{4} = \frac{3}{4}.$$

此外,二维随机变量的独立性可推广到多维随机变量的情形.

*   **定义 3.4.2** 设 $F(x_1, x_2, \cdots, x_n)$ 为 n 维随机变量 $(X_1, X_2, \cdots, X_n)$ 的分布函数,$F_{X_i}(x_i)$ 为 X_i 的边缘分布函数,如果对任意 n 个实数 $x_1, x_2, \cdots, x_n$,有

$$F(x_1, x_2, \cdots, x_n) = \prod_{i=1}^{n} F_{X_i}(x_i), \tag{3.4.4}$$

则称 $X_1, X_2, \cdots, X_n$ **相互独立**.

当 $(X_1, X_2, \cdots, X_n)$ 为离散型随机变量时,如果对任意 n 个实数 $x_1, x_2, \cdots, x_n$,有

$$P(X_1 = x_1, X_2 = x_2, \cdots, X_n = x_n) = \prod_{i=1}^{n} P(X_i = x_i), \tag{3.4.5}$$

则称 $X_1, X_2, \cdots, X_n$ 相互独立.

当 $(X_1, X_2, \cdots, X_n)$ 为连续型随机变量时,如果对任意 n 个实数 $x_1, x_2, \cdots, x_n$,有

$$f(x_1, x_2, \cdots, x_n) = \prod_{i=1}^{n} f_{X_i}(x_i), \tag{3.4.6}$$

则称 $X_1, X_2, \cdots, X_n$ 相互独立.

§3.5 条件分布

在第一章中我们曾介绍了条件概率的概念,那是针对随机事件而言的,在本节中,我们将对随机变量的条件分布作简单介绍.

3.5.1 二维离散型随机变量的条件分布

定义 3.5.1 设二维离散型随机变量 (X, Y) 的分布列为

$$P(X = x_i, Y = y_j) = p_{ij}, \ i, j = 1, 2, \cdots.$$

对于固定的 j，若 $P(Y=y_j)=\sum\limits_{i}p_{ij}=p_{\cdot j}>0$，则称

$$P(X=x_i|Y=y_j)=\frac{P(X=x_i,\,Y=y_j)}{P(Y=y_j)}=\frac{p_{ij}}{p_{\cdot j}},\ i=1,\,2,\,3,\,\cdots \tag{3.5.1}$$

为在 $Y=y_j$ 的条件下 X 的**条件分布列**.

类似地，对于固定的 i，若 $P(X=x_i)=\sum\limits_{j}p_{ij}=p_{i\cdot}>0$，则称

$$P(Y=y_j|X=x_i)=\frac{P(X=x_i,\,Y=y_j)}{P(X=x_i)}=\frac{p_{ij}}{p_{i\cdot}},\ j=1,\,2,\,3,\,\cdots \tag{3.5.2}$$

为在 $X=x_i$ 的条件下 Y 的**条件分布列**.

例 3.5.1 已知二维离散型随机变量 (X,Y) 的分布列及 X 和 Y 的边缘分布列如下表所示：

X \ Y	0	1	$p_{i\cdot}$
0	1/3	4/15	3/5
1	4/15	2/15	2/5
$p_{\cdot j}$	3/5	2/5	

试求在 $Y=0$ 的条件下 X 的条件分布列.

解 由式 (3.5.1) 可得 X 的条件分布列：

$$P(X=0|Y=0)=\frac{P(X=0,\,Y=0)}{P(Y=0)}=\frac{1/3}{3/5}=\frac{5}{9};$$

$$P(X=1|Y=0)=\frac{P(X=1,\,Y=0)}{P(Y=0)}=\frac{4/15}{3/5}=\frac{4}{9}.$$

即

X	0	1
$P(X=x_i|Y=0)$	5/9	4/9

3.5.2 二维连续型随机变量的条件分布

已知 (X,Y) 为二维连续型随机变量，要求在 $Y=y$ 的条件下 X 的条件分布函数 $F_{X|Y}(x|y)=P(X\leqslant x|Y=y)$. 因 $P(Y=y)=0$，故不能直接用条件概率的公式求得，只有用极限的思想方法来处理.

设二维连续型随机变量 (X,Y) 的概率密度为 $f(x,y)$，X 和 Y 的边缘密度分别为 $f_X(x)$ 和 $f_Y(y)$. 给定 y，对任意 $\varepsilon>0$，设 $P(y<Y\leqslant y+\varepsilon)>0$，则对任意 x，有

$$\begin{aligned}
P(X\leqslant x|Y=y) &= \lim_{\varepsilon\to 0^+}P(X\leqslant x|y<Y\leqslant y+\varepsilon)\\
&= \lim_{\varepsilon\to 0^+}\frac{P(X\leqslant x,\,y<Y\leqslant y+\varepsilon)}{P(y<Y\leqslant y+\varepsilon)}\\
&= \lim_{\varepsilon\to 0^+}\frac{\displaystyle\int_{-\infty}^{x}\left(\int_{y}^{y+\varepsilon}f(x,y)\mathrm{d}y\right)\mathrm{d}x}{\displaystyle\int_{y}^{y+\varepsilon}f_Y(y)\mathrm{d}y},
\end{aligned}$$

由积分中值定理,有

$$P(X \leqslant x \mid Y = y) = \lim_{\varepsilon \to 0^+} \frac{\varepsilon \int_{-\infty}^{x} f(x, y + \theta_1 \varepsilon) dx}{\varepsilon f_Y(y + \theta_2 \varepsilon)}$$

$$= \frac{\int_{-\infty}^{x} f(x, y) dx}{f_Y(y)} = \int_{-\infty}^{x} \frac{f(x, y)}{f_Y(y)} dx,$$

其中 $0 < \theta_1, \theta_2 < 1$.

仿照一维连续型随机变量概率密度的定义,我们给出二维连续型随机变量条件概率密度的定义,如下:

定义 3.5.2 设二维连续型随机变量 (X, Y) 的概率密度为 $f(x, y)$,Y 的边缘概率密度为 $f_Y(y)$. 若对固定的 y,有 $f_Y(y) > 0$,则在 $Y = y$ 的条件下 X 的**条件分布函数**和**条件概率密度**分别为

$$F_{X|Y}(x \mid y) = \int_{-\infty}^{x} \frac{f(x, y)}{f_Y(y)} dx, \tag{3.5.3}$$

$$f_{X|Y}(x|y) = \frac{f(x, y)}{f_Y(y)}. \tag{3.5.4}$$

类似地,对一切使 $f_X(x) > 0$ 的固定 x,则在 $X = x$ 的条件下 Y 的**条件分布函数**和**条件概率密度**分别为

$$F_{Y|X}(y \mid x) = \int_{-\infty}^{y} \frac{f(x, y)}{f_X(x)} dy, \tag{3.5.5}$$

$$f_{Y|X}(y|x) = \frac{f(x, y)}{f_X(x)}. \tag{3.5.6}$$

例 3.5.2 设二维随机变量 (X, Y) 服从单位圆域 $D = \{(x, y) \mid x^2 + y^2 \leqslant 1\}$(见图 3—5—1)上的均匀分布.

(1) 试判断 X 与 Y 的独立性;(2) 试求条件概率密度 $f_{X|Y}(x|y)$ 和 $f_{Y|X}(y|x)$.

解 二维随机变量 (X, Y) 的概率密度为

$$f(x, y) = \begin{cases} \dfrac{1}{\pi}, & x^2 + y^2 \leqslant 1, \\ 0, & \text{其他}. \end{cases}$$

由式(3.3.6)和式(3.3.7)可得,

$$f_X(x) = \int_{-\infty}^{+\infty} f(x, y) dy$$

$$= \begin{cases} \displaystyle\int_{-\sqrt{1-x^2}}^{\sqrt{1-x^2}} \dfrac{1}{\pi} dy, & -1 \leqslant x \leqslant 1, \\ 0, & \text{其他}, \end{cases}$$

$$= \begin{cases} \dfrac{2}{\pi} \sqrt{1-x^2}, & -1 \leqslant x \leqslant 1, \\ 0, & \text{其他}. \end{cases}$$

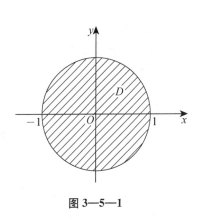

图 3—5—1

$$f_Y(y) = \int_{-\infty}^{+\infty} f(x, y) \mathrm{d}x$$

$$= \begin{cases} \displaystyle\int_{-\sqrt{1-y^2}}^{\sqrt{1-y^2}} \frac{1}{\pi} \mathrm{d}x, & -1 \leqslant y \leqslant 1, \\ 0, & \text{其他}, \end{cases}$$

$$= \begin{cases} \dfrac{2}{\pi}\sqrt{1-y^2}, & -1 \leqslant y \leqslant 1, \\ 0, & \text{其他}. \end{cases}$$

(1) 因 $f(x, y) \neq f_X(x) \cdot f_Y(y)$，所以 X 与 Y 不独立.

(2) 当 $-1 < y < 1$ 时，$f_Y(y) > 0$，由式（3.5.4）得，

$$f_{X|Y}(x|y) = \frac{f(x, y)}{f_Y(y)} = \begin{cases} \dfrac{1}{2\sqrt{1-y^2}}, & -\sqrt{1-y^2} \leqslant x \leqslant \sqrt{1-y^2}, \\ 0, & \text{其他}. \end{cases}$$

同理，当 $-1 < x < 1$ 时，$f_X(x) > 0$，故由式（3.5.6）得，

$$f_{Y|X}(y|x) = \frac{f(x, y)}{f_X(x)} = \begin{cases} \dfrac{1}{2\sqrt{1-x^2}}, & -\sqrt{1-x^2} \leqslant y \leqslant \sqrt{1-x^2}, \\ 0, & \text{其他}. \end{cases}$$

特别地，当 $y=0$ 时，X 的条件概率密度为

$$f_{X|Y}(x|y=0) = \begin{cases} \dfrac{1}{2}, & -1 \leqslant x \leqslant 1, \\ 0, & \text{其他}. \end{cases}$$

即区间 $[-1, 1]$ 上的均匀分布.

例 3.5.3 设二维随机变量 (X, Y) 的概率密度为

$$f(x, y) = \begin{cases} x^2 + \dfrac{xy}{3}, & 0 \leqslant x \leqslant 1, 0 \leqslant y \leqslant 2, \\ 0, & \text{其他}. \end{cases}$$

试求条件概率密度 $f_{X|Y}(x|y)$ 和 $f_{Y|X}(y|x)$.

解 积分区域 D 见图 3—5—2。由式（3.3.6）和式（3.3.7），得

$$f_X(x) = \int_{-\infty}^{+\infty} f(x, y)\mathrm{d}y$$

$$= \begin{cases} \displaystyle\int_0^2 (x^2 + \dfrac{xy}{3})\mathrm{d}y, & 0 \leqslant x \leqslant 1, \\ 0, & \text{其他}, \end{cases}$$

$$= \begin{cases} 2x^2 + \dfrac{2}{3}x, & 0 \leqslant x \leqslant 1, \\ 0, & \text{其他}, \end{cases}$$

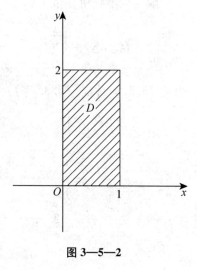

图 3—5—2

$$f_Y(y) = \int_{-\infty}^{+\infty} f(x,y)\mathrm{d}x = \begin{cases} \int_0^1 (x^2 + \dfrac{xy}{3})\mathrm{d}x, & 0 \leqslant y \leqslant 2, \\ 0, & \text{其他.} \end{cases}$$

$$= \begin{cases} \dfrac{1}{3} + \dfrac{1}{6}y, & 0 \leqslant y \leqslant 2, \\ 0, & \text{其他.} \end{cases}$$

当 $0 \leqslant y \leqslant 2$ 时，$f_Y(y) > 0$，则

$$f_{X|Y}(x\mid y) = \frac{f(x,y)}{f_Y(y)} = \begin{cases} \dfrac{6x^2 + 2xy}{2+y}, & 0 \leqslant x \leqslant 1, \\ 0, & \text{其他.} \end{cases}$$

当 $0 < x \leqslant 1$ 时，$f_X(x) > 0$，有

$$f_{Y|X}(y\mid x) = \frac{f(x,y)}{f_X(x)} = \begin{cases} \dfrac{3x+y}{6x+2}, & 0 \leqslant y \leqslant 2, \\ 0, & \text{其他.} \end{cases}$$

§3.6　多维随机变量函数的分布

在上一章中，我们已经讨论过一维随机变量函数的分布问题. 本节我们将讨论多维随机变量 $(X_1, X_2, \cdots, X_n)$ 的函数 $Y = g(X_1, X_2, \cdots, X_n)$ 的分布问题，其中主要介绍二维随机变量 (X, Y) 的函数 $Z = g(X, Y)$ 的分布，以下分离散型和连续型分别考虑.

3.6.1　二维离散型随机变量函数的分布

例 3.6.1　设二维随机变量 (X, Y) 的分布列为

X \ Y	-1	0	1
-1	0.05	0.15	0.20
0	0.07	0.11	0.22
1	0.04	0.07	0.09

试求 $Z_1 = X + Y$，$Z_2 = X^2 + Y^2$ 的分布列.

　解　将 (X, Y) 及各个函数的取值对应列在同一张表中，如下：

(X, Y)	$(-1, -1)$	$(-1, 0)$	$(-1, 1)$	$(0, -1)$	$(0, 0)$	$(0, 1)$	$(1, -1)$	$(1, 0)$	$(1, 1)$
p_k	0.05	0.15	0.20	0.07	0.11	0.22	0.04	0.07	0.09
$Z_1 = X + Y$	-2	-1	0	-1	0	1	0	1	2
$Z_2 = X^2 + Y^2$	2	1	2	1	0	1	2	1	2

然后经过合并整理即可得 $Z_1 = X + Y$，$Z_2 = X^2 + Y^2$ 的分布列：

$Z_1=X+Y$	-2	-1	0	1	2
p_k	0.05	0.22	0.35	0.29	0.09

$Z_2=X^2+Y^2$	0	1	2
p_k	0.11	0.51	0.38

*例 3.6.2 设随机变量 X 和 Y 分别服从参数为 λ_1 和 λ_2 的泊松分布，且 X 与 Y 相互独立. 试证明 $X+Y$ 服从参数为 $\lambda_1+\lambda_2$ 的泊松分布.

证明 $Z=X+Y$ 的可能取值为 $0，1，2，\cdots$，因 X 与 Y 相互独立，则

$$P(Z=k)=P(X+Y=k)=\sum_{i=0}^{k}P(X=i)P(Y=k-i)$$

$$=\sum_{i=0}^{k}\left(\frac{\lambda_1^i}{i!}\mathrm{e}^{-\lambda_1}\right)\left(\frac{\lambda_2^{k-i}}{(k-i)!}\mathrm{e}^{-\lambda_2}\right)$$

$$=\frac{(\lambda_1+\lambda_2)^k}{k!}\mathrm{e}^{-(\lambda_1+\lambda_2)}\sum_{i=0}^{k}\frac{k!}{i!(k-i)!}\left(\frac{\lambda_1}{\lambda_1+\lambda_2}\right)^i\left(\frac{\lambda_2}{\lambda_1+\lambda_2}\right)^{k-i}$$

$$=\frac{(\lambda_1+\lambda_2)^k}{k!}\mathrm{e}^{-(\lambda_1+\lambda_2)}\left(\frac{\lambda_1}{\lambda_1+\lambda_2}+\frac{\lambda_2}{\lambda_1+\lambda_2}\right)^k$$

$$=\frac{(\lambda_1+\lambda_2)^k}{k!}\mathrm{e}^{-(\lambda_1+\lambda_2)}，k=0，1，2，\cdots.$$

故 $Z=X+Y$ 服从参数为 $\lambda_1+\lambda_2$ 的泊松分布.

该例说明泊松分布具有可加性. 同样，对二项分布也有类似的性质：如果随机变量 $X\sim B(n_1，p)$，$Y\sim B(n_2，p)$，且 X 与 Y 相互独立，则 $X+Y\sim B(n_1+n_2，p)$.

如，若 $X\sim B\left(1，\dfrac{1}{2}\right)$，$Y\sim B\left(5，\dfrac{1}{2}\right)$，且 X 与 Y 相互独立，则 $X+Y\sim B\left(6，\dfrac{1}{2}\right)$.

3.6.2 二维连续型随机变量函数的分布

本节主要讨论二维连续型随机变量 $(X，Y)$ 的函数 $Z=g(X，Y)$ 的两种特殊情形：$Z=X+Y$，$Z=\min\{X，Y\}$ 及 $Z=\max\{X，Y\}$ 的分布.

对于一般情形，可通过以下方法来求 $Z=g(X，Y)$ 的概率密度.

设二维连续型随机变量 $(X，Y)$ 的概率密度为 $f(x，y)$，先求 $Z=g(X，Y)$ 的分布函数，由分布函数的定义，有

$$F_Z(z)=P(Z\leqslant z)=P(g(X，Y)\leqslant z)=\iint\limits_{g(x，y)\leqslant z}f(x，y)\mathrm{d}x\mathrm{d}y, \tag{3.6.1}$$

其中积分区域为：对固定的 z，满足 $g(x，y)\leqslant z$ 的一切 $x，y$ 所确定的区域.

其次，分布函数 $F_Z(z)$ 对 z 求导便得到其概率密度 $f_Z(z)$，即 $f_Z(z)=F_Z'(z)$.

例 3.6.3 设二维连续型随机变量 $(X，Y)$ 服从二维正态分布，其概率密度为

$$f(x，y)=\frac{1}{2\pi\sigma^2}\mathrm{e}^{-\frac{x^2+y^2}{2\sigma^2}}，-\infty<x，y<+\infty.$$

试求以 (X, Y) 为终点的矢径长度的概率密度.

解 以 (X, Y) 为终点的矢径长度是随机变量 X 和 Y 的函数

$$Z = \sqrt{X^2 + Y^2}.$$

当 $z \leqslant 0$ 时,有

$$F_Z(z) = P(Z \leqslant z) = 0.$$

当 $z > 0$ 时,由分布函数的定义可得(其积分区域 $D = \{(x, y) \mid \sqrt{x^2 + y^2} \leqslant z\}$,如图 3—6—1 所示)

$$\begin{aligned}
F_Z(z) &= P(Z \leqslant z) = P(\sqrt{X^2 + Y^2} \leqslant z) \\
&= \iint\limits_{\sqrt{x^2+y^2} \leqslant z} f(x, y) \mathrm{d}x\mathrm{d}y \\
&= \frac{1}{2\pi\sigma^2} \int_0^{2\pi} \mathrm{d}\theta \int_0^z \mathrm{e}^{-\frac{\rho^2}{2\sigma^2}} \rho \mathrm{d}\rho \\
&= 1 - \mathrm{e}^{-\frac{z^2}{2\sigma^2}}.
\end{aligned}$$

因此

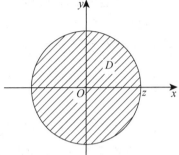

图 3—6—1

$$f_Z(z) = F_Z'(z) = \begin{cases} \dfrac{z}{\sigma^2} \mathrm{e}^{-\frac{z^2}{2\sigma^2}}, & z > 0, \\ 0, & z \leqslant 0. \end{cases}$$

1. $Z = X + Y$ 的分布

定理 3.6.1 设二维连续型随机变量 (X, Y) 的概率密度为 $f(x, y)$,则 $Z = X + Y$ 仍为连续型随机变量,其概率密度为

$$f_Z(z) = \int_{-\infty}^{+\infty} f(x, z-x) \mathrm{d}x, \tag{3.6.2}$$

或

$$f_Z(z) = \int_{-\infty}^{+\infty} f(z-y, y) \mathrm{d}y. \tag{3.6.3}$$

证明 由分布函数的定义,有

$$\begin{aligned}
F_Z(z) &= P(Z \leqslant z) = P(X + Y \leqslant z) \\
&= \iint\limits_{x+y \leqslant z} f(x, y) \mathrm{d}x\mathrm{d}y,
\end{aligned}$$

积分区域 $D = \{(x, y) \mid x + y \leqslant z\}$(其中 z 为常数)如图 3—6—2 中阴影部分所示,化二重积分为先对 y 后对 x 的二次积分,得

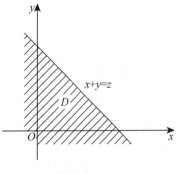

图 3—6—2

$$F_Z(z) = P(Z \leqslant z) = \int_{-\infty}^{+\infty} \left(\int_{-\infty}^{z-x} f(x, y) \mathrm{d}y \right) \mathrm{d}x.$$

此时，固定 z 和 x，对积分 $\int_{-\infty}^{z-x} f(x,\,y)\mathrm{d}y$ 作变量代换，令 $y=u-x$，有

$$F_Z(z)=\int_{-\infty}^{+\infty}\left(\int_{-\infty}^{z}f(x,\,u-x)\mathrm{d}u\right)\mathrm{d}x=\int_{-\infty}^{z}\left(\int_{-\infty}^{+\infty}f(x,\,u-x)\mathrm{d}x\right)\mathrm{d}u,$$

由概率密度的定义，得

$$f_Z(z)=\int_{-\infty}^{+\infty}f(x,\,z-x)\mathrm{d}x.$$

类似地，读者可以自己证明式 (3.6.3).

特别地，当 X 与 Y 相互独立时，其概率密度分别为 $f_X(x)$ 和 $f_Y(y)$，则 Z 的概率密度式(3.6.2) 和式(3.6.3) 变形为

$$f_Z(z)=\int_{-\infty}^{+\infty}f_X(x)f_Y(z-x)\mathrm{d}x, \tag{3.6.4}$$

或 $$f_Z(z)=\int_{-\infty}^{+\infty}f_X(z-y)f_Y(y)\mathrm{d}y. \tag{3.6.5}$$

通常称式 (3.6.4) 和式 (3.6.5) 为 $f_X(x)$ 和 $f_Y(y)$ 的**卷积公式**，记为 $f_X * f_Y$，即

$$f_X * f_Y=\int_{-\infty}^{+\infty}f_X(x)f_Y(z-x)\mathrm{d}x=\int_{-\infty}^{+\infty}f_X(z-y)f_Y(y)\mathrm{d}y.$$

例 3.6.4 设随机变量 X 与 Y 相互独立，且都服从 $N(0,\,1)$，求 $Z=X+Y$ 的概率密度.

解 因为 $X\sim N(0,\,1)$，$Y\sim N(0,\,1)$，则

$$f_X(x)=\frac{1}{\sqrt{2\pi}}\mathrm{e}^{-\frac{x^2}{2}},\ -\infty<x<+\infty,$$

$$f_Y(y)=\frac{1}{\sqrt{2\pi}}\mathrm{e}^{-\frac{y^2}{2}},\ -\infty<y<+\infty.$$

由 X 与 Y 的独立性，及式 (3.6.4) 可得

$$f_Z(z)=\int_{-\infty}^{+\infty}f_X(x)f_Y(z-x)\mathrm{d}x=\frac{1}{2\pi}\int_{-\infty}^{+\infty}\mathrm{e}^{-\frac{x^2+(z-x)^2}{2}}\mathrm{d}x$$

$$=\frac{1}{2\pi}\mathrm{e}^{-\frac{z^2}{4}}\int_{-\infty}^{+\infty}\mathrm{e}^{-(x-\frac{z}{2})^2}\mathrm{d}x=\frac{1}{\sqrt{2\pi}\sqrt{2}}\mathrm{e}^{-\frac{z^2}{4}}.$$

这里利用了 $\int_{-\infty}^{+\infty}\mathrm{e}^{-\frac{x^2}{2}}\mathrm{d}x=\sqrt{2\pi}$.

即 $Z=X+Y\sim N(0,\,2)$.

一般地，如果 $X\sim N(\mu_1,\,\sigma_1^2)$，$Y\sim N(\mu_2,\,\sigma_2^2)$，且 X 与 Y 相互独立，则 $X+Y\sim N(\mu_1+\mu_2,\,\sigma_1^2+\sigma_2^2)$.

此外，上述结论可以进一步推广到有限个的情况，即如果 $X_i\sim N(\mu_i,\,\sigma_i^2)$，$i=1,\,2,\,\cdots,\,n$，且 $X_1,\,X_2,\,\cdots,\,X_n$ 相互独立，则

$$\sum_{i=1}^{n} X_i \sim N\left(\sum_{i=1}^{n} \mu_i,\ \sum_{i=1}^{n} \sigma_i^2\right). \qquad (3.6.6)$$

例如，设 $X \sim N(2, 2^2)$，$Y \sim N(0, 1)$，且 X 与 Y 相互独立，则 $X+Y \sim N(2, 5)$.

2. $Z = \max\{X, Y\}$ 和 $Z = \min\{X, Y\}$ 的分布

设 X 与 Y 相互独立，其分布函数分别为 $F_X(x)$ 和 $F_Y(y)$，则

$$F_{\max}(z) = P(\max\{X, Y\} \leqslant z) = P(X \leqslant z, Y \leqslant z) = P(X \leqslant z)P(Y \leqslant z),$$

从而

$$F_{\max}(z) = F_X(z)F_Y(z). \qquad (3.6.7)$$

因

$$\begin{aligned}
F_{\min}(z) &= P(\min\{X, Y\} \leqslant z) = 1 - P(\min\{X, Y\} > z) \\
&= 1 - P(X > z, Y > z) = 1 - P(X > z)P(Y > z),
\end{aligned}$$

因此

$$F_{\min}(z) = 1 - [1 - F_X(z)][1 - F_Y(z)]. \qquad (3.6.8)$$

此外，可将该结论推广到有限个相互独立的随机变量 $X_1, X_2, \cdots, X_n$ 的情形，即设 $X_1, X_2, \cdots, X_n$ 为 n 个相互独立的随机变量，且 X_i 的分布函数为 $F_{X_i}(x_i)$，$i = 1, 2, \cdots, n$，则

$$F_{\max}(z) = F_{X_1}(z)F_{X_2}(z)\cdots F_{X_n}(z), \qquad (3.6.9)$$
$$F_{\min}(z) = 1 - [1 - F_{X_1}(z)][1 - F_{X_2}(z)]\cdots[1 - F_{X_n}(z)]. \qquad (3.6.10)$$

特别地，若 $X_1, X_2, \cdots, X_n$ 相互独立，且具有相同的分布函数 $F(x)$，则

$$F_{\max}(z) = [F(z)]^n, \qquad (3.6.11)$$
$$F_{\min}(z) = 1 - [1 - F(z)]^n. \qquad (3.6.12)$$

例 3.6.5 设随机变量 (X, Y) 的概率密度为

$$f(x, y) = \begin{cases} k\mathrm{e}^{-(x+y)}, & 0 < x < 1,\ y > 0, \\ 0, & \text{其他}. \end{cases}$$

(1) 试确定常数 k；

(2) 求边缘密度 $f_X(x)$ 和 $f_Y(y)$；

(3) 求 $Z = \max\{X, Y\}$ 的分布函数.

解 (1) 由概率密度的正则性

$$1 = \int_{-\infty}^{+\infty} \int_{-\infty}^{+\infty} f(x, y)\mathrm{d}x\mathrm{d}y = \int_0^1 \mathrm{d}x \int_0^{+\infty} k\mathrm{e}^{-(x+y)}\mathrm{d}y,$$

故

$$k = \frac{\mathrm{e}}{\mathrm{e}-1}.$$

（2）由边缘概率密度的计算公式，得

$$f_X(x) = \int_{-\infty}^{+\infty} f(x, y)\mathrm{d}y = \begin{cases} \int_0^{+\infty} \dfrac{\mathrm{e}}{\mathrm{e}-1}\mathrm{e}^{-(x+y)}\mathrm{d}y, & 0 < x < 1, \\ 0, & \text{其他}, \end{cases}$$

$$= \begin{cases} \dfrac{1}{\mathrm{e}-1}\mathrm{e}^{1-x}, & 0 < x < 1, \\ 0, & \text{其他}. \end{cases}$$

$$f_Y(y) = \int_{-\infty}^{+\infty} f(x, y)\mathrm{d}x = \begin{cases} \int_0^1 \dfrac{\mathrm{e}}{\mathrm{e}-1}\mathrm{e}^{-(x+y)}\mathrm{d}x, & y > 0, \\ 0, & \text{其他}, \end{cases}$$

$$= \begin{cases} \mathrm{e}^{-y}, & y > 0, \\ 0, & \text{其他}. \end{cases}$$

（3）由分布函数的定义，得

$$F_X(x) = \int_{-\infty}^{x} f_X(x)\mathrm{d}x = \begin{cases} 0, & x < 0, \\ \int_0^x \dfrac{1}{\mathrm{e}-1}\mathrm{e}^{1-x}\mathrm{d}x, & 0 \leqslant x < 1, \\ 1, & x \geqslant 1, \end{cases}$$

$$= \begin{cases} 0, & x < 0, \\ \dfrac{\mathrm{e}}{\mathrm{e}-1}(1-\mathrm{e}^{-x}), & 0 \leqslant x < 1, \\ 1, & x \geqslant 1. \end{cases}$$

$$F_Y(y) = \int_{-\infty}^{y} f_Y(y)\mathrm{d}y = \begin{cases} 1-\mathrm{e}^{-y}, & y > 0, \\ 0, & y \leqslant 0. \end{cases}$$

由（2）知，因 $f(x, y) = f_X(x)f_Y(y)$，所以 X 与 Y 相互独立. 再由式（3.6.7），得 $Z = \max\{X, Y\}$ 的分布函数为

$$F(z) = F_X(z)F_Y(z) = \begin{cases} 0, & z < 0, \\ \dfrac{\mathrm{e}}{\mathrm{e}-1}(1-\mathrm{e}^{-z})^2, & 0 \leqslant z < 1, \\ 1-\mathrm{e}^{-z}, & z \geqslant 1. \end{cases}$$

例 3.6.6 若某一设备装有 3 个同类的电子元件，元件的工作是相互独立的，且正常工作时间都服从参数为 λ 的指数分布. 假设当 3 个元件都正常工作时，设备才能正常工作. 试求设备正常工作时间 T 的概率密度.

解 以 X_i 表示第 i 个元件正常工作的时间，$i = 1, 2, 3$. 由题意可知 $T = \min\{X_1, X_2, X_3\}$. 因 X_1, X_2, X_3 相互独立，且服从同一指数分布，其分布函数为

$$F(x) = \begin{cases} 1-\mathrm{e}^{-\lambda x}, & x > 0, \\ 0, & x \leqslant 0. \end{cases}$$

由式（3.6.12）可得设备正常工作时间 T 的分布函数

$$F_T(t)=1-[1-F(t)]^3=\begin{cases}1-\mathrm{e}^{-3\lambda t}, & t>0,\\ 0, & t\leqslant 0.\end{cases}$$

则 T 的概率密度为

$$f_T(t)=\begin{cases}3\lambda\mathrm{e}^{-3\lambda t}, & t>0,\\ 0, & t\leqslant 0.\end{cases}$$

习题三

1. 设盒子中装有红球和黑球共 12 个,其中只有 2 只是红球,现从盒中取球两次,每次任取一个,考虑下面两种试验:(1) 有放回抽取;(2) 无放回抽取. 现对随机变量 X,Y 作如下定义:

$$X=\begin{cases}0, & 若第一次取出的是红球;\\ 1, & 若第一次取出的是黑球.\end{cases}$$

$$Y=\begin{cases}0, & 若第二次取出的是红球;\\ 1, & 若第二次取出的是黑球.\end{cases}$$

试分别就 (1)、(2) 两种情况,写出 X,Y 的联合分布列及边缘分布列.

2. 一批产品共有 100 件,其中一等品 60 件、二等品 30 件、三等品 10 件. 从这批产品中有放回地任取 5 件,用 X 和 Y 分别表示取出的 5 件产品中一等品、二等品的件数,求二维随机变量 (X,Y) 的分布列及 X 和 Y 的边缘分布列.

3. 一批产品共有 100 件,其中一等品 60 件、二等品 30 件、三等品 10 件. 从这批产品中无放回地任取 3 件,用 X 和 Y 分别表示取出的 3 件产品中一等品、二等品的件数,求二维随机变量 (X,Y) 的分布列及 X 和 Y 的边缘分布列.

4. 设随机变量 $X_i(i=1,2)$ 的分布列如下,且满足 $P(X_1X_2=0)=1$,试求 $P(X_1=X_2)$.

X_i	-1	0	1
p	0.25	0.5	0.25

5. 设二维随机变量 (X,Y) 的概率密度为

$$f(x,y)=\begin{cases}6\mathrm{e}^{-(2x+3y)}, & x>0,\ y>0,\\ 0, & 其他.\end{cases}$$

试求:(1) $P(X<1,Y>1)$;(2) $P(X>Y)$.

6. 设二维随机变量 (X,Y) 的概率密度为

$$f(x,y)=\begin{cases}6(1-y), & 0<x<y<1,\\ 0, & 其他.\end{cases}$$

试求:(1) $P(X>0.5,Y>0.5)$;

(2) $P(X<0.5)$ 和 $P(Y<0.5)$;

(3) $P(X+Y<1)$.

7. 设二维随机变量 (X, Y) 的概率密度为

$$f(x, y) = \begin{cases} k, & x^2 < y < x, \\ 0, & \text{其他.} \end{cases}$$

(1) 试求常数 k;

(2) 求 $P(X>0.5)$, $P(Y<0.5)$.

8. 设二维随机变量 (X, Y) 的分布函数为

$$F(x, y) = \begin{cases} 1 - e^{-\lambda_1 x} - e^{-\lambda_2 y} + e^{-\lambda_1 x - \lambda_2 y - \lambda_{12} \max\{x, y\}}, & x>0, y>0, \\ 0, & \text{其他.} \end{cases}$$

试求 X, Y 的边缘分布函数,并判断 X 和 Y 是否相互独立.

9. 设平面区域 D 由曲线 $y = \dfrac{1}{x}$ 及直线 $y=0$, $x=1$, $x=e^2$ 所围成,二维随机变量 (X, Y) 在区域 D 上服从均匀分布,试求 X 的边缘概率密度.

10. 对 (X, Y) 的以下概率密度,求 X 和 Y 的边缘概率密度 $f_X(x)$, $f_Y(y)$.

(1) $f(x, y) = \begin{cases} e^{-y}, & 0<x<y, \\ 0, & \text{其他;} \end{cases}$

(2) $f(x, y) = \begin{cases} 1.25(x^2+y), & 0<y<1-x^2, \\ 0, & \text{其他;} \end{cases}$

(3) $f(x, y) = \begin{cases} \dfrac{1}{x}, & 0<y<x<1, \\ 0, & \text{其他.} \end{cases}$

11. 甲、乙两人各自独立地进行两次射击,假设甲的命中率为 0.2,乙的命中率为 0.5,以 X 和 Y 分别表示甲和乙的命中次数,试求 $P(X \leqslant Y)$.

12. 设随机变量 X 和 Y 相互独立,其联合分布列为

X \ Y	y_1	y_2	y_3
x_1	a	1/9	c
x_2	1/9	b	1/3

试求联合分布列中的 a, b, c.

13. 设随机变量 X 和 Y 相互独立,且 $X \sim U(0, 1)$,Y 服从参数为 1 的指数分布,试求:(1) X 和 Y 的联合概率密度;(2) $P(Y \leqslant X)$;(3) 方程 $x^2 + 2Xx + Y = 0$ 有实根的概率.

14. 设二维随机变量 (X, Y) 的概率密度如下,试问 X 和 Y 是否相互独立?

(1) $f(x, y) = \begin{cases} 3x, & 0<y<x<1, \\ 0, & \text{其他;} \end{cases}$

(2) $f(x, y) = \begin{cases} 1, & |x|<y, 0<y<1, \\ 0, & \text{其他;} \end{cases}$

(3) $f(x, y)=\dfrac{1}{\pi^2(1+x^2)(1+y^2)}$, $-\infty<x, y<+\infty$.

15. 在区间（0，1）上任取两个数，试求这两个数之差的绝对值小于 $\dfrac{1}{2}$ 和这两个数之积小于 $\dfrac{1}{4}$ 的概率.

16. 求第 1 题中随机变量 X 和 Y 的条件分布列.

17. 设某班车起点站上客人数 X 服从参数为 $\lambda(\lambda>0)$ 的泊松分布，每位乘客在中途下车的概率为 $p(0<p<1)$，且中途下车与否是相互独立的，以 Y 表示中途下车的人数. 求：

(1) 在发车时有 n 个乘客的条件下，中途有 m 人下车的概率；

(2) 二维随机变量 (X, Y) 的分布列.

18. 设二维随机变量 (X, Y) 的概率密度为

$$f(x, y)=\begin{cases} kx^2y, & x^2\leqslant y\leqslant 1, \\ 0, & \text{其他.} \end{cases}$$

求（1）常数 k；

(2) 边缘概率密度 $f_X(x)$ 和 $f_Y(y)$；

(3) 条件概率密度 $f_{X|Y}(x|y)$，$f_{Y|X}(y|x)$；

(4) 条件概率 $P\left(Y\geqslant\dfrac{1}{4}\bigg|X=\dfrac{1}{2}\right)$，$P\left(Y\geqslant\dfrac{3}{4}\bigg|X=\dfrac{1}{2}\right)$.

19. 设随机变量 $X\sim U(0, 1)$，在 $X=x(0<x<1)$ 的条件下，随机变量 Y 在区间 $(x, 1)$ 上服从均匀分布. 试求：(1) (X, Y) 的概率密度；(2) Y 的概率密度 $f_Y(y)$；(3) $P(X+Y>1)$.

20. 设二维随机变量 (X, Y) 的分布列为

X \ Y	-1	1	2
-1	0.25	0.1	0.3
2	0.15	0.15	0.05

试求：(1) $Z_1=X+Y$；(2) $Z_2=X-Y$；(3) $Z_3=\max\{X, Y\}$；(4) $Z_4=\min\{X, Y\}$ 的分布列.

21. 设随机变量 X 和 Y 相互独立，且 X, Y 分别服从参数为 λ, μ 的指数分布. 定义随机变量

$$Z=\begin{cases} 1, & X\leqslant Y, \\ 0, & X>Y. \end{cases}$$

求：(1) 条件概率密度 $f_{X|Y}(x|y)$；(2) Z 的分布列及分布函数.

22. 设二维随机变量 (X, Y) 的概率密度为

$$f(x, y)=\begin{cases} e^{-(x+y)} & x>0, y>0, \\ 0, & \text{其他.} \end{cases}$$

试求以下随机变量的密度函数：

(1) $Z=\dfrac{1}{2}(X+Y)$；(2) $Z=Y-X$.

23. 设二维随机变量 (X, Y) 的概率密度为

$$f(x, y)=\begin{cases}1 & 0<x<1,\ 0<y<2x,\\ 0, & \text{其他}.\end{cases}$$

试求：(1) 边缘概率密度 $f_X(x)$ 和 $f_Y(y)$；(2) $Z=2X-Y$ 的概率密度 $f_Z(z)$；(3) 条件概率 $P\left(Y\leqslant\dfrac{1}{2}\Big|X\leqslant\dfrac{1}{2}\right)$.

24. 设二维随机变量 (X, Y) 的概率密度为

$$f(x, y)=\begin{cases}2-x-y, & 0<x<1,\ 0<y<1,\\ 0, & \text{其他}.\end{cases}$$

试求：(1) $P(X>2Y)$；(2) $Z=X+Y$ 的概率密度 $f_Z(z)$.

25. 设随机变量 X 和 Y 相互独立，且均服从区间 $(0, 3)$ 上的均匀分布，试求 $P(\max\{X, Y\}\leqslant 1)$.

26. 对某电子装置的输出测量了 5 次，得到的观测值为 X_1，X_2，X_3，X_4，X_5，设它们是相互独立的，且服从同一分布

$$F(x)=\begin{cases}1-\mathrm{e}^{-\frac{x^2}{8}}, & x\geqslant 0,\\ 0, & \text{其他}.\end{cases}$$

试求：(1) $Z=\max\{X_1, X_2, X_3, X_4, X_5\}$ 的分布函数；(2) $P(Z>4)$.

27. 设系统 L 由两个相互独立的子系统 L_1 和 L_2 连接而成，连接的方式分别为：(1) 串联；(2) 并联；(3) 备用（开关完全可靠，子系统 L_2 在储备期内性能无变化，当 L_1 损坏时，L_2 开始工作），如右图所示，且设 L_1 和 L_2 的寿命分别为 X 和 Y，其概率密度分别为

$$f_X(x)=\begin{cases}\alpha\mathrm{e}^{-\alpha x}, & x>0,\\ 0, & x\leqslant 0.\end{cases}$$

$$f_Y(y)=\begin{cases}\beta\mathrm{e}^{-\beta y}, & y>0,\\ 0, & y\leqslant 0.\end{cases}$$

其中 $\alpha>0$，$\beta>0$，且 $\alpha\neq\beta$. 分别对以上三种连接方式求 L 的寿命 Z 的概率密度.

28. 设某种型号的电子元件的寿命（以小时计）近似地服从正态分布 $N(1\,000, 20^2)$，随机选取 4 只. 试求：(1) 全部元件的寿命均不超过 1 050 的概率；(2) 没有一只元件的寿命小于 1 020 的概率.

第四章

随机变量的数字特征

前两章我们介绍了随机变量的分布，基本能完整地描述以随机变量表达的随机现象的统计规律. 但在实际问题中，要确切地找出一个随机变量的概率分布往往不容易；同时对某些实际问题，也不需要全面考察随机变量的分布情况，而只需要知道随机变量的某些数字特征. 例如，在气象分析中常考查某一时段的气温、雨量、湿度、日照等气象要素的平均值、极端值和较差值，以判断气象情况，而不必掌握每个气象变量的分布情况. 又如在评定某一地区粮食产量的水平时，在许多场合只要了解该地区的平均亩产量即可.

从这些例子来看，与随机变量有关的某些数值，如平均值、偏差值等，虽然不能完整地描述随机变量，但能描述随机变量在某些方面的重要特征；而且这种数字特征又常常与随机变量的分布参数有着密切关系. 所以，在已知随机变量服从某类型的概率分布时，无论在理论上还是在实际应用上都具有重要的意义.

这种用数字表示的随机变量的分布特点，我们称为随机变量的数字特征. 本章主要介绍随机变量的常用数字特征：数学期望、方差、协方差及相关系数.

§4.1 数学期望

数学期望就是随机变量取值的某种平均值. 因此，数学期望又叫做均值，表示随机变量取值的一般状态.

4.1.1 数学期望的概念

我们先看两个例子.

例 4.1.1 在某次考试中，某同学的成绩如下：

学科	语文	数学	英语	选修
学分	9	9	9	3
成绩	90	90	90	60

为了给出该同学的学习评定，有两种方法计算他的平均成绩：

方法一，仅用得分来计算平均值：$\dfrac{90+90+90+60}{4}=82.5$；

方法二，加入学分来计算其平均值：$\dfrac{90\times9+90\times9+90\times9+60\times3}{9+9+9+3}=87$.

这里出现了两个不同的平均成绩，显然，方法二加入了学分来计算，成绩比较客观.

例 4.1.2 设甲、乙两射手在相同条件下进行射击，他们命中的环数是随机变量，分别记为 X_1，X_2，其分布列如下：

X_1	8	9	10
p_k	0.3	0.1	0.6

X_2	8	9	10
p_k	0.2	0.5	0.3

试比较甲、乙两射手技术水平的高低.

解 甲射手射击的平均环数为

$$8\times0.3+9\times0.1+10\times0.6=9.3(环).$$

乙射手射击的平均环数为

$$8\times0.2+9\times0.5+10\times0.3=9.1(环).$$

因甲射手射击的平均环数高于乙射手射击的平均环数，所以甲射手的射击水平高于乙射手.

定义 4.1.1 设离散型随机变量 X 的分布列为

$$P(X=x_k)=p_k,\ k=1,2,\cdots,$$

若级数 $\sum\limits_{k=1}^{\infty}x_kp_k$ 绝对收敛，则称级数 $\sum\limits_{k=1}^{\infty}x_kp_k$ 的和为离散型随机变量 X 的**数学期望(简称为期望或均值)**，记为 $E(X)$，即

$$E(X)=\sum_{k=1}^{\infty}x_kp_k. \tag{4.1.1}$$

例 4.1.3 设每对夫妻生男生女的概率都为 $\dfrac{1}{2}$，每胎相互独立，试求：

(1) 若直到生了男孩才停止生育，平均一对夫妻要生几胎？

(2) 若想儿女双全才停止生育，平均一对夫妻要生几胎？

解 以 X 表示每对夫妻生育的胎数，

(1) 若直到生了男孩才停止生育，则 X 的分布列为

$$P(X=k)=\left(\dfrac{1}{2}\right)^{k-1}\times\dfrac{1}{2}=\dfrac{1}{2^k},\ k=1,2,\cdots.$$

即

X	1	2	3	$\cdots$	k	$\cdots$
p_k	$\dfrac{1}{2}$	$\dfrac{1}{2^2}$	$\dfrac{1}{2^3}$	$\cdots$	$\dfrac{1}{2^k}$	$\cdots$

则 X 的数学期望为

$$E(X)=1\times\frac{1}{2}+2\times\frac{1}{2^2}+3\times\frac{1}{2^3}+\cdots+k\times\frac{1}{2^k}+\cdots=2.$$

注 这里用到幂级数的和函数的有关性质,当 $|x|<1$ 时,有

$$\sum_{k=1}^{\infty}kx^k=x\sum_{k=1}^{\infty}kx^{k-1}=x\left(\sum_{k=1}^{\infty}x^k\right)'=x\left(\frac{x}{1-x}\right)'=\frac{x}{(1-x)^2}.$$

(2) 儿女双全才停止生育,此时 X 的分布列为

$$P(X=k)=2\times\frac{1}{2^k}=\frac{1}{2^{k-1}},\ k=2,\ 3,\ \cdots.$$

即

X	2	3	⋯	k	⋯
p_k	$\frac{1}{2}$	$\frac{1}{2^2}$	⋯	$\frac{1}{2^{k-1}}$	⋯

因此,

$$E(X)=2\times\frac{1}{2}+3\times\frac{1}{2^2}+4\times\frac{1}{2^3}+\cdots+k\times\frac{1}{2^{k-1}}+\cdots=3.$$

即若直到生了男孩才停止生育,平均一对夫妻要生 2 胎,而要想儿女双全才停止生育,平均一对夫妻要生 3 胎.

例 4.1.4 设 X 服从几何分布,其分布列为 $P(X=k)=(1-p)^{k-1}p,\ k=1,2,\cdots$,求 $E(X)$.

解 $E(X)=\sum_{k=1}^{\infty}k(1-p)^{k-1}p=p\sum_{k=1}^{\infty}k(1-p)^{k-1}$,又因为

$$\sum_{k=1}^{\infty}kx^{k-1}=\left(\sum_{k=1}^{\infty}x^k\right)'=\left(\frac{x}{1-x}\right)'=\frac{1}{(1-x)^2}.$$

所以

$$E(X)=p\sum_{k=1}^{\infty}k(1-p)^{k-1}=p\times\frac{1}{p^2}=\frac{1}{p}.$$

对于连续型随机变量的数学期望,我们有下面的定义.

定义 4.1.2 设连续型随机变量 X 的概率密度为 $f(x)$,若积分 $\int_{-\infty}^{+\infty}xf(x)\mathrm{d}x$ 绝对收敛,则称积分 $\int_{-\infty}^{+\infty}xf(x)\mathrm{d}x$ 的值为随机变量 X 的**数学期望**(简称为期望或均值),记为 $E(X)$,即

$$E(X)=\int_{-\infty}^{+\infty}xf(x)\mathrm{d}x. \tag{4.1.2}$$

例 4.1.5 设 X 服从区间 $[a,b]$ 上的均匀分布,求 $E(X)$.

解 X 的概率密度为

$$f(x)=\begin{cases} \dfrac{1}{b-a}, & a\leqslant x\leqslant b, \\ 0, & \text{其他.} \end{cases}$$

则

$$E(X)=\int_{-\infty}^{+\infty}xf(x)\mathrm{d}x=\frac{1}{b-a}\int_{a}^{b}x\mathrm{d}x=\frac{a+b}{2}.$$

例 4.1.6 设连续型随机变量 X 具有概率密度

$$f(x)=\begin{cases} 0, & x\leqslant 0, \\ 1-x, & 0<x<1, \\ \dfrac{1}{x^3}, & x\geqslant 1. \end{cases}$$

试求 X 的数学期望.

解 $E(X)=\int_{-\infty}^{+\infty}xf(x)\mathrm{d}x=\int_{0}^{1}x(1-x)\mathrm{d}x+\int_{1}^{+\infty}x\,\frac{1}{x^3}\mathrm{d}x=\frac{1}{6}+1=\frac{7}{6}.$

4.1.2 随机变量函数的数学期望

设 X 为一维随机变量,下面介绍 X 的函数 $Y=g(X)$ 的数学期望. 可以通过由 X 的分布求出 $Y=g(X)$ 的分布来求其数学期望,但实际上可用下述定理来求 $E(Y)$.

定理 4.1.1 设 Y 是随机变量 X 的函数,$Y=g(X)$($g(x)$ 是连续函数).

(1) 当 X 为离散型随机变量时,其分布列为

$$P(X=x_k)=p_k, k=1, 2, \cdots,$$

若级数 $\displaystyle\sum_{k=1}^{\infty}g(x_k)p_k$ 绝对收敛,则有

$$E(Y)=E[g(X)]=\sum_{k=1}^{\infty}g(x_k)p_k. \tag{4.1.3}$$

(2) 当 X 为连续型随机变量时,其概率密度为 $f(x)$,若 $\displaystyle\int_{-\infty}^{+\infty}g(x)f(x)\mathrm{d}x$ 绝对收敛,则有

$$E(Y)=E[g(X)]=\int_{-\infty}^{+\infty}g(x)f(x)\mathrm{d}x. \tag{4.1.4}$$

(证明略)

例 4.1.7 设 X 的分布列为

X	-2	-1	0	1
P	$\dfrac{1}{4}$	$\dfrac{1}{8}$	$\dfrac{1}{2}$	$\dfrac{1}{8}$

求 $Y=X^2-1$ 的数学期望.

解 由式 (4.1.3),有

$$E(Y)=E(X^2-1)=((-2)^2-1)\times\frac{1}{4}+((-1)^2-1)\times\frac{1}{8}$$
$$+(0^2-1)\times\frac{1}{2}+(1^2-1)\times\frac{1}{8}=\frac{1}{4}.$$

例 4.1.8 设 X 服从区间 $[a,b]$ 上的均匀分布,求 $E(X^2)$.

解 X 的概率密度为

$$f(x)=\begin{cases}\dfrac{1}{b-a}, & a\leqslant x\leqslant b,\\ 0, & \text{其他},\end{cases}$$

则

$$E(X^2)=\int_{-\infty}^{+\infty}x^2f(x)\mathrm{d}x=\frac{1}{b-a}\int_a^b x^2\mathrm{d}x=\frac{1}{3}(a^2+ab+b^2).$$

定理 4.1.1 可以推广到多维随机变量,设 $Z=g(X,Y)$ 是随机变量 (X,Y) 的函数 ($g(x,y)$ 为连续函数),则 Z 是随机变量. 当 (X,Y) 为离散型随机变量时,其分布列为

$$P(X=x_i,Y=y_j)=p_{ij},\ (i,j=1,2,\cdots),$$

则

$$E(Z)=E[g(X,Y)]=\sum_{i,j}g(x_i,y_j)p_{ij}. \tag{4.1.5}$$

若 (X,Y) 为连续型随机变量,其概率密度为 $f(x,y)$,则

$$E(Z)=E[g(X,Y)]=\int_{-\infty}^{+\infty}\int_{-\infty}^{+\infty}g(x,y)f(x,y)\mathrm{d}x\mathrm{d}y. \tag{4.1.6}$$

这里,要求上述级数和积分是绝对收敛的.

例 4.1.9 设二维随机变量 (X,Y) 的分布列为

X \ Y	−1	0	1	2
0	0.1	0.05	0.15	0.2
1	0.2	0.15	0.1	0.05

求 $Z_1=XY$ 和 $Z_2=X^2+Y^2$ 的数学期望.

解 (方法一) 由式 (4.1.5),有

$$E(Z_1)=E(XY)=0\times(-1)\times0.1+0\times0\times0.05+0\times1\times0.15+0\times2\times0.2$$
$$+1\times(-1)\times0.2+1\times0\times0.15+1\times1\times0.1+1\times2\times0.05=0.$$
$$E(Z_2)=E(X^2+Y^2)=[0^2+(-1)^2]\times0.1+(0^2+0^2)\times0.05+(0^2+1^2)\times0.15$$
$$+(0^2+2^2)\times0.2+[1^2+(-1)^2]\times0.2+(1^2+0^2)\times0.15$$
$$+(1^2+1^2)\times0.1+(1^2+2^2)\times0.05=2.05.$$

（方法二）列下表.

(X, Y)	$(0, -1)$	$(0, 0)$	$(0, 1)$	$(0, 2)$	$(1, -1)$	$(1, 0)$	$(1, 1)$	$(1, 2)$
p_k	0.1	0.05	0.15	0.2	0.2	0.15	0.1	0.05
$Z_1 = XY$	0	0	0	0	-1	0	1	2
$Z_2 = X^2 + Y^2$	1	0	1	4	2	1	2	5

因此，$Z_1 = XY$, $Z_2 = X^2 + Y^2$ 的分布列分别为

Z_1	-1	0	1	2
p_k	0.2	0.65	0.1	0.05

Z_2	0	1	2	4	5
p_k	0.05	0.4	0.3	0.2	0.05

所以

$$E(Z_1) = (-1) \times 0.2 + 0 \times 0.65 + 1 \times 0.1 + 2 \times 0.05 = 0,$$
$$E(Z_2) = 0 \times 0.05 + 1 \times 0.4 + 2 \times 0.3 + 4 \times 0.2 + 5 \times 0.05 = 2.05.$$

例 4.1.10 设点 (X, Y) 在方形区域 $D = \{(x, y) | 0 < x < 1, 0 < y < 1\}$ 上随机取值，试求 $E(X+Y)^2$.

解 (X, Y) 服从区域 D 上的均匀分布，其概率密度为

$$f(x, y) = \begin{cases} 1, & 0 < x, y < 1, \\ 0, & 其他. \end{cases}$$

所以

$$E(X+Y)^2 = \int_{-\infty}^{+\infty} \int_{-\infty}^{+\infty} (x+y)^2 f(x, y) \, dx \, dy = \int_0^1 dx \int_0^1 (x+y)^2 \, dy = \frac{7}{6}.$$

4.1.3 数学期望的性质

若随机变量 X, Y 的数学期望均存在，则有以下性质：

（1）（线性性质）对任意常数 a, b，有

$$E(aX + b) = aE(X) + b.$$

特别地，当 $a = 0$ 时，$E(b) = b$；当 $b = 0$ 时，$E(aX) = aE(X)$.

证明 （只就连续型予以证明）设 X 是一连续型随机变量，其概率密度为 $f(x)$，由式 (4.1.4)，有

$$E(aX + b) = \int_{-\infty}^{+\infty} (ax + b) f(x) \, dx = a \int_{-\infty}^{+\infty} x f(x) \, dx + b \int_{-\infty}^{+\infty} f(x) \, dx$$
$$= aE(X) + b.$$

（2）$E(X \pm Y) = E(X) \pm E(Y)$.

事实上，设 (X, Y) 为连续型随机变量，其概率密度为 $f(x, y)$，则有

$$E(X \pm Y) = \int_{-\infty}^{+\infty} \int_{-\infty}^{+\infty} (x \pm y) f(x, y) \mathrm{d}x \mathrm{d}y$$
$$= \int_{-\infty}^{+\infty} \int_{-\infty}^{+\infty} x f(x, y) \mathrm{d}x \mathrm{d}y \pm \int_{-\infty}^{+\infty} \int_{-\infty}^{+\infty} y f(x, y) \mathrm{d}x \mathrm{d}y$$
$$= E(X) \pm E(Y).$$

当 (X, Y) 为离散型随机变量时，利用式 (4.1.5) 可证.

此性质可推广到任意有限个随机变量之和、差的情形，即

$$E(X_1 \pm X_2 \pm \cdots \pm X_n) = E(X_1) \pm E(X_2) \pm \cdots \pm E(X_n).$$

(3) 如果随机变量 X, Y 相互独立，则

$$E(XY) = E(X)E(Y).$$

这一性质可推广到任意有限个相互独立的随机变量之积的情形.

证明 （只就连续型予以证明）设 (X, Y) 为连续型随机变量，其概率密度为 $f(x, y)$，因 X, Y 相互独立，则有 $f(x, y) = f_X(x) \cdot f_Y(y)$. 所以，

$$E(XY) = \int_{-\infty}^{+\infty} \int_{-\infty}^{+\infty} xy f(x, y) \mathrm{d}x \mathrm{d}y = \left(\int_{-\infty}^{+\infty} x f_X(x) \mathrm{d}x \right) \left(\int_{-\infty}^{+\infty} y f_Y(y) \mathrm{d}y \right)$$
$$= E(X)E(Y).$$

该性质反之不成立.

例 4.1.11 设 X, Y 的联合分布列及边缘分布列为

Y \ X	-1	0	1	$P(X=i)$
-1	0.05	0.25	0.2	0.5
1	0	0.35	0.15	0.5
$P(Y=j)$	0.05	0.6	0.35	

由式 (4.1.1) 及式 (4.1.5)，有 $E(X)=0$，$E(XY)=0$，从而 $E(XY)=E(X)E(Y)$. 但因 $P(X=-1, Y=-1)=0.05 \neq 0.5 \times 0.05 = P(X=-1)P(Y=-1)$，即 X, Y 不独立.

*(4)（柯西-施瓦茨不等式）.

设 X, Y 是两个随机变量，则 $[E(XY)]^2 \leqslant E(X^2)E(Y^2)$.

证明 对任意实数 t，定义关于 t 的函数

$$u(t) = E(tX-Y)^2 = t^2 E(X^2) - 2t E(XY) + E(Y^2).$$

显然，对一切 t，$u(t)$ 为非负函数，那么关于 t 的二次方程

$$t^2 E(X^2) - 2t E(XY) + E(Y^2) = 0$$

最多只有一个根，即有

$$\Delta = [-2E(XY)]^2 - 4E(X^2) \cdot E(Y^2) \leqslant 0.$$

因此

$$[E(XY)]^2 \leqslant E(X^2)E(Y^2).$$

例 4.1.12 将 n 个分别标有 $1\sim n$ 号的球随机地投入 n 个分别标有 $1\sim n$ 号的盒子中，一只盒子只装一只球，若球装入与球同号的盒子中称为一个配对. 记 X 为总的配对数，求 $E(X)$.

解 令

$$X_k = \begin{cases} 1, & \text{第 } k \text{ 号球投入第 } k \text{ 号盒子中} \\ 0, & \text{第 } k \text{ 号球没投入第 } k \text{ 号盒子中} \end{cases}, k=1, 2, \cdots, n,$$

则 $X = \sum_{k=1}^{n} X_k$. 因 $X_k(k=1, 2, \cdots, n)$ 服从两点分布，即

X_k	0	1
p_k	$1-\dfrac{1}{n}$	$\dfrac{1}{n}$

从而 $E(X_k) = \dfrac{1}{n}$, $k=1, 2, \cdots, n$. 由数学期望的性质，有

$$E(X) = \sum_{k=1}^{n} E(X_k) = n \times \frac{1}{n} = 1.$$

§4.2 方 差

随机变量的数学期望体现了随机变量取值的平均大小，是随机变量重要的数学特征，但仅知道期望是不够的，在很多情况下，如随机变量的取值在期望周围的变化情况是怎样的？偏离平均值的程度如何？刻画随机变量的取值在均值附近的分散程度的就是下面我们要介绍的另一数字特征——方差.

4.2.1 方差的概念

定义 4.2.1 设 X 是一个随机变量，若 $E[X-E(X)]^2$ 存在，则称 $E[X-E(X)]^2$ 为 X 的**方差**，记为 $D(X)$ 或 $\mathrm{Var}(X)$，即

$$D(X) = E[X-E(X)]^2. \tag{4.2.1}$$

因 $D(X) \geqslant 0$，称 $\sqrt{D(X)}$ 为随机变量 X 的**标准差或均方差**，记为 $\sigma(X)$.

由方差的定义可知，随机变量 X 的方差本质上还是一个数学期望，是随机变量 $Y=[X-E(X)]^2$ 的数学期望.

若 X 为离散型随机变量，其分布列为 $P(X=x_k)=p_k$, $k=1, 2, \cdots$，则

$$D(X) = \sum_{k=1}^{\infty} [x_k - E(X)]^2 p_k. \tag{4.2.2}$$

若 X 为连续型随机变量，其概率密度为 $f(x)$，则

$$D(X) = \int_{-\infty}^{+\infty} [x - E(X)]^2 f(x) \mathrm{d}x. \tag{4.2.3}$$

由数学期望的性质，有

$$E[X - E(X)]^2 = E[X^2 - 2XE(X) + (E(X))^2] = E(X^2) - [E(X)]^2.$$

故有方差的计算公式：

$$D(X) = E(X^2) - [E(X)]^2. \tag{4.2.4}$$

例 4.2.1 设甲、乙两射手在同一条件下进行射击，其命中环数的分布列如下：

$X_甲$	10	9	8	7	6	5
p_k	0.4	0.2	0.1	0.1	0.1	0.1

$X_乙$	10	9	8	7	6	5
p_k	0.2	0.3	0.2	0.3	0	0

试比较两射手的优劣.

解 $E(X_甲) = 10 \times 0.4 + 9 \times 0.2 + 8 \times 0.1 + 7 \times 0.1 + 6 \times 0.1 + 5 \times 0.1 = 8.4$；

$E(X_乙) = 10 \times 0.2 + 9 \times 0.3 + 8 \times 0.2 + 7 \times 0.3 + 6 \times 0 + 5 \times 0 = 8.4$；

因

$$E(X_甲^2) = 10^2 \times 0.4 + 9^2 \times 0.2 + 8^2 \times 0.1 + 7^2 \times 0.1 + 6^2 \times 0.1 + 5^2 \times 0.1 = 73.6,$$

$$E(X_乙^2) = 10^2 \times 0.2 + 9^2 \times 0.3 + 8^2 \times 0.2 + 7^2 \times 0.3 + 6^2 \times 0 + 5^2 \times 0 = 71.8.$$

因此，

$$D(X_甲) = E(X_甲^2) - [E(X_甲)]^2 = 73.6 - 8.4^2 = 3.04,$$

$$D(X_乙) = E(X_乙^2) - [E(X_乙)]^2 = 71.8 - 8.4^2 = 1.24.$$

尽管 $E(X_甲) = E(X_乙)$，但 $D(X_甲) > D(X_乙)$，说明尽管两射手命中的平均环数相同，但乙射手比甲射手更稳定. 因此，乙射手优于甲射手.

例 4.2.2 设连续型随机变量 X 的概率密度为

$$f(x) = \begin{cases} 1 + x, & -1 \leqslant x < 0, \\ 1 - x, & 0 \leqslant x < 1, \\ 0, & 其他. \end{cases}$$

试求 $E(X)$ 及 $D(X)$.

解 $E(X) = \int_{-\infty}^{+\infty} x f(x) \mathrm{d}x = \int_{-1}^{0} x(1+x) \mathrm{d}x + \int_{0}^{1} x(1-x) \mathrm{d}x = 0$，

$$E(X^2) = \int_{-\infty}^{+\infty} x^2 f(x) \mathrm{d}x = \int_{-1}^{0} x^2(1+x) \mathrm{d}x + \int_{0}^{1} x^2(1-x) \mathrm{d}x = \frac{1}{6}.$$

因此，

$$D(X)=E(X^2)-[E(X)]^2=\frac{1}{6}.$$

例 4.2.3 设点 (X,Y) 在方形区域 $D=\{(x,y)|0<x<1,0<y<1\}$ 上随机取值，求 $D(X+Y)$.

解 (X,Y) 服从区域 D 上的均匀分布，其概率密度为

$$f(x,y)=\begin{cases}1, & 0<x,y<1,\\ 0, & 其他.\end{cases}$$

所以

$$E(X+Y)=\int_{-\infty}^{+\infty}\int_{-\infty}^{+\infty}(x+y)f(x,y)\mathrm{d}x\mathrm{d}y=\int_0^1\mathrm{d}x\int_0^1(x+y)\mathrm{d}y=1,$$

$$E(X+Y)^2=\int_{-\infty}^{+\infty}\int_{-\infty}^{+\infty}(x+y)^2f(x,y)\mathrm{d}x\mathrm{d}y=\int_0^1\mathrm{d}x\int_0^1(x+y)^2\mathrm{d}y=\frac{7}{6}.$$

因此，

$$D(X+Y)=E(X+Y)^2-[E(X+Y)]^2=\frac{1}{6}.$$

4.2.2 方差的性质

以下讨论中假设随机变量 X,Y 的方差均存在.

(1) 设 X 为随机变量，则对任意常数 a,b，有

$$D(aX+b)=a^2D(X).$$

事实上，

$$D(aX+b)=E[(aX+b)-E(aX+b)]^2=E\{a^2[X-E(X)]^2\}$$
$$=a^2E[X-E(X)]^2=a^2D(X).$$

特别地，当 $a=0$ 时，$D(b)=0$，即常数的方差为 0.

(2) 设 X,Y 为两个相互独立的随机变量，则有

$$D(X+Y)=D(X)+D(Y).$$

事实上，

$$D(X+Y)=E[(X+Y)-E(X+Y)]^2=E[(X-E(X))+(Y-E(Y))]^2$$
$$=E[X-E(X)]^2+E[Y-E(Y)]^2+2E\{[X-E(X)][Y-E(Y)]\}.$$

因 X,Y 相互独立，$X-E(X)$ 与 $Y-E(Y)$ 也相互独立，由数学期望的性质 (3)，有

$$E\{[X-E(X)][Y-E(Y)]\}=E[X-E(X)]\cdot E[Y-E(Y)]=0.$$

因此，

$$D(X+Y)=E[X-E(X)]^2+E[Y-E(Y)]^2=D(X)+D(Y).$$

该性质可以推广到任意有限个相互独立的随机变量之和的情形，即若 X_1，X_2，$\cdots$，X_n 是 n 个相互独立的随机变量，a_1，a_2，$\cdots$，a_n 为任意常数，则

$$D\left(\sum_{i=1}^{n} a_i X_i\right) = \sum_{i=1}^{n} a_i^2 D(X_i). \tag{4.2.5}$$

(3) $D(X)=0$ 的充分必要条件是 X 以概率 1 取常数 $E(X)$，即

$$P(X=E(X))=1.$$

例 4.2.4 设随机变量 X 的数学期望 $E(X)$ 和方差 $D(X)$ 都存在，且 $D(X)>0$，$X^* = \dfrac{X-E(X)}{\sqrt{D(X)}}$，求 $E(X^*)$ 及 $D(X^*)$.

解 因数学期望 $E(X)$ 和方差 $D(X)$ 都是常数，利用数学期望和方差的性质，有

$$E(X^*) = E\left(\frac{X-E(X)}{\sqrt{D(X)}}\right) = \frac{1}{\sqrt{D(X)}} E[X-E(X)] = 0,$$

$$D(X^*) = D\left(\frac{X-E(X)}{\sqrt{D(X)}}\right) = \frac{D[X-E(X)]}{(\sqrt{D(X)})^2} = \frac{D(X)}{D(X)} = 1.$$

称 $X^* = \dfrac{X-E(X)}{\sqrt{D(X)}}$ 为随机变量 X 的**标准化随机变量**.

4.2.3 常见分布的数学期望及方差

1. 两点分布

设 X 的分布列为

X	0	1
p_k	$1-p$	p

$E(X) = 0 \times (1-p) + 1 \times p = p$，$E(X^2) = 0^2 \times (1-p) + 1^2 \times p = p$，
$D(X) = E(X^2) - [E(X)]^2 = p - p^2 = p(1-p)$.

2. 二项分布

设 $X \sim B(n, p)$，为了计算的方便，将 X 分解成 n 个相互独立的随机变量的和. 为此，令

$$X_k = \begin{cases} 1, & \text{第 } k \text{ 次试验中事件 } A \text{ 发生}, \\ 0, & \text{第 } k \text{ 次试验中事件 } A \text{ 不发生}. \end{cases}$$

此时，有 $X = \sum_{k=1}^{n} X_k$. 因 X_1，X_2，$\cdots$，X_n 相互独立，且都服从 0—1 分布

X_k	0	1
p_k	$1-p$	p

，$k=1, 2, \cdots, n.$

利用数学期望和方差的性质，有

$$E(X) = E\left(\sum_{k=1}^{n} X_k\right) = \sum_{k=1}^{n} E(X_k) = np,$$

$$D(X) = D\left(\sum_{k=1}^{n} X_k\right) = \sum_{k=1}^{n} D(X_k) = np(1-p).$$

3. 泊松分布

设 X 服从参数为 λ 的泊松分布，其分布列为

$$P(X=k) = \frac{\lambda^k}{k!} e^{-\lambda}, \ k=0, 1, 2, \cdots,$$

其中 $\lambda > 0$ 且为常数.

X 的数学期望为

$$E(X) = \sum_{k=0}^{\infty} k \cdot \frac{\lambda^k e^{-\lambda}}{k!} = \lambda e^{-\lambda} \sum_{k=1}^{\infty} \frac{\lambda^{k-1}}{(k-1)!} = \lambda e^{\lambda} \cdot e^{-\lambda} = \lambda.$$

而

$$
\begin{aligned}
E(X^2) &= E[X(X-1)+X] = E[X(X-1)] + E(X) \\
&= \sum_{k=0}^{\infty} k(k-1) \frac{\lambda^k}{k!} e^{-\lambda} + \lambda = \lambda^2 e^{-\lambda} \sum_{k=2}^{\infty} \frac{\lambda^{k-2}}{(k-2)!} + \lambda = \lambda^2 + \lambda.
\end{aligned}
$$

因此，

$$D(X) = E(X^2) - [E(X)]^2 = \lambda.$$

即以 λ 为参数的泊松分布，其数学期望和方差均等于参数 λ.

4. 均匀分布

设 $X \sim U(a, b)$，由例 4.1.5 和例 4.1.8

$$E(X) = \frac{a+b}{2}, \ E(X^2) = \frac{1}{3}(a^2+ab+b^2).$$

因此，

$$D(X) = E(X^2) - [E(X)]^2 = \frac{a^2+ab+b^2}{3} - \left(\frac{a+b}{2}\right)^2 = \frac{(b-a)^2}{12}.$$

5. 指数分布

设 X 服从以 λ 为参数的指数分布，其概率密度为

$$f(x) = \begin{cases} \lambda e^{-\lambda x}, & x > 0, \\ 0, & \text{其他}, \end{cases}$$

其中 $\lambda > 0$ 且为常数.

X 的数学期望为

$$E(X) = \int_0^{+\infty} x\lambda e^{-\lambda x} \, dx = -xe^{-\lambda x}\Big|_0^{+\infty} + \int_0^{+\infty} e^{-\lambda x} \, dx = \frac{1}{\lambda}.$$

因

$$E(X^2) = \int_0^{+\infty} x^2 \lambda e^{-\lambda x} dx = -x^2 e^{-\lambda x} \Big|_0^{+\infty} + 2\int_0^{+\infty} x e^{-\lambda x} dx = \frac{2}{\lambda^2},$$

所以

$$D(X) = E(X^2) - [E(X)]^2 = \frac{2}{\lambda^2} - \frac{1}{\lambda^2} = \frac{1}{\lambda^2}.$$

6. 正态分布

先求标准正态分布的数学期望和方差.

设 $X \sim N(0, 1)$，其概率密度为

$$\varphi(x) = \frac{1}{\sqrt{2\pi}} e^{-\frac{x^2}{2}},$$

则

$$E(X) = \int_{-\infty}^{+\infty} x\varphi(x) dx = \frac{1}{\sqrt{2\pi}} \int_{-\infty}^{+\infty} x e^{-\frac{x^2}{2}} dx = 0.$$

$$D(X) = E(X^2) - [E(X)]^2 = E(X^2) = \int_{-\infty}^{+\infty} x^2 \varphi(x) dx$$

$$= \frac{1}{\sqrt{2\pi}} \int_{-\infty}^{+\infty} x^2 e^{-\frac{x^2}{2}} dx = \frac{1}{\sqrt{2\pi}} \int_{-\infty}^{+\infty} x d(-e^{-\frac{x^2}{2}})$$

$$= \frac{1}{\sqrt{2\pi}} \left(-x e^{-\frac{x^2}{2}} \Big|_{-\infty}^{+\infty} + \int_{-\infty}^{+\infty} e^{-\frac{x^2}{2}} dx \right) = \frac{1}{\sqrt{2\pi}} \int_{-\infty}^{+\infty} e^{-\frac{x^2}{2}} dx = 1.$$

设 $X \sim N(\mu, \sigma^2)$，由第二章定理 2.3.1，$U = \dfrac{X-\mu}{\sigma} \sim N(0, 1)$. 再利用标准正态分布的数学期望和方差，有

$$E(U) = E\left(\frac{X-\mu}{\sigma}\right) = 0, \quad D(U) = D\left(\frac{X-\mu}{\sigma}\right) = 1.$$

利用数学期望和方差的性质，有

$$E(X) = \mu, \quad D(X) = \sigma^2.$$

第三章中，我们介绍了正态分布的可加性：如果 $X_i \sim N(\mu_i, \sigma_i^2)$，$i = 1, 2, \cdots, n$，且 $X_1, X_2, \cdots, X_n$ 相互独立，则

$$\sum_{i=1}^n X_i \sim N\left(\sum_{i=1}^n \mu_i, \sum_{i=1}^n \sigma_i^2\right).$$

利用数学期望和方差的性质，有更一般的结论：如果 $X_i \sim N(\mu_i, \sigma_i^2)$，$i = 1, 2, \cdots, n$，且 $X_1, X_2, \cdots, X_n$ 相互独立，则

$$\sum_{i=1}^n C_i X_i \sim N\left(\sum_{i=1}^n C_i \mu_i, \sum_{i=1}^n C_i^2 \sigma_i^2\right),$$

其中 $C_1, C_2, \cdots, C_n$ 为不全为 0 的常数.

例如，若 $X \sim N(-1, 2)$，$Y \sim N(1, 3)$ 且 X, Y 相互独立，则 $Z = -2X + 3Y$ 也服从正态分布，且

$$E(Z) = -2E(X) + 3E(Y) = -2 \times (-1) + 3 \times 1 = 5,$$
$$D(Z) = (-2)^2 D(X) + 3^2 D(Y) = (-2)^2 \times 2 + 3^2 \times 3 = 35.$$

因此，$Z \sim N(5, 35)$.

§4.3 协方差及相关系数

对于随机变量 (X, Y)，我们除了讨论 X 和 Y 的数学期望和方差之外，还要讨论描述 X 与 Y 之间的相互关系的数字特征.

4.3.1 协方差

定义 4.3.1 设 (X, Y) 为二维随机变量，称 $E\{[X - E(X)][Y - E(Y)]\}$ 为 X 与 Y 的协方差，记为 $\mathrm{cov}(X, Y)$，即

$$\mathrm{cov}(X, Y) = E\{[X - E(X)][Y - E(Y)]\}. \tag{4.3.1}$$

因

$$\begin{aligned}
&E\{[X - E(X)][Y - E(Y)]\} \\
=&E[XY - XE(Y) - YE(X) + E(X)E(Y)] \\
=&E(XY) - 2E(X)E(Y) + E(X)E(Y) \\
=&E(XY) - E(X)E(Y).
\end{aligned}$$

因此，

$$\mathrm{cov}(X, Y) = E(XY) - E(X)E(Y). \tag{4.3.2}$$

一般情况下，将上式作为协方差的计算公式.

由协方差的定义或式 (4.3.2)，可得协方差有如下性质：

(1) $\mathrm{cov}(X, X) = D(X)$；

(2) $\mathrm{cov}(X, Y) = \mathrm{cov}(Y, X)$；

(3) $\mathrm{cov}(aX, bY) = ab\,\mathrm{cov}(X, Y)$，$a, b$ 都为常数；

(4) $\mathrm{cov}(X_1 + X_2, Y) = \mathrm{cov}(X_1, Y) + \mathrm{cov}(X_2, Y)$；

(5) 当 X, Y 相互独立时，$\mathrm{cov}(X, Y) = 0$，反之不成立.

例如，例 4.1.11 中，$E(XY) = E(X) = 0$，从而 $\mathrm{cov}(X, Y) = 0$，但 X, Y 不独立.

有了协方差的定义，则对任意随机变量 X, Y，有

$$D(X + Y) = D(X) + D(Y) + 2\mathrm{cov}(X, Y). \tag{4.3.3}$$

事实上，

$$D(X+Y)=E[(X+Y)-E(X+Y)]^2=E\{[X-E(X)]+[Y-E(Y)]\}^2$$
$$=E\{[X-E(X)]^2+2[X-E(X)][Y-E(Y)]+[Y-E(Y)]^2\}$$
$$=E[X-E(X)]^2+2E\{[X-E(X)][Y-E(Y)]\}+E[Y-E(Y)]^2$$
$$=D(X)+D(Y)+2\text{cov}(X,Y).$$

同理可证

$$D(X-Y)=D(X)+D(Y)-2\text{cov}(X,Y). \tag{4.3.4}$$

特别地，当 X，Y 相互独立时，$D(X\pm Y)=D(X)+D(Y)$.

关于协方差，还有以下性质：

$$|\text{cov}(X,Y)|\leqslant\sqrt{D(X)}\cdot\sqrt{D(Y)}. \tag{4.3.5}$$

证明　当 $D(X)\neq0$，$D(Y)\neq0$ 时，考虑 X，Y 的标准化随机变量：$X^*=\dfrac{X-E(X)}{\sqrt{D(X)}}$，

$Y^*=\dfrac{Y-E(Y)}{\sqrt{D(Y)}}$ 的协方差，有

$$\text{cov}(X^*,Y^*)=E\{[X^*-E(X^*)][Y^*-E(Y^*)]\}=E(X^*Y^*)$$
$$=E\left(\frac{[X-E(X)][Y-E(Y)]}{\sqrt{D(X)}\sqrt{D(Y)}}\right)=\frac{E\{[X-E(X)][Y-E(Y)]\}}{\sqrt{D(X)}\cdot\sqrt{D(Y)}}$$
$$=\frac{\text{cov}(X,Y)}{\sqrt{D(X)}\cdot\sqrt{D(Y)}}.$$

因此，

$$D(X^*\pm Y^*)=D(X^*)+D(Y^*)\pm2\text{cov}(X^*,Y^*)$$
$$=2\pm2\frac{\text{cov}(X,Y)}{\sqrt{D(X)}\cdot\sqrt{D(Y)}}\geqslant0.$$

所以

$$-\sqrt{D(X)}\cdot\sqrt{D(Y)}\leqslant\text{cov}(X,Y)\leqslant\sqrt{D(X)}\cdot\sqrt{D(Y)},$$

即

$$|\text{cov}(X,Y)|\leqslant\sqrt{D(X)}\cdot\sqrt{D(Y)}.$$

4.3.2　相关系数

定义 4.3.2　若 $D(X)\neq0$，$D(Y)\neq0$，则称

$$\frac{\text{cov}(X,Y)}{\sqrt{D(X)}\sqrt{D(Y)}}$$

为随机变量 X，Y 的**相关系数**，记为 ρ_{XY}，即

$$\rho_{XY}=\frac{\text{cov}(X,Y)}{\sqrt{D(X)}\sqrt{D(Y)}}. \tag{4.3.6}$$

例 4.3.1 若随机变量 X，Y 有线性关系：$Y = aX + b$，a，b 都为常数且 $a > 0$，求 $\text{cov}(X, Y)$ 及 ρ_{XY}.

解 因 $E(Y) = E(aX + b) = aE(X) + b$，$E(XY) = E[X(aX + b)] = aE(X^2) + bE(X)$.
利用式 (4.3.2)，得

$$\begin{aligned}\text{cov}(X, Y) &= E(XY) - E(X)E(Y) = aE(X^2) + bE(X) - E(X)[aE(X) + b] \\ &= a\{E(X^2) - [E(X)]^2\} = aD(X).\end{aligned}$$

利用式 (4.3.6)，得

$$\rho_{XY} = \frac{\text{cov}(X, Y)}{\sqrt{D(X)} \cdot \sqrt{D(Y)}} = \frac{aD(X)}{\sqrt{D(X)} \cdot \sqrt{a^2 D(X)}} = 1.$$

同样地，当 $a < 0$ 时，$\rho_{XY} = -1$.

即如果随机变量 X，Y 有线性关系，则相关系数 $\rho_{XY} = \pm 1$.

相关系数 ρ_{XY} 有如下两条重要性质：

(1) $|\rho_{XY}| \leqslant 1$；

事实上，由协方差的性质式 (4.3.5)，有

$$|\rho_{XY}| = \left| \frac{\text{cov}(X, Y)}{\sqrt{D(X)} \cdot \sqrt{D(Y)}} \right| \leqslant 1.$$

(2) $|\rho_{XY}| = 1$ 的充分必要条件是 X 与 Y 以概率 1 存在线性关系，即存在常数 a，b，使

$$P(Y = aX + b) = 1.$$

相关系数 ρ_{XY} 是一个可以用来表示 X 与 Y 线性关系紧密程度的量，当 $|\rho_{XY}|$ 较大时，X，Y 线性相关的程度较好；当 $|\rho_{XY}|$ 较小时，X，Y 线性相关的程度较差；当 $\rho_{XY} = 0$ 时，称 X，Y **不相关**，即 X，Y **没有线性相关关系**；当 $\rho_{XY} > 0$ 时，称 X 与 Y **正相关**；当 $\rho_{XY} < 0$ 时，称 X 与 Y **负相关**.

当 X，Y 相互独立时，由协方差的性质 $\text{cov}(X, Y) = 0$，从而 $\rho_{XY} = 0$，即 X，Y 不相关. 反之不成立.

例如，设 X 的分布列为

X	-2	-1	0	1	2
p_k	$\frac{1}{5}$	$\frac{1}{5}$	$\frac{1}{5}$	$\frac{1}{5}$	$\frac{1}{5}$

取 $Y = X^2$，显然 X 与 Y 不独立. 由于 $E(X) = 0$，$E(XY) = E(X^3) = 0$. 这样 $\text{cov}(X, Y) = 0$，从而 $\rho_{XY} = 0$，即 X，Y 不相关.

对二维正态分布 $(X, Y) \sim N(\mu_1, \mu_2, \sigma_1^2, \sigma_2^2, \rho)$，我们可以证明 X，Y 的相关系数 $\rho_{XY} = \rho$. 由第三章例 3.4.1 知，二维正态随机变量 X，Y 相互独立的充分必要条件是 X，Y 不相关.

例 4.3.2 设随机变量 X 的概率密度为

$$f(x) = \frac{1}{2}e^{-|x|}, \quad -\infty < x < +\infty,$$

判断 X 与 $|X|$ 是否相关.

解 因

$$E(X) = \int_{-\infty}^{+\infty} x f(x) \mathrm{d}x = \frac{1}{2}\int_{-\infty}^{+\infty} x e^{-|x|}\mathrm{d}x = 0,$$

所以

$$\mathrm{cov}(X, |X|) = E(X|X|) - E(X) \cdot E(|X|) = E(X|X|)$$
$$= \int_{-\infty}^{+\infty} x|x| f(x)\mathrm{d}x = \frac{1}{2}\int_{-\infty}^{+\infty} x|x| e^{-|x|}\mathrm{d}x = 0.$$

从而, X 与 $|X|$ 不相关.

例 4.3.3 设随机变量 (X, Y) 具有概率密度

$$f(x, y) = \begin{cases} \dfrac{1}{2}, & 0 \leqslant x \leqslant 1, 0 \leqslant y \leqslant 2, \\ 0, & \text{其他.} \end{cases}$$

求 $\mathrm{cov}(X, Y)$.

解 因

$$f_X(x) = \int_{-\infty}^{+\infty} f(x, y)\mathrm{d}y = \begin{cases} \displaystyle\int_0^2 \frac{1}{2}\mathrm{d}y, & 0 \leqslant x \leqslant 1 \\ 0, & \text{其他} \end{cases} = \begin{cases} 1, & 0 \leqslant x \leqslant 1, \\ 0, & \text{其他.} \end{cases}$$

同样, 有

$$f_Y(y) = \begin{cases} \displaystyle\int_0^1 \frac{1}{2}\mathrm{d}x, & 0 \leqslant y \leqslant 2 \\ 0, & \text{其他} \end{cases} = \begin{cases} \dfrac{1}{2}, & 0 \leqslant y \leqslant 2, \\ 0, & \text{其他.} \end{cases}$$

由于 $f(x, y) = f_X(x) \cdot f_Y(y)$, 即 X, Y 相互独立, 所以 $\mathrm{cov}(X, Y) = 0$.

§4.4 矩、协方差矩阵

随机变量除前面介绍的期望、方差、协方差和相关系数外, 还有另外几个数字特征. 本节我们只介绍原点矩、中心矩、协方差矩阵的有关概念.

4.4.1 矩

定义 4.4.1 设 X 和 Y 是随机变量, k, l 为正整数.

若 $E(X^k)$ 存在, 则称 $E(X^k)$ 为 X 的 k 阶**原点矩**, 简称 k 阶矩, 记为 μ_k, 即

$$\mu_k = E(X^k).$$

若 $E[X-E(X)]^k$ 存在,则称 $E[X-E(X)]^k$ 为 X 的 k 阶**中心矩**.

若 $E(X^kY^l)$ 存在,则称 $E(X^kY^l)$ 为 X 和 Y 的 $k+l$ 阶**混合原点矩**.

若 $E\{[X-E(X)]^k[Y-E(Y)]^l\}$ 存在,则称 $E\{[X-E(X)]^k[Y-E(Y)]^l\}$ 为 X 和 Y 的 $k+l$ 阶**混合中心矩**.

易知,X 的一阶原点矩就是 X 的数学期望,X 的二阶中心矩就是 X 的方差,X 和 Y 的二阶混合中心矩就是 X 和 Y 的协方差 $\text{cov}(X, Y)$.

4.4.2 协方差矩阵

我们注意到二维随机变量 (X_1, X_2) 有 4 个二阶中心矩 (设它们都存在),记为

$$c_{ij}=E\{[X_i-E(X_i)][X_j-E(X_j)]\}, i, j=1, 2.$$

称矩阵

$$\begin{bmatrix} c_{11} & c_{12} \\ c_{21} & c_{22} \end{bmatrix}$$

为随机变量 (X_1, X_2) 的**协方差矩阵**.

关于协方差矩阵的定义可推广到 n 维随机变量.

设 n 维随机变量 $(X_1, X_2, \cdots, X_n)$ 的二阶混合中心矩

$$c_{ij}=\text{cov}(X_i, X_j)=E\{[X_i-E(X_i)][X_j-E(X_j)]\}, i, j=1, 2, \cdots, n$$

都存在,则称矩阵

$$C=\begin{bmatrix} c_{11} & c_{12} & \cdots & c_{1n} \\ c_{21} & c_{22} & \cdots & c_{2n} \\ \vdots & \vdots & & \vdots \\ c_{n1} & c_{n2} & \cdots & c_{nn} \end{bmatrix}$$

为 n 维随机变量 $(X_1, X_2, \cdots, X_n)$ 的协方差矩阵.

由于 $c_{ij}=c_{ji}, i, j=1, 2, \cdots, n$,因而矩阵 C 为对称矩阵.

习题四

1. 设随机变量 X 的分布列为

X	-1	0	1	2
p_k	0.1	0.2	0.3	p

求 $p, E(X), E(2X-1)$.

2. 设随机变量 X 的分布列为

X	-1	0	1
p	p_1	p_2	p_3

且已知 $E(X)=0.1$，$E(X^2)=0.9$，求 p_1，p_2，p_3.

3.设随机变量 X 的概率密度为

$$f(x)=\begin{cases} x, & 0\leqslant x<1, \\ 2-x, & 1\leqslant x\leqslant 2, \\ 0, & \text{其他.} \end{cases}$$

求 $E(X)$，$D(X)$.

4.设随机变量 X 的概率密度为

$$f(x)=\begin{cases} cxe^{-k^2x^2}, & x\geqslant 0, \\ 0, & x<0. \end{cases}$$

求 (1) c；(2) $E(X)$；(3) $D(X)$.

5. 过单位圆上一点 P 作任意弦 PA，PA 与直径 PB 的夹角 θ 服从区间 $\left(-\dfrac{\pi}{2},\dfrac{\pi}{2}\right)$ 上的均匀分布，求弦 PA 的长度的数学期望.

6. 设 X 服从柯西分布，其密度函数为

$$f(x)=\frac{1}{\pi(1+x^2)}，\quad -\infty<x<\infty$$

问 $E(X)$ 是否存在?

7. 一汽车需要通过三个设置红绿灯路口的一段路，每个路口出现什么信号灯是相互独立的，且红绿两种信号显示时间相同，以 X 表示该汽车首次遇到红灯前已经通过路口的个数，求 $E\left(\dfrac{1}{1+X}\right)$.

8. 设随机变量 X 服从区间 $\left(-\dfrac{1}{2},\dfrac{1}{2}\right)$ 上的均匀分布，求 $Y=\sin(\pi X)$ 的数学期望与方差.

9. 一工厂生产的某种设备的寿命 X（以年计）服从指数分布，其概率密度为

$$f(x)=\begin{cases} \dfrac{1}{4}e^{-\frac{x}{4}}, & x>0, \\ 0, & x\leqslant 0. \end{cases}$$

为确保消费者的利益，工厂规定出售的设备若在一年内损坏可以调换. 若售出一台设备，工厂获利 100 元，而调换一台则损失 200 元，试求工厂出售一台设备盈利的数学期望.

10. 设随机变量 X，Y，Z 相互独立，且 $E(X)=5$，$E(Y)=11$，$E(Z)=8$，求下列随机变量的数学期望.

(1) $U=2X+3Y-1$；(2) $V=YZ-4X$.

11. 设随机变量 (X,Y) 的概率密度为

$$f(x,y)=\begin{cases} k, & 0<y<x<1, \\ 0, & \text{其他.} \end{cases}$$

试确定常数 k, 并求 $E(XY)$.

12. 设 X, Y 是两个相互独立的随机变量, 其概率密度分别为

$$f_X(x) = \begin{cases} 2x, & 0 \leqslant x \leqslant 1, \\ 0, & \text{其他.} \end{cases} \qquad f_Y(y) = \begin{cases} e^{-(y-5)}, & y > 5, \\ 0, & \text{其他.} \end{cases}$$

求 $E(XY)$.

13. 袋中装有 12 个灯泡, 其中 9 个好灯泡, 3 个坏了的灯泡. 电工在更换某个灯泡时, 从袋中逐个地取出 (取出后不放回), 设在取出好灯泡之前已取出的灯泡数为随机变量 X, 求 $E(X)$ 和 $D(X)$.

14. 设随机变量 X 的概率密度为

$$f(x) = \begin{cases} \dfrac{1}{2} \cos \dfrac{x}{2}, & 0 \leqslant x \leqslant \pi, \\ 0, & \text{其他.} \end{cases}$$

对 X 独立地重复观察 4 次, 用 Y 表示观察值大于 $\dfrac{\pi}{3}$ 的次数, 求 Y^2 的数学期望.

15. 设随机变量 X 的数学期望 $E(X)$ 存在, 对于任意 x, 求函数 $f(x) = E[(X-x)^2]$ 的最小值, 并说明其意义.

16. 设随机变量 U 服从区间 $[-2, 2]$ 上的均匀分布, 随机变量

$$X = \begin{cases} -1, & \text{若 } U \leqslant -1, \\ 1, & \text{若 } U > -1, \end{cases} \qquad Y = \begin{cases} -1, & \text{若 } U \leqslant 1, \\ 1, & \text{若 } U > 1. \end{cases}$$

试求 $D(X+Y)$.

17. 对随机变量 X 和 Y, 已知 $D(X) = 2$, $D(Y) = 3$, $\text{cov}(X, Y) = 1$, 求 $\text{cov}(3X - 2Y + 1, X + 4Y - 3)$.

18. 设二维随机变量 (X, Y) 在以 $(0, 0)$, $(0, 1)$, $(1, 0)$ 为顶点的三角形区域上服从均匀分布, 求 $\text{cov}(X, Y)$ 及 X 和 Y 的相关系数.

19. 设随机变量 X 的概率密度为

$$f(x) = \frac{1}{2} e^{-|x|}, \quad -\infty < x < +\infty.$$

(1) 求 $E(X)$ 及 $D(X)$;

(2) 求 $\text{cov}(X, |X|)$, 并回答 X 与 $|X|$ 是否相关.

(3) X 与 $|X|$ 是否相互独立? 为什么?

20. 已知随机变量 X 和 Y 分别服从正态分布 $N(1, 3^2)$ 和 $N(1, 4^2)$, 且 X 与 Y 的相关系数 $\rho_{XY} = -0.5$, $Z = \dfrac{X}{3} + \dfrac{Y}{2}$.

(1) 求 $E(Z)$, $D(Z)$;

(2) 求 X 与 Z 的相关系数 ρ_{XZ}, 并判断 X 与 Z 是否相互独立.

21. 将一枚硬币重复掷 n 次, 以 X 和 Y 分别表示正面向上和反面向上的次数. 试求 X 和 Y 的相关系数 ρ_{XY}.

第五章

大数定律及中心极限定理

本章主要介绍两类极限定理：一类是研究概率接近于 0 或 1 的随机现象的统计规律，即大数定律；另一类是研究由许多彼此不相干的随机因素共同作用，而各个随机因素的影响又很小的随机现象的统计规律，这就是中心极限定理. 这两类极限定理在概率论的研究中占有重要地位. 自 18 世纪初叶瑞士数学家雅各布・伯努利的第一个关于大数定律的研究以来，已有许多数学工作者相继研究了概率论中的极限问题，得出许多重要的极限定理，这里重点介绍伯努利大数定律和中心极限定理的应用.

§5.1 大数定律

在第一章中我们介绍了频率的稳定性，即随着试验次数的增加，事件发生的频率逐渐稳定于某个常数.

例如，掷一颗均匀的骰子，出现每个点数的概率都是 $\frac{1}{6}$，但在投掷次数比较少时，出现某个点的频率可能与 $\frac{1}{6}$ 相差很大，但在投掷次数很多时，则每个点出现的频率就接近 $\frac{1}{6}$. 本节将从理论上讨论这类"接近"问题. 为此，先介绍一个重要的不等式.

5.1.1 切比雪夫不等式

定理 5.1.1 （切比雪夫不等式）设随机变量 X 具有数学期望 $E(X)$ 和方差 $D(X)$，则对任意正实数 $\varepsilon>0$，有

$$P(|X-E(X)|\geqslant\varepsilon)\leqslant\frac{D(X)}{\varepsilon^2} \tag{5.1.1}$$

或

$$P(|X-E(X)|<\varepsilon)\geqslant1-\frac{D(X)}{\varepsilon^2}. \tag{5.1.2}$$

证明 仅就离散型随机变量的情形给出证明.

设离散型随机变量 X 的分布列为

$$P(X=x_k)=p_k,\ k=1,\ 2,\ \cdots.$$

则

$$P(|X-E(X)|\geqslant\varepsilon)=\sum_{|x_k-E(X)|\geqslant\varepsilon}P(X=x_k)$$

$$\leqslant\sum_{|x_k-E(X)|\geqslant\varepsilon}\frac{[x_k-E(X)]^2}{\varepsilon^2}p_k$$

$$\leqslant\sum_k\frac{(x_k-E(X))^2}{\varepsilon^2}p_k=\frac{D(X)}{\varepsilon^2}.$$

例 5.1.1 设每次试验中，事件 A 发生的概率为 $\frac{1}{2}$，试估计在 1 000 次试验中，事件 A 发生的次数在 400～600 次之间的概率.

解 以 X 表示 1 000 次试验中事件 A 发生的次数，由题意，$X\sim B(1\ 000,\ 0.5)$，$E(X)=500$，$D(X)=250$，由切比雪夫不等式，得

$$P(400<X<600)=P(|X-500|<100)\geqslant1-\frac{250}{100^2}=0.975.$$

即事件 A 发生的次数在 400～600 次之间的概率至少为 0.975.

例 5.1.2 设随机变量 X 和 Y 的数学期望分别为 -2 和 2，方差分别为 1 和 4，而相关系数为 -0.5，试用切比雪夫不等式估计 $P(|X+Y|\geqslant6)$ 的值.

解 因 $E(X+Y)=E(X)+E(Y)=0$，

$$D(X+Y)=D(X)+D(Y)+2\mathrm{cov}(X,\ Y)$$

$$=D(X)+D(Y)+2\rho_{XY}\sqrt{D(X)}\sqrt{D(Y)}$$

$$=1+4+2\times(-0.5)\times2\times1=3.$$

由切比雪夫不等式，得

$$P(|X+Y|\geqslant6)=P(|(X+Y)-E(X+Y)|\geqslant6)\leqslant\frac{D(X+Y)}{6^2}=\frac{1}{12}.$$

5.1.2 大数定律

定义 5.1.1 设 X_1，X_2，$\cdots$，X_n，$\cdots$是一随机变量序列，a 为常数，若对任意实数 $\varepsilon>0$，有

$$\lim_{n\to\infty}P(|X_n-a|<\varepsilon)=1,$$

则称随机变量序列 $\{X_n\}$ **依概率收敛**于 a，记为 $X_n\xrightarrow{P}a$.

定理 5.1.2 （切比雪夫大数定律）设 X_1，X_2，$\cdots$，X_n，$\cdots$是一相互独立的随机变量序列，其数学期望和方差都存在，且存在常数 C，使 $D(X_i)\leqslant C(i=1,\ 2,\ \cdots)$，则对任意 $\varepsilon>0$，有

$$\lim_{n\to\infty}P\Big(\Big|\frac{1}{n}\sum_{i=1}^{n}X_i-\frac{1}{n}\sum_{i=1}^{n}E(X_i)\Big|<\varepsilon\Big)=1. \tag{5.1.3}$$

证明 由数学期望和方差的性质，有

$$E\Big(\frac{1}{n}\sum_{i=1}^{n}X_i\Big)=\frac{1}{n}\sum_{i=1}^{n}E(X_i),$$

$$D\Big(\frac{1}{n}\sum_{i=1}^{n}X_i\Big)=\frac{1}{n^2}\sum_{i=1}^{n}D(X_i)\leqslant\frac{1}{n^2}\times nC=\frac{C}{n}.$$

利用切比雪夫不等式，当 $n\to\infty$，对任意 $\varepsilon>0$ 有

$$P\Big(\Big|\frac{1}{n}\sum_{i=1}^{n}X_i-\frac{1}{n}\sum_{i=1}^{n}E(X_i)\Big|<\varepsilon\Big)\geqslant1-\frac{C}{n\varepsilon^2}\to1,$$

因此

$$\lim_{n\to\infty}P\Big(\Big|\frac{1}{n}\sum_{i=1}^{n}X_i-\frac{1}{n}\sum_{i=1}^{n}E(X_i)\Big|<\varepsilon\Big)=1.$$

若记 $\overline{X}=\frac{1}{n}\sum_{i=1}^{n}X_i$，即为平均结果，那么大数定律的意义在于指明了平均结果的渐趋稳定性，即单个随机现象的结果对大量随机现象共同产生的总平均效果 $E(\overline{X})$ 几乎不产生影响，尽管某个随机现象的具体表现不可避免地引起随机偏差，然而在大量随机现象共同作用时，总平均结果趋于稳定.

例如，在测量一圆钢的直径时，以 $X_1,X_2,\cdots,X_n$ 表示 n 次重复测量的结果，当 n 充分大时，其平均值 $\overline{X}=\frac{1}{n}\sum_{i=1}^{n}X_i$ 对准确直径的偏差很小，且一般 n 越大，这种偏差越小.

定理 5.1.3 （伯努利大数定律）设 n 次独立重复试验中事件 A 发生的次数为 n_A，p 为事件 A 在每次试验中发生的概率，则对于任意 $\varepsilon>0$，有

$$\lim_{n\to\infty}P\Big(\Big|\frac{n_A}{n}-p\Big|<\varepsilon\Big)=1,$$

即

$$\frac{n_A}{n}\xrightarrow{P}p.$$

证明 引入随机变量，令

$$X_k=\begin{cases}1,& \text{第 }k\text{ 次试验中事件 }A\text{ 发生}\\0,& \text{第 }k\text{ 次试验中事件 }A\text{ 不发生}\end{cases},\ k=1,2,\cdots,n.$$

则 $\sum_{i=1}^{n}X_i=n_A$. 因 $X_1,X_2,\cdots,X_n$ 相互独立，且 X_k 都服从以 p 为参数的 $0-1$ 分布，因而

$$E(X_k)=p,\ D(X_k)=p(1-p),\ k=1,\ 2,\ \cdots,\ n.$$

由式（5.1.3），即得

$$\lim_{n\to\infty}P\left(\left|\frac{1}{n}\sum_{i=1}^{n}X_i-\frac{1}{n}\sum_{i=1}^{n}E(X_i)\right|<\varepsilon\right)=1,$$

即

$$\lim_{n\to\infty}P\left(\left|\frac{n_A}{n}-p\right|<\varepsilon\right)=1.$$

伯努利大数定律表明：当试验的次数 n 充分大时，事件 A 发生的频率 $\frac{n_A}{n}$ 与其概率 p 能任意接近的可能性也非常大（概率趋于 1），从而事件 A 发生的频率与概率有较大偏差的可能性很小，也从理论上讲清楚了"频率稳定于概率"的含义.

上述两个大数定律都是借助于切比雪夫不等式证得的，从而对随机变量序列 $X_1,\ X_2,\ \cdots,\ X_n,\ \cdots$ 都要求其方差存在，事实上方差存在这个条件是不必要的，下面的辛钦大数定律就说明了这一点.

定理 5.1.4 （辛钦大数定律）设随机变量序列 $X_1,\ X_2,\ \cdots,\ X_n,\ \cdots$ 相互独立，服从同一分布且具有数学期望 $E(X_i)=\mu,\ i=1,\ 2,\ \cdots$，则对任意 $\varepsilon>0$，有

$$\lim_{n\to\infty}P\left(\left|\frac{1}{n}\sum_{i=1}^{n}X_i-\mu\right|<\varepsilon\right)=1.$$

辛钦大数定律为实际生活中经常采用的算术平均值提供了理论依据，也是数理统计中参数估计的理论基础.

§5.2　中心极限定理

中心极限定理研究的是大量随机变量和的极限分布，对这一问题的研究始于 18 世纪，在长达两个世纪的时期内成了概率论研究的中心课题. 这里，我们不加证明地介绍两个常见的中心极限定理，重点介绍其应用.

定理 5.2.1 （独立同分布的中心极限定理）设 $X_1,\ X_2,\ \cdots,\ X_n,\ \cdots$ 为相互独立的随机变量序列，且服从同一分布，具有数学期望 $E(X_i)=\mu$ 和方差 $D(X_i)=\sigma^2>0(i=1,\ 2,\ \cdots)$，则当 n 相当大时，随机变量

$$Y_n=\frac{\sum_{i=1}^{n}X_i-n\mu}{\sqrt{n}\sigma}$$

近似服从标准正态分布 $N(0,1)$. 即对任意实数 x，有

$$\lim_{n \to \infty} P\left(\frac{\sum\limits_{i=1}^{n} X_i - n\mu}{\sqrt{n}\sigma} \leqslant x \right) = \frac{1}{\sqrt{2\pi}} \int_{-\infty}^{x} \mathrm{e}^{-\frac{t^2}{2}} \mathrm{d}t = \Phi(x).$$

由定理 5.2.1 有以下近似计算公式

$$P\left(a \leqslant \sum_{k=1}^{n} X_k \leqslant b \right) = P\left(\frac{a - n\mu}{\sqrt{n}\sigma} \leqslant \frac{\sum\limits_{k=1}^{n} X_k - n\mu}{\sqrt{n}\sigma} \leqslant \frac{b - n\mu}{\sqrt{n}\sigma} \right)$$

$$\approx \Phi\left(\frac{b - n\mu}{\sqrt{n}\sigma} \right) - \Phi\left(\frac{a - n\mu}{\sqrt{n}\sigma} \right).$$

例 5.2.1　一生产线生产的产品成箱包装, 每箱的重量是随机的. 设每箱平均重 50 千克, 标准差为 5 千克. 若用最大载重量为 5 吨的汽车承运, 问每车至多装多少箱, 才能使汽车不超载的概率大于 0.975?

解　设至多装 n 箱, 才能使汽车不超载的概率大于 0.975. 以 $X_k(k=1,2,\cdots,n)$ 表示第 k 箱的重量, 由题意, $E(X_k)=50$, $D(X_k)=5^2(k=1,2,\cdots,n)$. 每箱的重量是相互独立的, 且服从同一分布, 由定理 5.2.1, 有

$$U = \frac{\sum\limits_{k=1}^{n} X_k - 50n}{5\sqrt{n}}$$

近似服从标准正态分布 $N(0,1)$, 于是

$$P\left(\sum_{k=1}^{n} X_k \leqslant 5\,000 \right) = P\left(\frac{\sum\limits_{k=1}^{n} X_k - 50n}{5\sqrt{n}} \leqslant \frac{5\,000 - 50n}{5\sqrt{n}} \right)$$

$$\approx \Phi\left(\frac{5\,000 - 50n}{5\sqrt{n}} \right) = \Phi\left(\frac{1\,000 - 10n}{\sqrt{n}} \right).$$

用最大载重量为 5 吨的汽车承运, 要使汽车不超载的概率大于 0.975, 即

$$P\left(\sum_{k=1}^{n} X_k \leqslant 5\,000 \right) > 0.975$$

从而

$$\Phi\left(\frac{1\,000 - 10n}{\sqrt{n}} \right) > 0.975.$$

查标准正态分布的分布表, 有

$$\frac{1\,000 - 10n}{\sqrt{n}} > 1.96, \quad 98 < n < 99.$$

因此, 每车至多装 98 箱, 才能使汽车不超载的概率大于 0.975.

将定理 5.2.1 应用到二项分布中得到下面的棣莫弗-拉普拉斯极限定理.

定理 5.2.2 （棣莫弗-拉普拉斯极限定理）设随机变量 $\eta_n(n=1,2,\cdots)$ 服从参数为 n, $p(0<p<1)$ 的二项分布，即 $\eta_n \sim B(n,p)$，则对于任意 x，有

$$\lim_{n\to\infty}P\left(\frac{\eta_n-np}{\sqrt{np(1-p)}}\leqslant x\right)=\frac{1}{\sqrt{2\pi}}\int_{-\infty}^{x}\mathrm{e}^{-\frac{t^2}{2}}\mathrm{d}t=\Phi(x).$$

定理 5.2.2 说明当 n 相当大时，$\dfrac{\eta_n-np}{\sqrt{np(1-p)}}$ 的分布近似于标准正态分布 $N(0,1)$. 从而有

$$P(m_1\leqslant\eta_n\leqslant m_2)=P\left(\frac{m_1-np}{\sqrt{np(1-p)}}\leqslant\frac{\eta_n-np}{\sqrt{np(1-p)}}\leqslant\frac{m_2-np}{\sqrt{np(1-p)}}\right)$$
$$\approx\Phi\left(\frac{m_2-np}{\sqrt{np(1-p)}}\right)-\Phi\left(\frac{m_1-np}{\sqrt{np(1-p)}}\right).$$

例 5.2.2 一系统由 100 个相互独立的元件组成，在系统运行期间，每个元件损坏的概率为 0.10，系统要正常运行，至少要有 85 个元件正常工作，求系统正常运行的概率.

解 以 X 表示这 100 个元件中同时正常工作的个数，因每个元件是否正常工作是相互独立的，且每个元件正常工作的概率都为 0.9，所以 $X\sim B(100,0.9)$. 由棣莫弗-拉普拉斯极限定理，所求概率为

$$P(X\geqslant85)=1-P(X<85)=1-P\left(\frac{X-100\times0.9}{\sqrt{100\times0.9\times0.1}}<\frac{85-100\times0.9}{\sqrt{100\times0.9\times0.1}}\right)$$
$$\approx1-\Phi\left(-\frac{5}{3}\right)=\Phi\left(\frac{5}{3}\right)\approx0.952.$$

例 5.2.3 设某保险公司开设的老年人寿保险有 1 万人购买（每人一份），每人在年初向保险公司交保费 200 元. 若被保险人在年度内死亡，保险公司赔付其家属 1 万元. 设参保的老年人在一年内死亡的概率为 0.017，求：

（1）保险公司亏本的概率；

（2）保险公司获利不少于 10 万元的概率.

解 以 X 表示在一年中被保险的老年人的死亡人数，则 $X\sim B(10\,000,0.017)$，且 $np=10\,000\times0.017=170$，$np(1-p)=10\,000\times0.017\times0.983\approx167$，于是由棣莫弗-拉普拉斯中心极限定理，$\dfrac{X-np}{\sqrt{np(1-p)}}$ 近似服从标准正态分布 $N(0,1)$.

（1）$P\{保险公司亏本\}=P(X>200)=1-P(X\leqslant200)$
$$=1-P\left(\frac{X-np}{\sqrt{np(1-p)}}\leqslant\frac{200-np}{\sqrt{np(1-p)}}\right)$$
$$\approx1-\Phi\left(\frac{200-170}{\sqrt{167}}\right)=1-\Phi(2.32)=0.01.$$

(2) $P\{保险公司获利不少于 10 万元\}=P(200-X\geqslant 10)=P(X\leqslant 190)$

$$=P\left(\frac{X-np}{\sqrt{np(1-p)}}\leqslant\frac{190-np}{\sqrt{np(1-p)}}\right)$$

$$\approx\Phi\left(\frac{190-170}{\sqrt{167}}\right)=\Phi(1.55)=0.9394.$$

习题五

1. 一颗骰子连续掷 4 次，其点数总和记为 X. 估计 $P(10<X<18)$.

2. 从市场上买 20 根电话线，它们的长度 $X_i(i=1,2,\cdots,20)$ 是相互独立的随机变量，且都服从区间 $(0,10)$ 上的均匀分布. 记总长度 $Y=\sum_{i=1}^{20}X_i$，求 $P(Y>105)$ 的近似值.

3. 假设一条生产线生产的产品合格率为 0.8，要使一批产品的合格率达到 $76\%\sim84\%$ 的概率不小于 90%，问这批产品至少要生产多少件？

4. 某车间有同型号设备 200 台，每台设备开动的概率为 0.7，假定各台设备开动与否互不影响，开动后每台设备消耗电能 15 个单位. 问至少供应多少单位电能才可以 95% 的概率保证不致因供电不足而影响生产？

5. 有一批钢材，其中 80% 的长度不小于 3m. 现从这批钢材中随机地取出 100 根，问其中至少有 30 根短于 3m 的概率是多少？

6. 某药厂断言，该厂生产的某种药品对于医治一种疑难的血液病的治愈率为 0.8. 医院检验员任意抽查 100 个服用此药品的病人，如果其中多于 75 人治愈，就接受这一断言，否则就拒绝这一断言.

(1) 若实际上此药品对这种疾病的治愈率是 0.8，问接受这一断言的概率是多少？

(2) 若实际上此药品对这种疾病的治愈率是 0.7，问接受这一断言的概率是多少？

7. 教学大楼设有 1 000 个灯泡，每个灯泡是否正常照明是相互独立的，并且正常照明的概率为 0.9. 以 95% 的概率估计，某天晚上 (1) 至少有多少个灯泡正常照明？(2) 至多有多少个灯泡正常照明？

8. 在一保险公司有 10 000 人参加保险，每人每年付 12 元保险费，在一年内一个人死亡的概率为 0.006，死亡者的家属可向保险公司领得 1 000 元赔偿费. 求：

(1) 保险公司没有利润的概率为多少？

(2) 保险公司一年的利润不少于 60 000 元的概率为多大？

9. 保险公司有 2 500 人参加意外保险，每人每年交 1 200 元保险费，据统计，一年内一个人死亡的概率为 0.002，如果投保人死亡，保险公司需赔付 20 万元，求 (1) 保险公司亏本的概率；(2) 保险公司一年利润不少于 100 万元的概率.

第六章

样本及抽样分布

在前面五章，我们讲述了概率论的基本内容，概括起来主要是随机变量的概率分布. 从本章起，我们转入本课程的第二部分——数理统计. 概率论与数理统计是数学学科中紧密联系的两个学科. 数理统计是以概率论为理论基础且具有广泛运用的一个应用数学分支.

数理统计作为一门学科诞生于 19 世纪末 20 世纪初，是具有广泛应用的一个数学分支，它以概率论为基础，根据试验或观察得到的数据来研究随机现象，以便对研究对象的客观规律性作出合理的估计和判断.

由于大量随机现象必然呈现出它的规律性，故理论上只要对随机现象进行足够多次观察，则研究对象的规律性就一定能清楚地呈现出来. 但实际上人们常常无法对所研究的对象的全体（或**总体**）进行观察，而只能抽取其中的一部分（或**样本**）进行观察或试验以获得有限的数据.

数理统计的任务包括：怎样有效地收集、整理有限的数据资料；怎样对所得的数据资料进行分析、研究，从而对研究对象的性质、特点作出合理的推断，此即所谓的统计推断问题. 本章介绍总体、随机样本、统计量及抽样分布等基本概念，并着重介绍几个常用统计量和抽样分布.

§6.1　数理统计的基本概念

6.1.1　总体与总体分布

总体是具有一定共性的研究对象的全体，其大小与范围随具体研究与考察的目的而定. 例如，研究某地区 N 个农户的年收入情况，则这 N 个农户就构成了待研究的总体. 总体确定后，我们称构成总体的每个单元为**个体**. 如前述总体（N 个农户）中的每一个农户是一个个体. 总体中所包含的个体的数量称为总体的**容量**. 容量为有限的总体称为**有限总体**，容量为无限的总体称为**无限总体**.

数理统计中所关心的并不是每个个体的所有性质，而仅仅是它的某一项或某几项数量指标. 如前述总体（N 个农户）中，我们关心的是每个个体（每个农户）的年收入这一数量指标.

总体中的每一个个体是随机试验的一个观察值，故它是某一随机变量 X 的值. 于是，一个总体对应于一个随机变量 X，对总体的研究就相当于对一个随机变量 X 的研究，X 的分布就称为总体的分布，今后将不区分总体与相应的随机变量，并引入如下定义：

定义 6.1.1 统计学中称随机变量（或向量）X 为**总体**，并把随机变量（或向量）的分布称为**总体分布**.

例如，对前述总体（N 个农户），若农户年收入以万元计，假定 N 户中收入 X 为 0.5，0.8，1，1.2 和 1.5 的农户个数分别为：n_1，n_2，n_3，n_4，n_5，这里 $n_1+n_2+n_3+n_4+n_5=N$，则总体 X 的分布为离散型分布，其分布规律为

X	0.5	0.8	1	1.2	1.5
p_k	$\dfrac{n_1}{N}$	$\dfrac{n_2}{N}$	$\dfrac{n_3}{N}$	$\dfrac{n_4}{N}$	$\dfrac{n_5}{N}$

6.1.2 样本与样本分布

由于作为统计研究对象的总体分布一般来说是未知的，为推断总体分布及其各种特征，一般方法是按一定规则从总体中抽取若干个体进行观察，通过观察可得到关于总体 X 的一组数值 $(x_1, x_2, \cdots, x_n)$，其中每一 x_i 是从总体中抽取的某一个体的数量指标 X_i 的观察值. 上述抽取过程称为抽样，所抽取的部分个体称为**样本**. 样本中所含个体数目称为**样本容量**. 为对总体进行合理的统计推断，我们还需在相同的条件下进行多次重复的、独立的抽样观察，故样本是一个随机变量（或向量）. 容量为 n 的样本可视为 n 维随机向量 $(X_1, X_2, \cdots, X_n)$，一旦具体取定一组样本，便得到样本的一次具体的观察值

$$(x_1, x_2, \cdots, x_n),$$

称其为**样本值**.

为了使抽取的样本能很好地反映总体的信息，必须考虑抽样方法，最常用的一种抽样方法称为**简单随机抽样**，它要求抽取的样本满足下面两个条件：

(1) **代表性**：$X_1, X_2, \cdots, X_n$ 与所考察的总体具有相同的分布；

(2) **独立性**：$X_1, X_2, \cdots, X_n$ 是相互独立的随机变量.

由简单随机抽样得到的样本称为**简单随机样本**，它可用与总体独立同分布的 n 个相互独立的随机变量 $X_1, X_2, \cdots, X_n$ 来表示. 显然，简单随机样本是一种非常理想化的样本，在实际应用中要获得严格意义下的简单随机样本并不容易.

对有限总体，若采用有放回抽样就能得到简单随机样本，但有放回抽样使用起来不方便，故实际操作中通常采用的是无放回抽样，当所考察的总体容量很大时，无放回抽样与有放回抽样的区别很小，此时可近似把无放回抽样所得到的样本看成是一个简单随机样本. 对无限总体，因抽取一个个体不影响它的分布，故采用无放回抽样即可得到一个简单随机样本. 今后假定所考虑的样本均为简单随机样本，简称为**样本**.

设总体 X 的分布函数为 F，$X_1, X_2, \cdots, X_n$ 是取自总体 X 的一个简单随机样本. 因 $X_1, X_2, \cdots, X_n$ 相互独立，且它们的分布函数都是 F，所以 $(X_1, X_2, \cdots, X_n)$ 的分布函数为

$$F^*(x_1, x_2, \cdots, x_n) = \prod_{i=1}^{n} F(x_i).$$

又若 X 具有概率密度 f，则 $(X_1, X_2, \cdots, X_n)$ 的概率密度为

$$f^*(x_1, x_2, \cdots, x_n) = \prod_{i=1}^{n} f(x_i).$$

例 6.1.1 某公司为制定营销策略，需要研究一城市居民的收入情况. 假定该城市居民年收入 X 服从正态分布 $N(\mu, \sigma^2)$，其概率密度为

$$f(x) = \frac{1}{\sqrt{2\pi}\sigma} e^{-\frac{(x-\mu)^2}{2\sigma^2}}, \quad -\infty < x < +\infty.$$

现在随机调查 n 户居民年收入，记为 $X_1, X_2, \cdots, X_n$，这里 $X_1, X_2, \cdots, X_n$ 就是从总体 $N(\mu, \sigma^2)$ 中抽取的一个简单随机样本，它们是相互独立的，且与总体 $N(\mu, \sigma^2)$ 有相同的分布，即 $X_i \sim N(\mu, \sigma^2)$，$i = 1, 2, \cdots, n$. 于是 $X_1, X_2, \cdots, X_n$ 的联合概率密度为

$$f^*(x_1, x_2, \cdots, x_n) = \left(\frac{1}{\sqrt{2\pi}\sigma}\right)^n e^{\frac{\sum_{i=1}^{n}(x_i - \mu)^2}{2\sigma^2}}.$$

例 6.1.2 设一批灯泡的使用寿命 X（单位：小时）服从以 $\lambda = \dfrac{1}{1\,000}$ 为参数的指数分布，其概率密度为

$$f(x) = \begin{cases} \dfrac{1}{1\,000} e^{-\frac{1}{1\,000}x}, & x > 0, \\ 0, & \text{其他.} \end{cases}$$

现从这批灯泡中随机抽取 10 只，求抽得的这 10 只没有一只的使用寿命超过 1 000 小时的概率.

解 把抽得的这 10 只灯泡的使用寿命记为 $X_1, X_2, \cdots, X_{10}$，则 $X_1, X_2, \cdots, X_{10}$ 相互独立，且都服从以 $\lambda = \dfrac{1}{1\,000}$ 为参数的指数分布.

$$P(X_1 \leqslant 1\,000, X_2 \leqslant 1\,000, \cdots, X_{10} \leqslant 1\,000)$$
$$= P(X_1 \leqslant 1\,000)P(X_2 \leqslant 1\,000)\cdots P(X_{10} \leqslant 1\,000)$$
$$= [P(X_1 \leqslant 1\,000)]^{10} = \left(\int_0^{1\,000} \frac{1}{1\,000} e^{-\frac{1}{1\,000}x} dx\right)^{10} = (1 - e^{-1})^{10}.$$

§6.2 直方图

通过观察或试验得到的样本值，一般是杂乱无章的，需要进行整理才能从总体上呈现其统计规律性. 分组数据统计表或频率直方图是两种常用的整理方法.

分组数据表：若样本值较多，可将其分成若干组，分组的区间长度一般取成相等，称区

间的长度为**组距**. 分组的组数应与样本容量相适应,若分组太少,则难以反映出分布的特征,若分组太多,则由于样本取值的随机性而使分布显得杂乱. 因此,分组时,确定分组数(或组距)应以突出分布的特征并冲淡样本的随机波动性为原则. 区间所含的样本值个数称为该区间的**组频数**. 组频数与总的样本容量之比称为**组频率**.

频数直方图:频率直方图能直观地表示出频数的分布,其步骤如下:

设 $x_1, x_2, \cdots, x_n$ 是样本的 n 个观察值.

(1)求出 $x_1, x_2, \cdots, x_n$ 中的最小者 $x_{(1)}$ 和最大者 $x_{(n)}$;

(2)选取常数 a(略小于 $x_{(1)}$)和 b(略大于 $x_{(n)}$),并将区间 $[a, b]$ 等分成 m 个小区间(一般取 m,使 $\dfrac{m}{n}$ 在 $\dfrac{1}{10}$ 左右):

$$[t_i, t_i + \Delta t), i = 1, 2, \cdots, m, \Delta t = \frac{b-a}{m},$$

一般情况下,小区间不包括右端点.

(3)求出组频数 n_i,组频率 $\dfrac{n_i}{n} = f_i$,以及

$$h_i = \frac{f_i}{\Delta t}, i = 1, 2, \cdots, n.$$

(4)在 $[t_i, t_i + \Delta t)$ 上以 h_i 为高、Δt 为宽作小矩形,其面积恰好为 f_i,这样所有小矩形合在一起就构成了频率直方图.

例 6.2.1 从某厂生产的某种零件中随机抽取 120 个,测得其质量(单位:g)如表 6—2—1 所示. 列出分组表,并作频率直方图.

表 6—2—1

200	202	203	208	216	206	222	213	209	219
216	203	197	208	206	209	206	208	202	203
206	213	218	207	208	202	194	203	213	211
193	213	208	208	204	206	204	206	208	209
213	203	206	207	196	201	208	207	213	208
210	208	211	211	214	220	211	203	216	221
211	209	218	214	219	211	208	221	211	218
218	190	219	211	208	199	214	207	207	214
206	217	214	201	212	213	211	212	216	206
210	216	204	221	208	209	214	214	199	204
211	201	216	211	209	208	209	202	211	207
220	205	206	216	213	206	206	207	200	198

解 先从这 120 个样本值中找出最小值:190,最大值:222,取 $a = 189.5$,$b = 222.5$,将区间 $[189.5, 222.5]$ 等分成 11 个小区间,组距 $\Delta t = 3$. 得到分组表及频率直方图(见图 6—2—1).

从直方图的形状,可以粗略地认为该种零件的质量服从正态分布,其数学期望在 209 附近.

区间	组频数 n_i	组频率 f_i	高 $h_i = f_i/\Delta t$
189.5~192.5	1	1/120	1/360
192.5~195.5	2	2/120	2/360
195.5~198.5	3	3/120	3/360
198.5~201.5	7	7/120	7/360
201.5~204.5	14	14/120	14/360
204.5~207.5	20	20/120	20/360
207.5~210.5	23	23/120	23/360
210.5~213.5	22	22/120	22/360
213.5~216.5	14	14/120	14/360
216.5~219.5	8	8/120	8/360
219.5~222.5	6	6/120	6/360
合计	120	1	

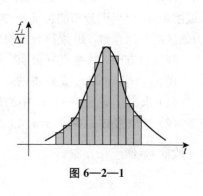

图 6—2—1

§6.3 抽样分布

6.3.1 统计量

由样本推断总体，要构造一些合适的统计量，再由这些统计量来推断未知总体. 这里，样本的统计量即为样本的函数. 广义地讲，统计量可以是样本的任一函数，但由于构造统计量的目的是为了推断未知总体的分布，故在构造统计量时，就不应包含总体的未知参数，为此引入下列定义.

定义 6.3.1 设 $(X_1, X_2, \cdots, X_n)$ 为取自总体 X 的一个随机样本，若 $g(X_1, X_2, \cdots, X_n)$ 中不含未知参数，则称 $g(X_1, X_2, \cdots, X_n)$ 为一个统计量.

以下介绍几个常用的统计量. 设 $X_1, X_2, \cdots, X_n$ 是取自总体 X 的一个随机样本，$x_1, x_2, \cdots, x_n$ 是这一样本的观察值.

样本均值 $\overline{X} = \dfrac{1}{n} \sum\limits_{i=1}^{n} X_i$;

样本方差 $S^2 = \dfrac{1}{n-1} \sum\limits_{i=1}^{n} (X_i - \overline{X})^2$;

样本标准差 $S = \sqrt{S^2} = \sqrt{\dfrac{1}{n-1} \sum\limits_{i=1}^{n} (X_i - \overline{X})^2}$;

样本 k 阶原点矩 $A_k = \dfrac{1}{n} \sum\limits_{i=1}^{n} X_i^k$, $k = 1, 2, \cdots$;

样本 k 阶中心矩 $B_k = \dfrac{1}{n} \sum\limits_{i=1}^{n} (X_i - \overline{X})^k$, $k = 2, 3, \cdots$.

其观察值分别为

$$\overline{x} = \frac{1}{n} \sum_{i=1}^{n} x_i ;$$

$$s^2 = \frac{1}{n-1}\sum_{i=1}^{n}(x_i-\overline{x})^2;$$

$$s = \sqrt{s^2} = \sqrt{\frac{1}{n-1}\sum_{i=1}^{n}(x_i-\overline{x})^2};$$

$$a_k = \frac{1}{n}\sum_{i=1}^{n}x_i^k, \quad k=1,2,\cdots;$$

$$b_k = \frac{1}{n}\sum_{i=1}^{n}(x_i-\overline{x})^k, \quad k=2,3,\cdots.$$

无论总体 X 服从什么分布，若总体 X 的 k 阶原点矩 $E(X^k)=\mu_k$ 存在，因 X_1，X_2，$\cdots$，X_n 相互独立且与总体 X 同分布，所以 X_1^k，X_2^k，$\cdots$，X_n^k 也相互独立且与 X^k 同分布. 因此，有

$$E(X_1^k)=E(X_2^k)=\cdots=E(X_n^k)=\mu_k.$$

由第五章的辛钦大数定理，有

$$A_k = \frac{1}{n}\sum_{i=1}^{n}X_i^k \xrightarrow{P} \mu_k, \quad k=1,2,\cdots.$$

更一般地，

$$g(A_1,A_2,\cdots,A_k)\xrightarrow{P}g(\mu_1,\mu_2,\cdots,\mu_k),$$

其中 g 为连续函数.

6.3.2 统计分布

取得总体的样本后，通常是借助样本的统计量对未知的总体分布进行推断，为此需进一步确定相应的统计量所服从的分布，除在概率论中所提到的常用分布外，本节还要介绍几个在统计学中常用的**统计分布**（或**抽样分布**）：χ^2 分布；t 分布；F 分布.

1. χ^2 分布

定义 6.3.2 设 X_1，X_2，$\cdots$，X_n 是取自总体 $N(0,1)$ 的一个样本，则称统计量

$$\chi^2 = X_1^2 + X_2^2 + \cdots + X_n^2 \tag{6.3.1}$$

服从自由度为 n 的 χ^2 **分布**，记为 $\chi^2\sim\chi^2(n)$.

特别地，若 $X\sim N(0,1)$，则 $X^2\sim\chi^2(1)$.

自由度是指式 (6.3.1) 右端所包含的独立变量的个数.

χ^2 分布具有如下重要性质：

(1) **可加性**：设 $X\sim\chi^2(n_1)$，$Y\sim\chi^2(n_2)$，且 X，Y 相互独立，则 $X+Y\sim\chi^2(n_1+n_2)$. 事实上，根据 χ^2 分布的定义，我们可以把 X 和 Y 分别表示为

$$X=X_1^2+X_2^2+\cdots+X_{n_1}^2, \quad Y=Y_1^2+Y_2^2+\cdots+Y_{n_2}^2,$$

其中 X_1，X_2，$\cdots$，X_{n_1} 和 Y_1，Y_2，$\cdots$，Y_{n_2} 都服从 $N(0,1)$，且相互独立，于是

$$X+Y=X_1^2+X_2^2+\cdots+X_{n_1}^2+Y_1^2+Y_2^2+\cdots+Y_{n_2}^2,$$

根据 χ^2 分布的定义，$X+Y\sim\chi^2(n_1+n_2)$.

(2) 设 $X\sim\chi^2(n)$，则 $E(X)=n$，$D(X)=2n$. 即 χ^2 分布的数学期望等于它的自由度，方差等于它的自由度的 2 倍.

这个性质的证明如下：因 $X\sim\chi^2(n)$，由 χ^2 分布的定义，有

$$X=X_1^2+X_2^2+\cdots+X_n^2,$$

这里 $X_i\sim N(0,1)$ 且 $X_1,X_2,\cdots,X_n$ 相互独立. 因而 $E(X_i)=0$，$D(X_i)=E(X_i^2)=1$，$i=1,2,\cdots,n$. 故

$$E(X)=E\Big(\sum_{i=1}^n X_i^2\Big)=\sum_{i=1}^n E(X_i^2)=n.$$

这就证明了第一条结论.

另一方面，利用分部积分不难验证

$$E(X_i^4)=\frac{1}{\sqrt{2\pi}}\int_{-\infty}^{+\infty}x^4 e^{-\frac{x^2}{2}}\,\mathrm{d}x=3,\ i=1,2,\cdots,n.$$

于是

$$D(X_i^2)=E(X_i^4)-(E(X_i^2))^2=3-1=2,\ i=1,2,\cdots,n.$$

再由 $X_1,X_2,\cdots,X_n$ 的独立性，有

$$D(X)=\sum_{i=1}^n D(X_i^2)=2n,$$

这就证明了第二条结论.

自由度为 n 的 χ^2 分布的概率密度为

$$f(x)=\begin{cases}\dfrac{1}{2^{n/2}\Gamma(n/2)}x^{\frac{n}{2}-1}e^{-\frac{x}{2}}, & x>0,\\[2mm] 0, & x\leqslant 0,\end{cases}$$

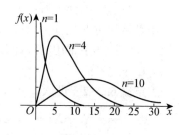

图 6—3—1

其中 $\Gamma(\cdot)$ 为伽玛函数. $f(x)$ 的图形如图 6—3—1 所示.

对于给定的正数 $\alpha(0<\alpha<1)$，我们称满足条件

$$P(\chi^2(n)>\chi_\alpha^2(n))=\int_{\chi_\alpha^2(n)}^{+\infty}f(x)\,\mathrm{d}x=\alpha$$

的点 $\chi_\alpha^2(n)$ 为 $\chi^2(n)$ 分布的上 α 分位点（见图 6—3—2）. 对不同的 n 和 α，分位点 $\chi_\alpha^2(n)$ 的值有现成的表格供查用，见附表 5. 例如，$\alpha=0.05$，$n=40$，$\chi_{0.05}^2(40)=55.758$. 当 $n>45$ 时，利用近似式 $\chi_\alpha^2(n)\approx\dfrac{1}{2}(u_\alpha+\sqrt{2n-1})^2$（其中 u_α 是标准正态分布的上 α 分位点）得到 $\chi_\alpha^2(n)$，例如 $\chi_{0.1}^2(60)\approx\dfrac{1}{2}(1.282+\sqrt{2\times60-1})^2=74.31$.

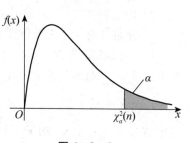

图 6—3—2

例 6.3.1　设 X_1，X_2，$\cdots$，X_{10} 为取自总体 $N(0,0.3^2)$ 的一个样本，求 $P\left(\sum\limits_{i=1}^{10} X_i^2 > 1.44\right)$．

解　因 X_1，X_2，$\cdots$，X_{10} 为取自总体 $N(0,0.3^2)$ 的一个样本，则 $X_i \sim N(0,0.3^2)$，且 X_1，X_2，$\cdots$，X_{10} 相互独立．从而 $\dfrac{X_i}{0.3} \sim N(0,1)$（$i=1,2,\cdots,10$），由 χ^2 分布的定义，有

$$\sum_{i=1}^{10}\left(\frac{X_i}{0.3}\right)^2 = \frac{1}{0.3^2}\sum_{i=1}^{10} X_i^2 \sim \chi^2(10).$$

因此

$$P\left(\sum_{i=1}^{10} X_i^2 > 1.44\right) = P\left(\frac{1}{0.3^2}\sum_{i=1}^{10} X_i^2 > 16\right) = 0.1.$$

2. t 分布

定义 6.3.3　设 $X \sim N(0,1)$，$Y \sim \chi^2(n)$，且 X，Y 相互独立，则称

$$T = \frac{X}{\sqrt{Y/n}}$$

服从自由度为 n 的 t **分布**，记为 $T \sim t(n)$．

可以证明它的概率密度为

$$f(t) = \frac{\Gamma\left(\dfrac{n+1}{2}\right)}{\sqrt{n\pi}\,\Gamma\left(\dfrac{n}{2}\right)}\left(1+\frac{t^2}{n}\right)^{-\frac{n+1}{2}}, \quad -\infty < t < +\infty.$$

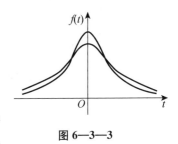

图 6—3—3

其概率密度曲线如图 6—3—3 所示．从 $f(t)$ 的表达式不难看出，$f(t)$ 是偶函数，于是它的图形关于纵轴对称．因此，对一切 $n=2,3,\cdots$，有 $E(T)=0$．

利用 Γ 函数的性质还可以证明

$$\lim_{n\to\infty} f(t) = \frac{1}{\sqrt{2\pi}}\mathrm{e}^{-\frac{t^2}{2}}.$$

设 $T \sim t(n)$，对给定的实数 $\alpha(0<\alpha<1)$，称满足条件

$$P(T > t_\alpha(n)) = \int_{t_\alpha(n)}^{+\infty} f(t)\mathrm{d}t = \alpha$$

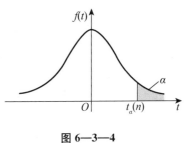

图 6—3—4

的点 $t_\alpha(n)$ 为 $t(n)$ 分布的上 α 分位点（如图 6—3—4 所示）．

由密度函数 $f(t)$ 的对称性，可得 $t_{1-\alpha}(n)=-t_\alpha(n)$．$t$ 分布的上 α 分位点可以从附表 4 查得，当 $n>45$ 时，对于常用的 α 值可利用正态近似 $t_\alpha(n) \approx u_\alpha$．

3. F 分布

定义 6.3.4　设 $X \sim \chi^2(n_1)$，$Y \sim \chi^2(n_2)$，且 X 与 Y 相互独立，则称

$$F = \frac{X/n_1}{Y/n_2}$$

服从自由度为 (n_1, n_2) 的 F 分布, 记为 $F \sim F(n_1, n_2)$.

$F(n_1, n_2)$ 分布的概率密度为

$$
f(x) = \begin{cases} \dfrac{\Gamma\left(\dfrac{n_1 + n_2}{2}\right)}{\Gamma\left(\dfrac{n_1}{2}\right)\Gamma\left(\dfrac{n_2}{2}\right)} \left(\dfrac{n_1}{n_2}\right)^{\frac{n_1}{2}} x^{\frac{n_1}{2}-1} \left(1 + \dfrac{n_1}{n_2}x\right)^{-\frac{n_1+n_2}{2}}, & x > 0, \\ 0, & \text{其他}. \end{cases}
$$

其概率密度曲线如图 6—3—5 所示.

设 $F \sim F(n_1, n_2)$, 对给定的实数 $\alpha(0 < \alpha < 1)$, 称满足条件

$$P(F > F_\alpha(n_1, n_2)) = \int_{F_\alpha(n_1, n_2)}^{+\infty} f(x)\mathrm{d}x = \alpha$$

的点 $F_\alpha(n_1, n_2)$ 为 $F(n_1, n_2)$ 分布的上 α 分位点. F 分布的上 α 分位点可自附表 6 查得.

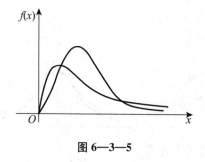

图 6—3—5   图 6—3—6

F 分布具有如下重要性质:

设 $F \sim F(n_1, n_2)$, 则 $\dfrac{1}{F} \sim F(n_2, n_1)$.

这个性质可以由 F 分布的定义直接得到.

利用这个性质我们可知 F 分布的上 α 分位点有如下关系

$$F_{1-\alpha}(n_1, n_2) = \frac{1}{F_\alpha(n_2, n_1)}. \tag{6.3.2}$$

事实上, 若 $F \sim F(n_1, n_2)$, 依据上 α 分位点的定义

$$1 - \alpha = P(F > F_{1-\alpha}(n_1, n_2)) = P\left(\frac{1}{F} < \frac{1}{F_{1-\alpha}(n_1, n_2)}\right)$$

$$= 1 - P\left(\frac{1}{F} \geqslant \frac{1}{F_{1-\alpha}(n_1, n_2)}\right)$$

因此

$$P\left(\frac{1}{F} \geqslant \frac{1}{F_{1-\alpha}(n_1, n_2)}\right) = \alpha.$$

因 $\dfrac{1}{F} \sim F(n_2, n_1)$，再根据上 α 分位点的定义知，$\dfrac{1}{F_{1-\alpha}(n_1, n_2)}$ 就是 $F_\alpha(n_2, n_1)$，即

$$\frac{1}{F_{1-\alpha}(n_1, n_2)} = F_\alpha(n_2, n_1),$$

即　　　　$F_{1-\alpha}(n_1, n_2) = \dfrac{1}{F_\alpha(n_2, n_1)}.$

通常 F 分布表中，只对 α 比较小的值，如 $\alpha = 0.1, 0.01, 0.05, 0.025$ 等列出了上 α 分位点. 但有时我们也需要知道 α 值相对比较大的上 α 分位点，它们在 F 分布表中查不到. 这时我们就可以利用分位点的关系式 (6.3.2) 把它们计算出来. 例如，在 F 分布表中查不到 $F_{0.95}(20, 10)$. 但由式 (6.3, 2)，有

$$F_{0.95}(20, 10) = \frac{1}{F_{0.05}(10, 20)} = \frac{1}{2.35} = 0.425\,5,$$

这里 $F_{0.05}(10, 20) = 2.35$ 是从 F 分布表中查到的.

例 6.3.2　证明：若 $X \sim t(n)$，则 $X^2 \sim F(1, n)$.

证明　因 $X \sim t(n)$，根据 t 分布的定义，X 可以表示为

$$X = \frac{U}{\sqrt{V/n}}.$$

其中 $U \sim N(0, 1)$，$V \sim \chi^2(n)$，且 U, V 相互独立. 于是

$$X^2 = \frac{U^2}{V/n}.$$

注意到 $U^2 \sim \chi^2(1)$，由 F 分布的定义，$X^2 \sim F(1, n)$.

6.3.3　正态总体的样本均值与样本方差的分布

设总体 X（无论 X 服从什么分布，只要均值和方差存在）的均值为 μ，方差为 σ^2，$X_1, X_2, \cdots, X_n$ 是取自总体 X 的一个样本，$\overline{X}, S^2$ 分别是样本均值和样本方差，则有

$$E(\overline{X}) = \mu, \quad D(\overline{X}) = \frac{\sigma^2}{n}. \tag{6.3.3}$$

$$E(S^2) = E\left(\frac{1}{n-1}\left(\sum_{i=1}^n X_i^2 - n\overline{X}^2\right)\right) = \frac{1}{n-1}\left(\sum_{i=1}^n E(X_i^2) - nE(\overline{X}^2)\right)$$

$$= \frac{1}{n-1}\left(\sum_{i=1}^n (\sigma^2 + \mu^2) - n\left(\frac{\sigma^2}{n} + \mu^2\right)\right) = \sigma^2,$$

即　　　　$E(S^2) = \sigma^2.$ $\tag{6.3.4}$

设总体 $X \sim N(\mu, \sigma^2)$，$X_1, X_2, \cdots, X_n$ 是取自 X 的一个样本，则 $X_1, X_2, \cdots, X_n$ 相互独立且服从正态分布，由正态分布的可加性，$\overline{X}$ 也服从正态分布，于是得到以下定理：

定理 6.3.1　设总体 $X \sim N(\mu, \sigma^2)$，$X_1, X_2, \cdots, X_n$ 是取自 X 的一个样本，$\overline{X}$ 与 S^2 分别为该样本的样本均值与样本方差，则有

(1) $\overline{X} \sim N(\mu,\ \sigma^2/n)$；

(2) $U = \dfrac{\overline{X}-\mu}{\sigma/\sqrt{n}} \sim N(0,\ 1)$.

定理 6.3.2 设总体 $X \sim N(\mu,\ \sigma^2)$，$X_1,\ X_2,\ \cdots,\ X_n$ 是取自 X 的一个样本，$\overline{X}$ 与 S^2 分别为该样本的样本均值与样本方差，则有

(1) $\chi^2 = \dfrac{(n-1)S^2}{\sigma^2} = \dfrac{1}{\sigma^2}\sum\limits_{i=1}^{n}(X_i-\overline{X})^2 \sim \chi^2(n-1)$；

(2) $\overline{X}$ 与 S^2 相互独立.

由定理 6.3.1 和定理 6.3.2,

$$\dfrac{\overline{X}-\mu}{\sigma/\sqrt{n}} \sim N(0,\ 1)\ ,\quad \dfrac{(n-1)S^2}{\sigma^2} \sim \chi^2(n-1),$$

且两者相互独立. 由 t 分布的定义，有

$$\dfrac{\dfrac{\overline{X}-\mu}{\sigma/\sqrt{n}}}{\sqrt{\dfrac{(n-1)S^2}{(n-1)\sigma^2}}} \sim t(n-1).$$

于是，得到以下推论：

推论 6.3.1 设总体 $X \sim N(\mu,\ \sigma^2)$，$X_1,\ X_2,\ \cdots,\ X_n$ 是取自 X 的一个样本，$\overline{X}$ 与 S^2 分别为该样本的样本均值与样本方差，则有

$$T = \dfrac{\overline{X}-\mu}{S/\sqrt{n}} \sim t(n-1).$$

定理 6.3.3 设总体 $X \sim N(\mu,\ \sigma^2)$，$X_1,\ X_2,\ \cdots,\ X_n$ 是取自 X 的一个样本，则有

$$\chi^2 = \dfrac{1}{\sigma^2}\sum\limits_{i=1}^{n}(X_i-\mu)^2 \sim \chi^2(n).$$

关于两个正态总体的样本均值和样本方差有以下定理：

定理 6.3.4 设 $X \sim N(\mu_1,\ \sigma_1^2)$ 与 $Y \sim N(\mu_2,\ \sigma_2^2)$ 是两个相互独立的正态总体，又设 $X_1,\ X_2,\ \cdots,\ X_{n_1}$ 是取自总体 X 的样本，$\overline{X}$ 与 S_1^2 分别为该样本的样本均值与样本方差. $Y_1,\ Y_2,\ \cdots,\ Y_{n_2}$ 是取自总体 Y 的样本，$\overline{Y}$ 与 S_2^2 分别为此样本的样本均值与样本方差. 记 S_1^2 与 S_2^2 的加权平均为 S_ω^2，即

$$S_\omega^2 = \dfrac{(n_1-1)S_1^2+(n_2-1)S_2^2}{n_1+n_2-2}.$$

则 (1) $U = \dfrac{(\overline{X}-\overline{Y})-(\mu_1-\mu_2)}{\sqrt{\sigma_1^2/n_1+\sigma_2^2/n_2}} \sim N(0,\ 1)$；

(2) $F = \left(\dfrac{\sigma_2}{\sigma_1}\right)^2 \dfrac{S_1^2}{S_2^2} \sim F(n_1-1,\ n_2-1)$；

(3) 当 $\sigma_1^2 = \sigma_2^2 = \sigma^2$ 时，$T = \dfrac{(\overline{X} - \overline{Y}) - (\mu_1 - \mu_2)}{S_\omega \sqrt{1/n_1 + 1/n_2}} \sim t(n_1 + n_2 - 2)$.

例 6.3.3 某公司用机器向瓶子里灌装液体洗洁剂，每瓶的灌装量 $X \sim N(\mu, 1)$（单位：毫升）. 如果每箱装 25 瓶这样的洗洁剂，试问这 25 瓶洗洁剂的平均灌装量与标定值 μ 相差不超过 0.3 毫升的概率是多少？

解 记一箱 25 瓶洗洁剂灌装量分别为 $X_1, X_2, \cdots, X_{25}$，它们是取自总体 $X \sim N(\mu, 1)$ 的样本. 我们需要计算的是事件 $|\overline{X} - \mu| \leqslant 0.3$ 的概率. 由定理 6.3.1，有

$$
\begin{aligned}
P(|\overline{X} - \mu| \leqslant 0.3) &= P(-0.3 \leqslant \overline{X} - \mu \leqslant 0.3) \\
&= P\left(-\frac{0.3}{\sigma/\sqrt{n}} \leqslant \frac{\overline{X} - \mu}{\sigma/\sqrt{n}} \leqslant \frac{0.3}{\sigma/\sqrt{n}}\right) \\
&= \Phi\left(\frac{0.3}{\sigma/\sqrt{n}}\right) - \Phi\left(-\frac{0.3}{\sigma/\sqrt{n}}\right) = 2\Phi\left(\frac{0.3}{\sigma/\sqrt{n}}\right) - 1 \\
&= 2\Phi(1.5) - 1 = 0.8664.
\end{aligned}
$$

这就是说，对于装 25 瓶的一箱而言，平均每瓶灌装量与标定值不超过 0.3 毫升的概率近似为 86.64%.

例 6.3.4 在设计导弹发射装置时，重要的事情之一是研究弹着点偏离目标中心的距离的方差. 对于一类导弹发射装置，弹着点偏离目标中心的距离 X 服从正态分布 $N(\mu, \sigma^2)$，这里 $\sigma^2 = 100 \text{m}^2$. 现进行了 25 次发射试验，记 S^2 为这 25 次试验中弹着点偏离目标中心的距离的样本方差. 试求 S^2 超过 50m^2 的概率.

解 由定理 6.3.2

$$
\frac{(n-1)S^2}{\sigma^2} \sim \chi^2(n-1),
$$

于是

$$
\begin{aligned}
P(S^2 > 50) &= P\left(\frac{(n-1)S^2}{\sigma^2} > \frac{(n-1)50}{\sigma^2}\right) = P\left(\chi^2(24) > \frac{24 \times 50}{100}\right) \\
&= P(\chi^2(24) > 12) \geqslant 0.975.
\end{aligned}
$$

习题六

1. 设 X_1, X_2, X_3 为取自正态总体 $N(\mu, \sigma^2)$ 的一个样本，其中 μ 未知，σ^2 已知. 问下述样本函数中哪些是统计量？哪些不是统计量？

(1) $X_1 + X_2 \cdot X_3$；　　(2) $\sum\limits_{i=1}^{3} (X_i - \mu)^2$；

(3) $\dfrac{1}{\sigma^2} \sum\limits_{i=1}^{3} X_i^2$；　　(4) $\max(X_1, X_2, X_3)$；

(5) $\dfrac{1}{2}(X_1 + X_3)$；　　(6) $\dfrac{1}{\sigma}(X_1 + X_3)$.

2. 设总体 $X \sim N(75, 100)$，X_1，X_2，X_3 是取自 X 的一个样本. 求

(1) $P(\max(X_1, X_2, X_3) < 85)$;　　(2) $P(\min(X_1, X_2, X_3) \leq 65)$.

3. 在总体 $N(52, 6.3^2)$ 中随机抽取一容量为 36 的样本，求样本均值 $\overline{X}$ 落在 $50.8 \sim 53.8$ 之间的概率.

4. 设 X_1，X_2，$\cdots$，X_n 为取自总体 $X \sim N(\mu, 25)$ 的一个样本，$\overline{X}$ 为样本均值. 问 n 为多大时才能使 $P(|\overline{X} - \mu| < 1) \geq 0.95$ 成立？

5. 已知 $X \sim \chi^2(25)$，求满足 $P\{X > \lambda_1\} = 0.01$ 及 $P\{X \leq \lambda_2\} = 0.95$ 的 λ_1 和 λ_2.

6. 设 $F \sim F(10, 24)$，求满足 $P\{F > \lambda_1\} = 0.05$ 及 $P\{F < \lambda_2\} = 0.025$ 的 λ_1 和 λ_2.

7. 设容量为 n 的简单随机样本取自总体 $N(3.4, 36)$，且样本均值在区间 $(1.4, 5.4)$ 内的概率不小于 0.95，问样本容量 n 至少应取多大？

8. 设总体 X, Y 分别服从正态分布 $N(\mu_1, \sigma^2)$ 和 $N(\mu_2, \sigma^2)$，X_1，X_2，$\cdots$，X_{n_1} 和 Y_1，Y_2，$\cdots$，Y_{n_2} 分别是取自总体 X 和 Y 的简单随机样本，求 $E\left[\dfrac{\sum\limits_{i=1}^{n_1}(X_i - \overline{X})^2 + \sum\limits_{j=1}^{n_2}(Y_j - \overline{Y})^2}{n_1 + n_2 - 2}\right]$.

9. 设总体 X 服从正态分布 $N(0, 2^2)$，而 X_1，X_2，$\cdots$，X_{15} 是取自总体 X 的简单随机样本，证明随机变量 $Y = \dfrac{X_1^2 + \cdots + X_{10}^2}{2(X_{11}^2 + \cdots + X_{15}^2)}$ 服从自由度为 $(10, 5)$ 的 F 分布.

第七章

参数估计

总体是由总体分布来刻画的，在实际问题中我们根据问题本身的专业知识、以往的经验或适当的统计方法，有时可以判断总体分布的类型，但是总体分布的参数还是未知的，需要通过样本来估计. 通过样本来估计总体的参数，称为**参数估计**，它是统计推断的一种重要形式. 本章讨论总体参数的**点估计**和**区间估计**.

§7.1 点估计

假设总体 X 的分布函数为 $F(x, \theta)$，其中 θ 为未知参数. 如何利用总体的样本 $(X_1, X_2, \cdots, X_n)$ 对 θ 进行估计？我们以具体的分布来说明. 设总体 $X \sim N(\mu, 1)$，其中 μ 为未知参数，$X_1, X_2, \cdots, X_n$ 为取自该总体的一个随机样本. 由辛钦大数定律，当 n 充分大时，其样本均值 $\overline{X} = \frac{1}{n} \sum_{i=1}^{n} X_i$ 依概率收敛于 μ，于是可用 $\overline{X} = \frac{1}{n} \sum_{i=1}^{n} X_i$ 作为 μ 的估计量. 所谓参数的点估计，就是构造一个用来估计未知参数 θ 的统计量 $\hat{\theta}(X_1, X_2, \cdots, X_n)$，我们称 $\hat{\theta}(X_1, X_2, \cdots, X_n)$ 为 θ 的估计量，简记为 $\hat{\theta}$. 而 $\hat{\theta}(X_1, X_2, \cdots, X_n)$ 的样本值 $\hat{\theta}(x_1, x_2, \cdots, x_n)$ 为 θ 的估计值.

下面介绍两种常用的点估计：矩估计和极大似然估计.

7.1.1 矩估计

设总体 X 的分布中含有 k 个未知参数 $\theta_1, \theta_2, \cdots, \theta_k$（若 X 是连续型随机变量，则其概率密度为 $f(x; \theta_1, \theta_2, \cdots, \theta_k)$；若 X 是离散型随机变量，则其分布列为 $P(X=x)=p(x; \theta_1, \theta_2, \cdots, \theta_k)$，其中 $\theta_1, \theta_2, \cdots, \theta_k$ 为待估参数），如果 X 的 l 阶原点矩 $E(X^l)=\mu_l(\theta_1, \theta_2, \cdots, \theta_k)$ $(1 \leqslant l \leqslant k)$ 存在. 由辛钦大数定律，样本的 l 阶原点矩 $A_l = \frac{1}{n} \sum_{i=1}^{n} X_i^l$ 依概率收敛于总体 X 的 l 阶原点矩 $\mu_l(\theta_1, \theta_2, \cdots, \theta_k)$ $(1 \leqslant l \leqslant k)$，于是取样本的 l 阶原点矩 $A_l = \frac{1}{n} \sum_{i=1}^{n} X_i^l$ 为总体 X 的 l 阶原点矩 $\mu_l(\theta_1, \theta_2, \cdots, \theta_k)$ $(1 \leqslant l \leqslant k)$ 的估计量，即令

$$\begin{cases} \mu_1(\theta_1, \theta_2, \cdots, \theta_k) = A_1, \\ \mu_2(\theta_1, \theta_2, \cdots, \theta_k) = A_2, \\ \qquad\qquad \vdots \\ \mu_k(\theta_1, \theta_2, \cdots, \theta_k) = A_k. \end{cases} \tag{7.1.1}$$

解式 (7.1.1) 可以得到一组解 $\hat{\theta}_1, \hat{\theta}_2, \cdots, \hat{\theta}_k$，我们把它们分别作为 $\theta_1, \theta_2, \cdots, \theta_k$ 的估计量. 称 $\hat{\theta}_k$ 为 θ_k 的**矩估计量**.

例 7.1.1 设总体 X 的均值为 μ，方差为 σ^2，$X_1, X_2, \cdots, X_n$ 为取自该总体的一个随机样本，求 μ 和 σ^2 的矩估计量.

解 因

$$\mu_1 = E(X) = \mu, \ \mu_2 = E(X^2) = D(X) + [E(X)]^2 = \sigma^2 + \mu^2.$$

于是，令

$$\begin{cases} \mu = \overline{X}, \\ \sigma^2 + \mu^2 = \dfrac{1}{n}\sum_{i=1}^{n} X_i^2. \end{cases}$$

解这个方程组，得到 μ 和 σ^2 的矩估计量

$$\begin{cases} \hat{\mu} = \overline{X}, \\ \hat{\sigma}^2 = \dfrac{1}{n}\sum_{i=1}^{n} X_i^2 - \overline{X}^2 = \dfrac{1}{n}\sum_{i=1}^{n}(X_i - \overline{X})^2. \end{cases} \tag{7.1.2}$$

例 7.1.2 设总体 $X \sim [a, b]$，$X_1, X_2, \cdots, X_n$ 为取自总体 X 的一个样本，求 a 和 b 的矩估计量.

解 因总体 X 的均值 $E(X) = \dfrac{a+b}{2}$，方差 $D(X) = \dfrac{(b-a)^2}{12}$. 由式 (7.1.2) 得

$$\begin{cases} \dfrac{a+b}{2} = \overline{X}, \\ \dfrac{(b-a)^2}{12} = \dfrac{1}{n}\sum_{i=1}^{n}(X_i - \overline{X})^2. \end{cases}$$

由此方程组解得 a 和 b 的矩估计量分别为

$$\hat{a} = \overline{X} - \sqrt{3\hat{\sigma}^2} = \overline{X} - \sqrt{3}\,\hat{\sigma}, \ \hat{b} = \overline{X} + \sqrt{3\hat{\sigma}^2} = \overline{X} + \sqrt{3}\,\hat{\sigma}.$$

这里 $\hat{\sigma} = (\hat{\sigma}^2)^{1/2} = \left(\dfrac{1}{n}\sum_{i=1}^{n}(X_i - \overline{X})^2\right)^{1/2}$.

例 7.1.3 设总体 X 的概率分布列为

X	0	1	2	3
p_k	θ^2	$2\theta(1-\theta)$	θ^2	$1-2\theta$

其中 $\theta(0<\theta<1/2)$ 是未知参数，利用总体的样本值：3，1，3，0，3，1，2，3. 求 θ 的矩估计值.

解 总体 X 的数学期望

$$E(X) = 0 \times \theta^2 + 1 \times 2\theta(1-\theta) + 2 \times \theta^2 + 3 \times (1-2\theta) = -4\theta + 3.$$

令 $E(X) = -4\theta + 3 = \bar{X}$，得 $\hat{\theta} = \dfrac{1}{4}(3 - \bar{X})$，又 $\bar{x} = \dfrac{1}{8} \times (3+1+3+0+3+1+2+3) = 2$. 因此，$\theta$ 的矩估计值为 $\hat{\theta} = \dfrac{1}{4} \times (3-2) = \dfrac{1}{4}$.

7.1.2 极大似然估计

设总体 X 为连续型随机变量，其概率密度为 $f(x; \theta)$，其中 θ 为待估参数，其变化范围为 Θ. $X_1, X_2, \cdots, X_n$ 为取自该总体的一个样本. 因 $X_1, X_2, \cdots, X_n$ 相互独立且服从总体的分布，则 $X_1, X_2, \cdots, X_n$ 的联合概率密度为

$$L(x_1, x_2, \cdots, x_n; \theta) = \prod_{i=1}^{n} f(x_i; \theta).$$

当 $X_1, X_2, \cdots, X_n$ 取得一组样本观察值 $x_1, x_2, \cdots, x_n$ 时，$L(\theta) = L(x_1, x_2, \cdots, x_n; \theta)$ 是 θ 的函数，称其为样本的**似然函数**.

类似地，当总体 X 为离散型随机变量时，其分布列 $P(X=x) = p(x; \theta)$，其中 θ 为待估参数，其变化范围为 Θ. $X_1, X_2, \cdots, X_n$ 为取自该总体的一个样本，则 $X_1, X_2, \cdots, X_n$ 的联合分布列为

$$L(x_1, x_2, \cdots, x_n; \theta) = \prod_{i=1}^{n} p(x_i; \theta).$$

当 $X_1, X_2, \cdots, X_n$ 取得一组样本观察值 $x_1, x_2, \cdots, x_n$ 时，$L(\theta) = L(x_1, x_2, \cdots, x_n; \theta)$ 是 θ 的函数，称其为样本的**似然函数**.

极大似然法就是对已知的样本观察值 $x_1, x_2, \cdots, x_n$，在 θ 的取值范围 Θ 内找出使似然函数 $L(x_1, x_2, \cdots, x_n; \theta)$ 达到最大的参数值 $\hat{\theta}$ 来作为 θ 的估计值. 即取 $\hat{\theta}$，使

$$L(x_1, x_2, \cdots, x_n; \hat{\theta}) = \max_{\theta \in \Theta} L(x_1, x_2, \cdots, x_n; \theta). \tag{7.1.3}$$

这样得到的 $\hat{\theta}$ 与样本观察值 $x_1, x_2, \cdots, x_n$ 有关，记为 $\hat{\theta}(x_1, x_2, \cdots, x_n)$，称为参数 θ 的**极大似然估计值**，而相应的统计量 $\hat{\theta}(X_1, X_2, \cdots, X_n)$ 称为参数 θ 的**极大似然估计量**.

因 $L(\theta)$ 和 $\ln L(\theta)$ 在同一 θ 处取得极值，当 $p(x; \theta)$ 和 $f(x; \theta)$ 关于 θ 可微分时，θ 的极大似然估计 $\hat{\theta}$ 也可由方程

$$\frac{\mathrm{d}}{\mathrm{d}\theta}(\ln L(\theta)) = 0 \tag{7.1.4}$$

解得. 称此方程为**对数似然方程**.

如果总体的分布中含多个未知参数 $\theta_1, \theta_2, \cdots, \theta_k$，对已知的样本观察值 $x_1, x_2, \cdots, x_n$，似然函数 $L(\theta_1, \theta_2, \cdots, \theta_k) = L(x_1, x_2, \cdots, x_n; \theta_1, \theta_2, \cdots, \theta_k)$ 是 $\theta_1, \theta_2, \cdots, \theta_k$ 的函数. 分别令

$$\frac{\partial L}{\partial \theta_i} = 0, \ i = 1, 2, \cdots, k. \tag{7.1.5}$$

或

$$\frac{\partial}{\partial \theta_i}(\ln L) = 0, \ i = 1, 2, \cdots, k. \tag{7.1.6}$$

解上述由 k 个方程组成的方程组,即可得到参数 $\theta_i(i=1, 2, \cdots, k)$ 的**极大似然估计值** $\hat{\theta}_i(i=1, 2, \cdots, k)$.

例 7.1.4 设总体 X 服从参数 λ 的泊松分布,其分布列为

$$P(X=k) = \frac{\lambda^k}{k!} e^{-\lambda}, \ k = 0, 1, 2, \cdots.$$

$X_1, X_2, \cdots, X_n$ 为取自于该总体 X 的一个样本,求参数 λ 的极大似然估计量.

解 设 $x_1, x_2, \cdots, x_n$ 为样本 $X_1, X_2, \cdots, X_n$ 的观察值,似然函数为

$$L(\lambda) = \prod_{i=1}^{n} \frac{\lambda^{x_i}}{x_i!} e^{-\lambda} = e^{-n\lambda} \frac{\lambda^{\sum\limits_{i=1}^{n} x_i}}{\prod\limits_{i=1}^{n}(x_i!)},$$

$$\ln L(\lambda) = -n\lambda + \left(\sum_{i=1}^{n} x_i\right) \ln\lambda - \sum_{i=1}^{n} \ln(x_i!).$$

令

$$\frac{\mathrm{d}}{\mathrm{d}\lambda}(\ln L(\lambda)) = -n + \frac{1}{\lambda} \sum_{i=1}^{n} x_i = 0,$$

解得

$$\hat{\lambda} = \frac{1}{n} \sum_{i=1}^{n} x_i = \bar{x}.$$

又对任意 λ,有

$$\frac{\mathrm{d}^2}{\mathrm{d}\lambda^2}(\ln L(\lambda)) = -\frac{1}{\lambda^2} \sum_{i=1}^{n} x_i < 0.$$

因此,λ 的极大似然估计值为 $\hat{\lambda} = \dfrac{1}{n} \sum\limits_{i=1}^{n} x_i = \bar{x}$,极大似然估计量为 $\hat{\lambda} = \dfrac{1}{n} \sum\limits_{i=1}^{n} X_i = \bar{X}$.

例 7.1.5 设总体 X 的概率分布列为

X	0	1	2	3
p_k	θ^2	$2\theta(1-\theta)$	θ^2	$1-2\theta$

其中 $\theta(0 < \theta < 1/2)$ 是未知参数,利用总体的样本值:3,1,3,0,3,1,2,3. 求 θ 的极大似然估计值.

解 因总体 X 的样本值为:3,1,3,0,3,1,2,3. 似然函数

$$L(\theta) = [P(X=3)]^4 [P(X=1)]^2 P(X=0) P(X=2)$$
$$= 4\theta^6 (1-2\theta)^4 (1-\theta)^2,$$
$$\ln L(\theta) = \ln 4 + 6\ln\theta + 4\ln(1-2\theta) + 2\ln(1-\theta).$$

令

$$\frac{\mathrm{d}}{\mathrm{d}\theta}(L(\theta)) = \frac{6}{\theta} - \frac{8}{1-2\theta} - \frac{2}{1-\theta} = 0.$$

解得 $\hat{\theta} = \dfrac{7 \pm \sqrt{13}}{12}$. 因 $0 < \theta < \dfrac{1}{2}$，所以 $\hat{\theta} = \dfrac{7 - \sqrt{13}}{12}$，即 θ 的极大似然估计值为

$\hat{\theta} = \dfrac{7 - \sqrt{13}}{12}$.

例 7.1.6　设总体 $X \sim N(\mu, \sigma^2)$，X_1，X_2，$\cdots$，X_n 为取自该总体的一个样本，求参数 μ，σ^2 的极大似然估计量.

解　设 x_1，x_2，$\cdots$，x_n 为样本 X_1，X_2，$\cdots$，X_n 的观察值，似然函数为

$$L(\mu, \sigma^2) = \prod_{i=1}^{n} \frac{1}{\sqrt{2\pi}\sigma} \mathrm{e}^{-\frac{(x_i-\mu)^2}{2\sigma^2}} = (2\pi\sigma^2)^{-\frac{n}{2}} \mathrm{e}^{-\frac{1}{2\sigma^2}\sum_{i=1}^{n}(x_i-\mu)^2},$$

$$\ln L(\mu, \sigma^2) = -\frac{n}{2}\ln(2\pi) - \frac{n}{2}\ln(\sigma^2) - \frac{1}{2\sigma^2}\sum_{i=1}^{n}(x_i-\mu)^2.$$

令

$$\begin{cases} \dfrac{\partial \ln L(\mu, \sigma^2)}{\partial \mu} = \dfrac{1}{\sigma^2}\sum_{i=1}^{n}(x_i-\mu) = 0, \\[3mm] \dfrac{\partial \ln L(\mu, \sigma^2)}{\partial \sigma^2} = -\dfrac{n}{2\sigma^2} + \dfrac{1}{2\sigma^4}\sum_{i=1}^{n}(x_i-\mu)^2 = 0, \end{cases}$$

解得

$$\hat{\mu} = \bar{x} = \frac{1}{n}\sum_{i=1}^{n} x_i, \quad \hat{\sigma}^2 = \frac{1}{n}\sum_{i=1}^{n}(x_i-\bar{x})^2.$$

于是，μ 和 σ^2 的极大似然估计量为

$$\hat{\mu} = \bar{X}, \quad \hat{\sigma}^2 = \frac{1}{n}\sum_{i=1}^{n}(X_i-\bar{X})^2.$$

例 7.1.7　设总体 X 服从 $[a, b]$ 上的均匀分布，求 a，b 的极大似然估计量.

解　设 x_1，x_2，$\cdots$，x_n 为样本 X_1，X_2，$\cdots$，X_n 的观察值，X 的概率密度为

$$f(x) = \begin{cases} \dfrac{1}{b-a}, & a \leqslant x \leqslant b, \\[3mm] 0, & \text{其他}. \end{cases}$$

似然函数

$$L(a,b) = \begin{cases} \dfrac{1}{(b-a)^n}, & a \leqslant x_1, x_2, \cdots, x_n \leqslant b, \\ 0, & \text{其他.} \end{cases}$$

很显然，$L(a,b)$ 作为 a 和 b 的二元函数是不连续的. 这时我们不能用似然方程组来求极大似然估计量，而必须从极大似然估计的定义出发，求 $L(a,b)$ 的最大值. 为使 $L(a,b)$ 达到最大，$b-a$ 应该尽量地小，但 b 不能小于 $\max\{x_1, x_2, \cdots, x_n\}$，否则，$L(a,b)=0$. 类似地，$a$ 不能大于 $\min\{x_1, x_2, \cdots, x_n\}$. 因此，$a$ 和 b 的极大似然估计量为

$$\hat{a} = \min\{X_1, X_2, \cdots, X_n\},$$

$$\hat{b} = \max\{X_1, X_2, \cdots, X_n\}.$$

§7.2 估计量的评选标准

从前一节的讨论中我们看到，对同一个未知参数采用不同的估计方法求出的估计量可能不同，如例 7.1.2 和例 7.1.7. 这时就存在采用哪一个估计的问题. 这就涉及衡量一个估计量的优劣的标准问题. 下面介绍三个最基本的评选标准：无偏性、有效性和一致性.

7.2.1 无偏性

假设总体分布的参数为 θ，设 $\hat{\theta}(X_1, X_2, \cdots, X_n)$ 是 θ 的一个估计量，它是一个统计量. 对于不同的样本 $X_1, X_2, \cdots, X_n$，估计量 $\hat{\theta}$ 取不同值. 如果 $\hat{\theta}(X_1, X_2, \cdots, X_n)$ 的数学期望 $E(\hat{\theta})$ 存在，且对任意 $\theta \in \Theta$，有

$$E(\hat{\theta}) = \theta, \tag{7.2.1}$$

则称 $\hat{\theta}$ 为 θ 的**无偏估计量**.

无偏性的意义是：用一个估计量 $\hat{\theta}(X_1, X_2, \cdots, X_n)$ 去估计未知参数 θ，有时候可能偏高，有时候可能偏低，但是平均来说它等于未知参数 θ.

例 7.2.1 设 $X_1, X_2, \cdots, X_n$ 为取自均值为 μ 的总体的一个样本，考虑 μ 的估计量

$$\hat{\mu}_1 = X_1,$$

$$\hat{\mu}_2 = \frac{X_1 + X_2}{2},$$

$$\hat{\mu}_3 = \frac{X_1 + X_2 + X_{n-1} + X_n}{4} \quad (\text{假设 } n \geqslant 4).$$

因为 $E(X_i) = \mu$，容易验证，$E(\hat{\mu}_i) = \mu$，$i = 1, 2, 3$. 所以 $\hat{\mu}_1$，$\hat{\mu}_2$ 和 $\hat{\mu}_3$ 都是 μ 的无偏估计量. 但是

$$\hat{\mu}_4 = 2X_1,$$

$$\hat{\mu}_5 = \frac{X_1 + X_2}{3}$$

都不是 μ 的无偏估计量.

设总体 X 的均值为 μ，方差为 σ^2，X_1，X_2，$\cdots$，X_n 为取自该总体的样本. 由式(6.3.3)和式（6.3.4），有

$$E(\overline{X}) = \mu, \quad E(S^2) = \sigma^2,$$

即样本均值与样本方差分别为总体均值和总体方差的无偏估计量.

在前一节中，我们曾经用矩估计和极大似然估计求得正态总体中参数 σ^2 的估计量，两者是相同的，都为

$$\hat{\sigma}^2 = \frac{1}{n} \sum_{i=1}^{n} (X_i - \overline{X})^2.$$

很明显，它不是 σ^2 的无偏估计量. 这就是为什么我们把 $\hat{\sigma}^2$ 的分母 n 修正为 $n-1$ 获得样本方差 S^2 的原因.

若 $\hat{\theta}$ 为 θ 的一个估计量，$g(\theta)$ 为 θ 的一个实值函数，通常我们总是用 $g(\hat{\theta})$ 去估计 $g(\theta)$. 但是，需要注意的是，即便 $E(\hat{\theta}) = \theta$，也不一定有 $E[g(\hat{\theta})] = g(\theta)$. 也就是说，由 $\hat{\theta}$ 是 θ 的无偏估计，不能断言 $g(\hat{\theta})$ 是 $g(\theta)$ 的无偏估计. 例如：样本方差 S^2 是总体方差 σ^2 的无偏估计量，但样本标准差 S 不是总体标准差 σ 的无偏估计量.

事实上，由于 $\sigma^2 = E(S^2) = D(S) + [E(S)]^2$，并注意到方差总是非负的，即 $D(S) \geqslant 0$. 故有 $\sigma^2 \geqslant [E(S)]^2$，于是

$$E(S) \leqslant \sigma.$$

7.2.2 有效性

在例 7.2.1 中，$\hat{\mu}_1$，$\hat{\mu}_2$ 和 $\hat{\mu}_3$ 都是总体均值 μ 的无偏估计量. 那么，又如何来比较这些无偏估计量的优劣呢？也就是说，如果 $\hat{\theta}_1$，$\hat{\theta}_2$ 都是参数 θ 的无偏估计量，我们如何比较 $\hat{\theta}_1$，$\hat{\theta}_2$ 的优劣？一个自然的标准就是看 $\hat{\theta}_1$，$\hat{\theta}_2$ 的取值在参数 θ 附近的分散程度，即比较 $\hat{\theta}_1$，$\hat{\theta}_2$ 的方差，以方差较小的为好. 这就是下面要介绍的有效性.

设 $\hat{\theta}_1$，$\hat{\theta}_2$ 都是参数 θ 的无偏估计量，如果

$$D(\hat{\theta}_1) \leqslant D(\hat{\theta}_2), \tag{7.2.2}$$

则称 $\hat{\theta}_1$ 较 $\hat{\theta}_2$ **有效**.

例如，在例 7.2.1 中，设总体方差为 σ^2，有 $D(\hat{\mu}_1) = \sigma^2$，$D(\hat{\mu}_2) = \dfrac{\sigma^2}{2}$，$D(\hat{\mu}_3) = \dfrac{\sigma^2}{4}$. 因 $D(\hat{\mu}_3) < D(\hat{\mu}_2) < D(\hat{\mu}_1)$，所以 $\hat{\mu}_3$ 作为 μ 的估计量比 $\hat{\mu}_1$，$\hat{\mu}_2$ 有效.

例 7.2.2 设 X_1，X_2，$\cdots$，X_n 为取自均值为 μ、方差为 σ^2 的总体的一个样本，考虑 μ 的估计量 $\hat{\mu} = \sum_{i=1}^{n} a_i X_i$ 的无偏性和有效性，其中 $a_i (i=1, 2, \cdots, n)$ 都为常数.

解 因 X_1，X_2，$\cdots$，X_n 相互独立且服从总体的分布，则 $E(X_i) = \mu$，$D(X_i) = \sigma^2$. 于是

$$E(\hat{\mu}) = E\left(\sum_{i=1}^{n} a_i X_i\right) = \sum_{i=1}^{n} a_i E(X_i) = \mu\left(\sum_{i=1}^{n} a_i\right).$$

因此，当 $\sum_{i=1}^{n} a_i = 1$ 时，$\hat{\mu} = \sum_{i=1}^{n} a_i X_i$ 是参数 μ 的无偏估计量.

$$D(\hat{\mu}) = D\left(\sum_{i=1}^{n} a_i X_i\right) = \sum_{i=1}^{n} a_i^2 D(X_i) = \sigma^2\left(\sum_{i=1}^{n} a_i^2\right),$$

利用条件极值的求法，对于任何满足 $\sum_{i=1}^{n} a_i = 1$ 的一组数 $a_1, a_2, \cdots, a_n$，当 $a_1 = a_2 = \cdots = a_n = \dfrac{1}{n}$ 时，$\sum_{i=1}^{n} a_i^2$ 达到最小. 因此，在满足 $\sum_{i=1}^{n} a_i = 1$ 的所有无偏估计量 $\hat{\mu} = \sum_{i=1}^{n} a_i X_i$ 中，$\hat{\mu} = \dfrac{1}{n}\sum_{i=1}^{n} X_i = \overline{X}$ 作为总体均值 μ 的估计量最有效.

7.2.3 一致性

前面介绍的无偏性、有效性都是在样本容量 n 确定的情况下讨论的. 我们自然希望当样本容量 n 无限增大时估计量能在某种意义下充分接近于被估计的参数. 这就是下面要介绍的一致性.

设 $\hat{\theta}(X_1, X_2, \cdots, X_n)$（记为 $\hat{\theta}_n$）是参数 θ 的估计量，如果对任意 $\varepsilon > 0$，有

$$\lim_{n\to\infty} P(|\hat{\theta}_n - \theta| < \varepsilon) = 1, \tag{7.2.3}$$

即 $\hat{\theta}_n$ 依概率收敛于 θ，则称 $\hat{\theta}_n$ 为 θ 的**一致估计量**或**相合估计量**.

例7.2.3 当总体 X 的数学期望 $E(X) = \mu$ 存在时，由辛钦大数定律，有

$$\overline{X} = \frac{1}{n}\sum_{i=1}^{n} X_i \xrightarrow{P} \mu.$$

因此，$\overline{X} = \dfrac{1}{n}\sum_{i=1}^{n} X_i$ 是总体数学期望 μ 的一致估计量.

类似地，当总体 X 的 k 阶原点矩 $E(X^k) = \mu_k$ 存在时，样本的 k 阶原点矩 $A_k = \dfrac{1}{n}\sum_{i=1}^{n} X_i^k$ 是总体的 k 阶原点矩 $E(X^k) = \mu_k$ 的一致估计量.

§7.3 参数的区间估计

§7.1 中我们讨论了未知参数的点估计问题，它是用估计量 $\hat{\theta} = \hat{\theta}(X_1, X_2, \cdots, X_n)$ 的值作为未知参数 θ 的估计. 然而不管 $\hat{\theta}$ 是一个多么优良的估计量，用 $\hat{\theta}$ 去估计 θ 也只是具有一定程度的精确，至于如何反映精确度，参数的点估计并没有回答. 在日常生活中，例如，估计某人的身高在 170 厘米～180 厘米之间；明天北京的最高气温在 30℃～32℃之间等. 同时希望知道落在该范围内的可信度，这类估计称为区间估计.

在统计中，将这种可信度称为"**置信水平**"或"**置信度**"，这种区间称为"**置信区间**".

定义 7.3.1 设 θ 为总体分布的未知参数，$X_1, X_2, \cdots, X_n$ 是取自总体 X 的一个样本，对给定的实数 $\alpha(0<\alpha<1)$，若存在统计量

$$\hat{\theta}_1 = \hat{\theta}_1(X_1, X_2, \cdots, X_n),\quad \hat{\theta}_2 = \hat{\theta}_2(X_1, X_2, \cdots, X_n),$$

使得

$$P(\hat{\theta}_1 < \theta < \hat{\theta}_2) \geqslant 1-\alpha.$$

则称随机区间 $(\hat{\theta}_1, \hat{\theta}_2)$ 为 θ 的 $1-\alpha$ 的**置信区间**，称 $1-\alpha$ 为**置信度**（或**置信水平**），称 $\hat{\theta}_1, \hat{\theta}_2$ 分别为 θ 的**置信下限**和**置信上限**。

注 （1）置信度 $1-\alpha$ 的含义：在随机抽样中，若重复抽样多次，得到样本 $X_1, X_2, \cdots, X_n$ 的多个样本值 $(x_1, x_2, \cdots, x_n)$，对应每个样本值都确定了一个置信区间 $(\hat{\theta}_1, \hat{\theta}_2)$，每个这样的区间要么包含 θ 的真值，要么不包含 θ 的真值。根据伯努利大数定律，当抽样次数充分大时，这些区间中包含 θ 的真值的频率接近于置信度（即概率）$1-\alpha$，即在这些区间中包含 θ 的真值的约占 $100(1-\alpha)\%$，不包含 θ 的真值的约占 $100\alpha\%$。例如，若令 $1-\alpha=0.95$，重复抽样 1 000 次，则得到的 1 000 个区间中不包含 θ 的真值的约仅为 50 个。

（2）置信区间 $(\hat{\theta}_1, \hat{\theta}_2)$ 也是对未知参数 θ 的一种估计，区间的长度意味着误差，故区间估计与点估计是互补的两种参数估计。

（3）置信度与估计精度是一对矛盾。置信度 $1-\alpha$ 越大，置信区间 $(\hat{\theta}_1, \hat{\theta}_2)$ 包含 θ 的真值的概率就越大，但区间 $(\hat{\theta}_1, \hat{\theta}_2)$ 的长度就越大，对未知参数 θ 的估计精度就越差。反之，对参数 θ 的估计精度越高，置信区间 $(\hat{\theta}_1, \hat{\theta}_2)$ 的长度就越小，$(\hat{\theta}_1, \hat{\theta}_2)$ 包含 θ 的真值的概率就越低，置信度 $1-\alpha$ 越小。一般准则是：在保证置信度的条件下尽可能提高估计精度。

例 7.3.1 设 $X_1, X_2, \cdots, X_n$ 为取自正态总体 $N(\mu, \sigma^2)$ 的一个样本，σ^2 已知。求均值 μ 的置信度为 $1-\alpha$ 的置信区间。

解 由第六章定理 6.3.1，有 $\overline{X} \sim N\left(\mu, \dfrac{\sigma^2}{n}\right)$，于是

$$\frac{\overline{X}-\mu}{\sigma/\sqrt{n}} \sim N(0, 1).$$

由

$$P\left(\left|\frac{\overline{X}-\mu}{\sigma/\sqrt{n}}\right| < u_{\alpha/2}\right) = 1-\alpha,$$

即

$$P\left(\overline{X}-\frac{\sigma}{\sqrt{n}}u_{\alpha/2} < \mu < \overline{X}+\frac{\sigma}{\sqrt{n}}u_{\alpha/2}\right) = 1-\alpha.$$

这样，我们就得到了 μ 的置信度为 $1-\alpha$ 的置信区间

$$\left(\overline{X}-\frac{\sigma}{\sqrt{n}}u_{\alpha/2}, \overline{X}+\frac{\sigma}{\sqrt{n}}u_{\alpha/2}\right). \tag{7.3.1}$$

这个区间估计的长度为 $2\sigma u_{\alpha/2}/\sqrt{n}$，它刻画了此区间估计的精度. 从这个例子可以看出：

(1) 置信度越大，α 就越小，因而 $u_{\alpha/2}$ 就越大，这时区间估计的长度越长，精确度就越小.

(2) 样本容量 n 越大，区间估计的长度越短，因而精度也就越高. 这是情理之中的事，样本容量增加，就意味着从样本中获得的关于 μ 的信息增加了，自然应该构造出较短的区间估计.

例 7.3.2 设总体 $X \sim N(\mu, 8)$，μ 为未知参数，$X_1, X_2, \cdots, X_{36}$ 是取自总体 X 的一个样本，如果以区间 $(\overline{X}-1, \overline{X}+1)$ 作为 μ 的置信区间，那么置信度是多少？

解 因 $X \sim N(\mu, \sigma^2)$，所以 $\overline{X} \sim N\left(\mu, \dfrac{\sigma^2}{n}\right)$，即 $\overline{X} \sim N\left(\mu, \dfrac{2}{9}\right)$.

从而 $\dfrac{\overline{X}-\mu}{\sqrt{2}/3} \sim N(0, 1)$，依题意

$$P(\overline{X}-1 < \mu < \overline{X}+1) = 1-\alpha.$$

即

$$P(\mu-1 < \overline{X} < \mu+1) = P\left[-\frac{3}{\sqrt{2}} < \frac{\overline{X}-\mu}{\frac{\sqrt{2}}{3}} < \frac{3}{\sqrt{2}}\right] = \Phi\left(\frac{3}{\sqrt{2}}\right) - \Phi\left(\frac{-3}{\sqrt{2}}\right)$$

$$= 2\Phi\left(\frac{3}{\sqrt{2}}\right) - 1 = 2\Phi(2.121) - 1 = 0.966 = 1-\alpha,$$

所求的置信度为 96.6%.

综上所述，我们可以把寻求未知参数 θ 的置信区间的步骤归纳如下：

(1) 寻找一个与 θ 有关且不含其他未知参数的统计量 U，使得 U 的分布已知，且其分布不依赖于 θ 及其他未知参数.

(2) 对于给定的置信度 $1-\alpha$，确定点 λ_1，λ_2，使得

$$P\{\lambda_1 < U < \lambda_2\} = 1-\alpha.$$

若能由 $\lambda_1 < U < \lambda_2$ 等价变为

$$\hat{\theta}_1(X_1, X_2, \cdots, X_n) < \theta < \hat{\theta}_2(X_1, X_2, \cdots, X_n),$$

则区间 $(\hat{\theta}_1, \hat{\theta}_2)$ 即为参数 θ 的置信度为 $1-\alpha$ 的置信区间.

§7.4 正态总体均值与方差的区间估计

7.4.1 单个正态总体 $N(\mu, \sigma^2)$ 均值 μ 的区间估计

设总体 $X \sim N(\mu, \sigma^2)$，其中 σ^2 已知，而 μ 为未知参数，$X_1, X_2, \cdots, X_n$ 是取自总体 X 的一个样本. 对给定的置信度 $1-\alpha$，由上节例 7.3.1，已经得到 μ 的置信区间

$$\left(\overline{X}-u_{\alpha/2}\frac{\sigma}{\sqrt{n}},\ \overline{X}+u_{\alpha/2}\frac{\sigma}{\sqrt{n}}\right). \tag{7.4.1}$$

设总体 $X\sim N(\mu,\sigma^2)$，其中 μ，σ^2 未知，X_1，X_2，$\cdots$，X_n 是取自总体 X 的一个样本. 此时可用 σ^2 的无偏估计量 S^2 代替 σ^2，构造统计量

$$T=\frac{\overline{X}-\mu}{S/\sqrt{n}}.$$

由第六章推论 6.3.1，有

$$T=\frac{\overline{X}-\mu}{S/\sqrt{n}}\sim t(n-1).$$

对给定的置信度 $1-\alpha$，由

$$P\left(-t_{\alpha/2}(n-1)<\frac{\overline{X}-\mu}{S/\sqrt{n}}<t_{\alpha/2}(n-1)\right)=1-\alpha,$$

即

$$P\left(\overline{X}-t_{\alpha/2}(n-1)\cdot\frac{S}{\sqrt{n}}<\mu<\overline{X}+t_{\alpha/2}(n-1)\cdot\frac{S}{\sqrt{n}}\right)=1-\alpha,$$

得均值 μ 的 $1-\alpha$ 的置信区间为

$$\left(\overline{X}-t_{\alpha/2}(n-1)\cdot\frac{S}{\sqrt{n}},\ \overline{X}+t_{\alpha/2}(n-1)\cdot\frac{S}{\sqrt{n}}\right). \tag{7.4.2}$$

例 7.4.1 从一批灯泡中随机地抽取 5 只作寿命试验，其寿命如下（单位：h）：

1 050，1 100，1 120，1 250，1 280.

已知这批灯泡的寿命 $X\sim N(\mu,\sigma^2)$，σ^2 未知. 求平均寿命 μ 的置信度为 95% 的置信区间.

解 这里 $1-\alpha=0.95$，$\frac{\alpha}{2}=0.025$，$n-1=4$，$t_{0.025}(4)=2.78$. 由所给数据计算得到 $\overline{x}=1\,160$，$s=99.75$. 由式 (7.4.2) 得均值 μ 的置信度为 95% 的置信区间为

$$\left(1\,160-\frac{99.75}{\sqrt{5}}\times2.78,\ 1\,160+\frac{99.75}{\sqrt{5}}\times2.78\right),$$

即 (1 035.98，1 284.02).

也就是说估计这批灯泡的寿命在 1 035.98h～1 284.02h 之间的置信度为 95%.

7.4.2 单个正态总体 $N(\mu,\sigma^2)$ 方差 σ^2 的区间估计

上面给出了总体均值 μ 的区间估计，当实际问题中要考虑精度或稳定性时，需要对正态总体的方差 σ^2 进行区间估计.

设总体 $X\sim N(\mu,\sigma^2)$，其中 μ，σ^2 未知，X_1，X_2，$\cdots$，X_n 是取自总体 X 的一个样本. 求方差 σ^2 的置信度为 $1-\alpha$ 的置信区间. σ^2 的无偏估计为 S^2，由第六章定理 6.3.2，有

$$\frac{n-1}{\sigma^2}S^2 \sim \chi^2(n-1),$$

对给定的置信度 $1-\alpha$，由

$$P\left(\chi^2_{1-\alpha/2}(n-1) < \frac{n-1}{\sigma^2}S^2 < \chi^2_{\alpha/2}(n-1)\right) = 1-\alpha,$$

即

$$P\left(\frac{(n-1)S^2}{\chi^2_{\alpha/2}(n-1)} < \sigma^2 < \frac{(n-1)S^2}{\chi^2_{1-\alpha/2}(n-1)}\right) = 1-\alpha.$$

得到方差 σ^2 的置信度为 $1-\alpha$ 的置信区间为

$$\left(\frac{(n-1)S^2}{\chi^2_{\alpha/2}(n-1)}, \frac{(n-1)S^2}{\chi^2_{1-\alpha/2}(n-1)}\right). \tag{7.4.3}$$

标准差 σ 的 $1-\alpha$ 的置信区间为

$$\left(\sqrt{\frac{(n-1)S^2}{\chi^2_{\alpha/2}(n-1)}}, \sqrt{\frac{(n-1)S^2}{\chi^2_{1-\alpha/2}(n-1)}}\right). \tag{7.4.4}$$

例 7.4.2 为考察某大学成年男性的胆固醇水平，现抽取了样本容量为 25 的一个样本，并测得样本均值 $\bar{x}=186$，样本标准差 $s=12$. 假定所讨论的胆固醇水平 $X \sim N(\mu, \sigma^2)$，μ 与 σ^2 均未知. 试分别求出 μ 以及 σ 的 90% 的置信区间.

解 因 σ^2 未知，由式 (7.4.2)，μ 的置信度为 $1-\alpha$ 的置信区间为

$$\left(\bar{X} - t_{\alpha/2}(n-1) \cdot \frac{S}{\sqrt{n}}, \bar{X} + t_{\alpha/2}(n-1) \cdot \frac{S}{\sqrt{n}}\right).$$

按题设数据 $\alpha=0.1$，$\bar{x}=186$，$s=12$，$n=25$，查表得 $t_{0.05}(24)=1.7109$，于是 $t_{\alpha/2}(n-1) \cdot s/\sqrt{n} = 1.7109 \times 12/\sqrt{25} = 4.106$，即 (181.89, 190.11).

σ 的置信度为 $1-\alpha$ 的置信区间为

$$\left(\sqrt{\frac{(n-1)S^2}{\chi^2_{\alpha/2}(n-1)}}, \sqrt{\frac{(n-1)S^2}{\chi^2_{1-\alpha/2}(n-1)}}\right).$$

查表得 $\chi^2_{0.1/2}(25-1)=36.42$，$\chi^2_{1-0.1/2}(25-1)=13.85$，于是，置信下限和置信上限分别为

$$\sqrt{24 \times 12^2/36.42} = 9.74, \quad \sqrt{24 \times 12^2/13.85} = 15.80,$$

所求的 σ 的 90% 的置信区间为 (9.74, 15.80).

7.4.3 双正态总体均值差的置信区间

在实际问题中，往往要知道两个正态总体均值之间或方差之间是否有差异，从而要研究两个正态总体的均值差或者方差比的置信区间. 例如，当我们要比较甲、乙两厂生产的某种药物的治疗效果时，可以把两厂的药效分别看成服从正态分布的两个总体，那么，两厂药效的差异也就是两个正态总体均值的差异. 从而，评价两厂生产的药物的效果，就归

结为研究对应的两个正态总体的均值之差.

设 $X \sim N(\mu_1, \sigma_1^2)$ 与 $Y \sim N(\mu_2, \sigma_2^2)$ 是两个相互独立的正态总体，$X_1, X_2, \cdots, X_{n_1}$ 是取自总体 X 的样本，$\overline{X}$ 与 S_1^2 分别为该样本的样本均值与样本方差. $Y_1, Y_2, \cdots, Y_{n_2}$ 是取自总体 Y 的样本，$\overline{Y}$ 与 S_2^2 分别为此样本的样本均值与样本方差.

1. σ_1^2, σ_2^2 已知

因 $\overline{X}$ 与 $\overline{Y}$ 分别是 μ_1 与 μ_2 的无偏估计，由第六章定理 6.3.4，有

$$\frac{(\overline{X}-\overline{Y})-(\mu_1-\mu_2)}{\sqrt{\sigma_1^2/n_1+\sigma_2^2/n_2}} \sim N(0, 1),$$

对给定的置信度 $1-\alpha$，由

$$P\left(\left|\frac{(\overline{X}-\overline{Y})-(\mu_1-\mu_2)}{\sqrt{\sigma_1^2/n_1+\sigma_2^2/n_2}}\right| < u_{\alpha/2}\right) = 1-\alpha,$$

可得 $\mu_1-\mu_2$ 的置信度为 $1-\alpha$ 的置信区间为

$$\left(\overline{X}-\overline{Y}-u_{\alpha/2}\sqrt{\frac{\sigma_1^2}{n_1}+\frac{\sigma_2^2}{n_2}}, \ \overline{X}-\overline{Y}+u_{\alpha/2}\sqrt{\frac{\sigma_1^2}{n_1}+\frac{\sigma_2^2}{n_2}}\right). \tag{7.4.5}$$

可简记为

$$\left((\overline{X}-\overline{Y}) \pm u_{\alpha/2}\sqrt{\frac{\sigma_1^2}{n_1}+\frac{\sigma_2^2}{n_2}}\right).$$

2. $\sigma_1^2=\sigma_2^2=\sigma^2$ 未知

由第六章定理 6.3.4，有

$$T=\frac{(\overline{X}-\overline{Y})-(\mu_1-\mu_2)}{S_\omega\sqrt{1/n_1+1/n_2}} \sim t(n_1+n_2-2).$$

其中 $S_\omega^2=\dfrac{(n_1-1)S_1^2+(n_2-1)S_2^2}{n_1+n_2-2}$.

对给定的置信水平 $1-\alpha$，由

$$P(|T| < t_{\alpha/2}(n_1+n_2-2))=1-\alpha,$$

可得 $\mu_1-\mu_2$ 的 $1-\alpha$ 的置信区间为

$$\left((\overline{X}-\overline{Y}) \pm t_{\alpha/2}(n_1+n_2-2) \cdot S_\omega\sqrt{\frac{1}{n_1}+\frac{1}{n_2}}\right). \tag{7.4.6}$$

例 7.4.3 欲比较甲、乙两种棉花品种的优劣. 现假设用它们纺出的棉纱强度分别服从 $N(\mu_1, 2.18^2)$ 和 $N(\mu_2, 1.76^2)$，试验者从这两种棉纱中分别抽取容量为 $n_1=200$，$n_2=100$ 的样本，得到样本均值 $\overline{x}=5.32$，$\overline{y}=5.76$. 求 $\mu_1-\mu_2$ 的置信度为 0.95 的置信区间.

解 因 $\sigma_1^2=2.18^2$，$\sigma_2^2=1.76^2$，$n_1=200$，$n_2=100$，$u_{\alpha/2}=u_{0.025}=1.96$，由式 (7.4.5) 得所求的置信区间为 $(-0.899, 0.019)$.

例 7.4.4 为比较 I，II 两种型号步枪子弹的枪口速度，随机地取 I 型子弹 10 发，得

到枪口速度的平均值为 $\bar{x}=500(\text{m/s})$，标准差 $s_1=1.10(\text{m/s})$，随机地取 II 型子弹 20 发，得到枪口速度的平均值为 $\bar{y}=496(\text{m/s})$，标准差 $s_2=1.20(\text{m/s})$.

假设两总体都可认为近似地服从正态分布，且由生产过程可认为方差相等. 求两总体均值差 $\mu_1-\mu_2$ 的置信度为 0.95 的置信区间.

解 由实际情况，可认为分别来自两个总体的样本是相互独立的，且两个总体的方差相等，但未知，由于

$$1-\alpha=0.95,\ \alpha/2=0.025,\ n_1=10,\ n_2=20,\ n_1+n_2-2=28,\ t_{0.025}(28)=2.084\,4,$$

$$s_\omega^2=\frac{(10-1)\times1.1^2+(20-1)\times1.2^2}{28}=1.366,\ s_\omega=\sqrt{s_\omega^2}=1.168\,8.$$

将以上数据代入式（7.4.6），得两个总体均值差 $\mu_1-\mu_2$ 的置信度为 0.95 的置信区间为

$$\left((\bar{x}-\bar{y})\pm s_\omega\times t_{0.025}(28)\sqrt{\frac{1}{10}+\frac{1}{20}}\right)=(4\pm0.93),$$

即 $(3.07,\ 4.93)$.

注 本题中得到的置信区间的下限大于零，在实际中我们就认为 μ_1 比 μ_2 大，即 I 型子弹的枪口速度大于 II 型子弹的枪口速度.

7.4.4 双正态总体方差比的置信区间

设 S_1^2 是总体 $N(\mu_1,\sigma_1^2)$ 的容量为 n_1 的样本方差，S_2^2 是总体 $N(\mu_2,\sigma_2^2)$ 的容量为 n_2 的样本方差，且两总体相互独立，其中 $\mu_1,\sigma_1^2,\mu_2,\sigma_2^2$ 未知. S_1^2 与 S_2^2 分别是 σ_1^2 与 σ_2^2 的无偏估计，由第六章定理 6.3.4，有

$$F=\left(\frac{\sigma_2}{\sigma_1}\right)^2\frac{S_1^2}{S_2^2}\sim F(n_1-1,\ n_2-1),$$

对给定的置信度 $1-\alpha$，由

$$P(F_{1-\alpha/2}(n_1-1,\ n_2-1)<F<F_{\alpha/2}(n_1-1,\ n_2-1))=1-\alpha,$$

即

$$P\left(\frac{1}{F_{\alpha/2}(n_1-1,\ n_2-1)}\cdot\frac{S_1^2}{S_2^2}<\frac{\sigma_1^2}{\sigma_2^2}<\frac{1}{F_{1-\alpha/2}(n_1-1,\ n_2-1)}\cdot\frac{S_1^2}{S_2^2}\right)=1-\alpha,$$

可得方差比 σ_1^2/σ_2^2 的置信水平 $1-\alpha$ 的置信区间为

$$\left(\frac{1}{F_{\alpha/2}(n_1-1,\ n_2-1)}\cdot\frac{S_1^2}{S_2^2},\ \frac{1}{F_{1-\alpha/2}(n_1-1,\ n_2-1)}\cdot\frac{S_1^2}{S_2^2}\right). \tag{7.4.7}$$

例 7.4.5 某钢铁公司的管理人员为比较新旧两个电炉的温度状况，抽取了新电炉的 31 个温度数据及旧电炉的 25 个温度数据，并计算得样本方差分别为 $s_1^2=75$ 及 $s_2^2=100$. 设新电炉的温度 $X\sim N(\mu_1,\sigma_1^2)$，旧电炉的温度 $Y\sim N(\mu_2,\sigma_2^2)$. 试求 σ_1^2/σ_2^2 的 95% 的置信区间.

解 σ_1^2/σ_2^2 的 $1-\alpha$ 的置信区间的两个端点分别是

$$\frac{1}{F_{\alpha/2}(n_1-1,\,n_2-1)}\cdot\frac{s_1^2}{s_2^2}\text{与}\frac{1}{F_{1-\alpha/2}(n_1-1,\,n_2-1)}\cdot\frac{s_1^2}{s_2^2}=F_{\alpha/2}(n_2-1,\,n_1-1)\cdot\frac{s_1^2}{s_2^2},$$

$\alpha=0.05$，$n_1=31$，$n_2=25$.

查表得 $F_{0.05/2}(30,\,24)=2.21$，$F_{0.05/2}(24,\,30)=2.14$.

于是置信下限为 $\dfrac{1}{2.21}\times\dfrac{75}{100}=0.34$，置信上限为 $2.14\times\dfrac{75}{100}=1.61$. 于是，所求的置信区间为 $(0.34,\,1.61)$.

§7.5　非正态总体的区间估计

上一节中我们讨论了正态总体参数的区间估计. 但是在实际应用中，我们有时不能判断总体是否服从正态分布或者有足够理由认为它不服从正态分布. 这时，根据中心极限定理，当样本容量 n 相当大时，其样本均值 $\overline{X}$ 近似地服从正态分布. 因此，仍然可以用正态分布总体的区间估计方法来处理.

设总体均值为 μ，方差为 σ^2（σ^2 已知），$X_1,X_2,\cdots,X_n$ 为取自该总体的样本. 因 $X_1,X_2,\cdots,X_n$ 相互独立且服从总体的分布，由中心极限定理，对充分大的 n，$\dfrac{\sum\limits_{i=1}^{n}X_i-n\mu}{\sqrt{n}\sigma}$ 近似地服从 $N(0,1)$. 因而，近似地有

$$P\left(\left|\frac{\overline{X}-\mu}{\sigma/\sqrt{n}}\right|\leqslant u_{\alpha/2}\right)=1-\alpha.$$

于是，我们得到 μ 的置信度为 $1-\alpha$ 的置信区间

$$\left(\overline{X}-\frac{\sigma}{\sqrt{n}}u_{\alpha/2},\ \overline{X}+\frac{\sigma}{\sqrt{n}}u_{\alpha/2}\right). \tag{7.5.1}$$

形式上，这个置信区间和式（7.4.1）完全一样，所不同的是这里的置信度是近似的. 若 σ^2 未知，用 σ^2 的无偏估计量 S^2 来代替，得

$$\left(\overline{X}-\frac{S}{\sqrt{n}}u_{\alpha/2},\ \overline{X}+\frac{S}{\sqrt{n}}u_{\alpha/2}\right). \tag{7.5.2}$$

只要 n 很大，式（7.5.1）所提供的置信区间在应用上还是令人满意的. 那么 n 究竟应该是多大呢？很明显，对相同的 n，式（7.5.1）所给出的置信区间的近似程度随总体分布与正态分布的接近程度而变化. 因此，从理论上很难给出 n 的一个界限，但许多应用实践表明，当 $n\geqslant30$ 时，近似程度还是可以接受的.

例 7.5.1 某公司欲估计自己生产的电池寿命，现从其产品中随机抽取 50 只电池做寿命试验. 这些电池的寿命平均值 $\bar{x}=2.266$（单位：100 小时），标准差 $s=1.935$. 求该公司生产的电池平均寿命的置信度为 0.95 的置信区间.

解 查标准正态分布表，得 $u_{\alpha/2}=u_{0.025}=1.96$，由式 (7.5.2) 得

$$\left(2.266\pm1.96\times\frac{1.935}{\sqrt{50}}\right),$$

即 $(1.730, 2.802)$.

于是，该公司电池的平均寿命的置信度约为 0.95 的置信区间为 $(1.730, 2.802)$.

假设每次试验中事件 A 发生的概率为 p，以 Y_n 表示 n 次独立重复试验中事件 A 发生的次数，则 $Y_n\sim B(n, p)$. 由中心极限定理，当 n 充分大时，近似地有

$$\frac{Y_n-np}{\sqrt{np(1-p)}}\sim N(0, 1).$$

由式 (7.5.2)，可得参数 p 的置信度约为 $1-\alpha$ 的置信区间

$$\left(\hat{p}-u_{\alpha/2}\cdot\sqrt{\hat{p}(1-\hat{p})/n},\ \hat{p}+u_{\alpha/2}\cdot\sqrt{\hat{p}(1-\hat{p})/n}\right), \tag{7.5.3}$$

这里 $\hat{p}=\dfrac{Y_n}{n}=\dfrac{n_A}{n}$.

例 7.5.2 商品检验部门随机抽查了某公司的产品 100 件，发现其中合格产品 84 件，试求该产品合格率的置信度为 0.95 的置信区间.

解 $n=100, n_A=84, \hat{p}=n_A/n=0.84, u_{\alpha/2}=u_{0.025}=1.96$，将其代入式 (7.5.3)，得

$$\left(0.84\pm1.96\sqrt{\frac{0.84(1-0.84)}{100}}\right),$$

即 $(0.77, 0.91)$.

该产品合格率的置信度约为 0.95 的置信区间为 $(0.77, 0.91)$.

习题七

1. 设总体 X 的概率密度为

$$f(x; \theta)=\begin{cases}(\theta+1)x^{\theta}, & 0<x<1,\\ 0, & \text{其他}.\end{cases}$$

其中 $\theta(\theta>-1)$ 为待估参数，设 $X_1, X_2, \cdots, X_n$ 是取自 X 的样本，求 θ 的矩估计量.

2. 设总体 $X\sim U(0, b)$，$b>0$ 未知，$X_1, X_2, \cdots, X_9$ 是取自 X 的样本. 求 b 的矩估计量. 今测得一个样本值 0.5, 0.6, 0.1, 1.3, 0.9, 1.6, 0.7, 0.9, 1.0，求 b 的矩估计值.

3. 求第 1 题中 θ 的最大似然估计量.

4. (1) 设 X 服从参数为 $p(0<p<1)$ 的几何分布，其分布列为

$$P(X=k)=(1-p)^{k-1}p, k=1, 2, \cdots,$$

其中参数 p 未知，求 p 的最大似然估计量.

(2) 一篮球运动员，投篮的命中率为 $p(0<p<1)$，以 X 表示他投篮直至投中为止所需的次数. 他共投篮 5 次，得到 X 的观察值为 5，1，7，4，9. 求 p 的最大似然估计值.

5. 设总体 X 具有分布列

X	1	2	3
p_k	θ^2	$2\theta(1-\theta)$	$(1-\theta)^2$

其中参数 $\theta(0<\theta<1)$ 未知. 已知取得样本值 $x_1=1$，$x_2=2$，$x_3=1$，试求 θ 的最大似然估计值.

6. 设总体 $X \sim N(\alpha+\beta, \sigma^2)$，$Y \sim N(\alpha-\beta, \sigma^2)$，其中 α，β 未知，已知 X_1，X_2，$\cdots$，X_n 和 Y_1，Y_2，$\cdots$，Y_n 分别是取自总体 X 和 Y 的样本. 设两样本相互独立，试求 α，β 的最大似然估计量.

7. 已知 X_1，X_2，X_3，X_4 是取自均值为 θ 的指数分布总体的样本，其中 θ 未知. 设有估计量

$$T_1 = \frac{1}{6}(X_1+X_2) + \frac{1}{3}(X_3+X_4),$$

$$T_2 = (X_1+2X_2+3X_3+4X_4)/5,$$

$$T_3 = (X_1+X_2+X_3+X_4)/4.$$

(1) 指出 T_1，T_2，T_3 中哪几个是 θ 的无偏估计量？

(2) 在上述 θ 的无偏估计量中哪一个较为有效？

8. 设总体 X 的 k 阶原点矩 $\mu_k=E(X^k)(k\geq 1)$ 存在，X_1，X_2，$\cdots$，X_n 是取自 X 的一个样本，试证明不论总体服从什么分布，样本 k 阶原点矩 $A_k=\dfrac{1}{n}\sum\limits_{i=1}^{n}X_i^k$ 是总体的 k 阶原点矩 μ_k 的无偏估计量.

9. 设总体 $X \sim N(2, \sigma^2)$，σ^2 未知，X_1，X_2，$\cdots$，X_n 是取自 X 的样本，证明：

(1) $\hat{\sigma}_1^2 = \dfrac{1}{n-1}\sum\limits_{i=1}^{n}(X_i-\overline{X})^2$ 和 $\hat{\sigma}_2^2 = \dfrac{1}{n}\sum\limits_{i=1}^{n}(X_i-2)^2$ 均为 σ^2 的无偏估计；

(2) $\hat{\sigma}_2^2$ 较 $\hat{\sigma}_1^2$ 有效.

10. 设 X_1，X_2，$\cdots$，X_n 是取自总体 X 的样本，且 $D(X^k)$ 存在，$\theta_k = E(X^k)$ $(k=1, 2, \cdots, n)$，证明 $\hat{\theta}_k = \dfrac{1}{n}\sum\limits_{i=1}^{n}X_i^k$ 为 θ_k 的一致估计量.

11. 从某大学全体教师中随机抽取 16 名教师，了解到他们的平均月收入为 2 000 元，标准差为 400 元. 假定该大学教师的月收入服从正态分布，试以 95% 的置信度估计该大学教师的平均月收入.

12. 一农场种植生产果冻的葡萄，以下数据是从 30 车葡萄中采样测得的糖含量（以某种单位计）

16.0，15.2，12.0，16.9，14.4，16.3，15.6，12.9，15.3，15.1，

15.8，15.5，12.5，14.5，14.9，15.1，16.0，12.5，14.3，15.4，

15.4，13.0，12.6，14.9，15.1，15.3，12.4，17.2，14.7，14.8.

假设该农场种植的葡萄的糖含量服从正态总体 $N(\mu, \sigma^2)$，μ，σ^2 均未知.

(1) 求 μ，σ^2 的无偏估计值；

(2) 求 μ 的置信度为 90% 的置信区间.

13. 一油漆商希望知道某种新的内墙油漆的干燥时间. 在面积相同的 12 块内墙上做试验，记录干燥时间（以分钟计），得样本均值 $\bar{x}=66.3$ 分钟，样本标准差 $s=9.4$ 分钟. 设样本来自正态总体 $N(\mu, \sigma^2)$，μ，σ^2 均未知. 求干燥时间的数学期望的置信度为 0.95 的置信区间.

14. 在一项关于软塑料管的实用研究中，工程师们想估计软管所承受的平均压力. 他们随机抽取了 9 个压力读数，样本均值和标准差分别为 3.62kg 和 0.45kg. 假定压力读数近似服从正态分布，试求总体平均压力的置信度为 0.99 的置信区间.

15. 一个银行负责人想知道储户存入两家银行的钱数，他从两家银行各抽取了一个由 25 个储户组成的随机样本. 样本均值如下：第一家 4 500 元；第二家 3 250 元. 根据以往资料数据可知两个总体服从方差分别为 2 500 和 3 600 的正态分布. 试求总体均值之差的置信度为 0.95 的置信区间.

16. 设两位化验员 A、B 独立地对某种聚合物的含氯量用相同的方法各作了 10 次测定，其测定值的方差 s^2 依次为 0.541 9 和 0.606 5，设 σ_A^2 和 σ_B^2 分别是 A、B 两化验员测量数据总体的方差，且总体服从正态分布，求方差比 σ_A^2/σ_B^2 的置信度为 90% 的置信区间.

17. 某调查公司进行一项调查，其目的是为了了解某市电信营业厅大客户对该电信服务的满意情况. 调查人员随机访问了 30 名去该电信营业厅办理业务的大客户，发现受访的大客户中有 9 名认为营业厅现在的服务质量较两年前好. 试在 95% 的置信度下对大客户中认为营业厅现在的服务质量较两年前好的比例进行区间估计.

第八章

假设检验

统计推断的另一类重要问题是假设检验. 在总体分布未知或虽知其类型但含有未知参数的时候, 为推断总体的某些未知特性, 提出某些关于总体的假设. 我们要根据样本所提供的信息以及运用适当的统计量, 对提出的假设作出接受或拒绝的决策, 假设检验是作出这一决策的过程.

假设检验包括参数的假设检验和非参数的假设检验. 参数的假设检验是针对总体分布中的未知参数提出的假设进行检验, 非参数的假设检验是针对总体分布函数形式或类型的假设进行检验. 本章主要讨论参数的假设检验问题.

§8.1 假设检验的基本概念

我们通过一个例子来引入假设检验中的一些基本概念.

例 8.1.1 某工厂生产 10Ω 的电阻. 根据以往生产的电阻实际情况, 可以认为其电阻阻值服从正态分布, 标准差 $\sigma=0.1$. 现在随机抽取 10 个电阻, 测得它们的电阻阻值分别为

$$9.9, 10.1, 10.2, 9.7, 9.9, 9.9, 10, 10.5, 10.1, 10.2.$$

问, 通过这些样本我们能否认为该厂生产的电阻的平均值为 10Ω?

记 X 为该厂生产的电阻的测量值. 根据假设, $X \sim N(\mu, \sigma^2)$, 这里 $\sigma=0.1$. 我们想通过样本推断总体均值 μ 是否等于 10Ω, 在统计学上可以做如下表述.

我们假设

$$H_0: \mu = \mu_0 = 10,$$

现在要通过样本去检验这个假设是否成立. 这个假设的对立面是 $H_1: \mu \neq \mu_0$. 把它们合在一起, 就是

$$H_0: \mu = \mu_0 = 10, \quad H_1: \mu \neq \mu_0. \tag{8.1.1}$$

在统计学中, 我们把 "$H_0: \mu = \mu_0$" 称为 "**原假设**" 或 "**零假设**", 而把 "$H_1: \mu \neq \mu_0$" 称为 "**对立假设**" 或 "**备择假设**".

我们知道,样本均值 $\overline{X}$ 是总体 μ 的一个无偏估计量. 因此,如果 $\mu=\mu_0=10$,也就是说原假设 H_0 成立,那么 $|\overline{X}-\mu_0|$ 应该比较小. 反过来,若原假设 H_0 不成立,则它就应该比较大. 因此,$|\overline{X}-\mu_0|$ 的大小可以用来检验原假设 H_0 是否成立.

由第六章定理 6.3.1,当 H_0 为真时,

$$U=\frac{\overline{X}-\mu_0}{\sigma/\sqrt{n}}\sim N(0,1). \tag{8.1.2}$$

从而衡量 $|\overline{X}-\mu_0|$ 的大小可归结为衡量 $\dfrac{|\overline{X}-\mu_0|}{\sigma/\sqrt{n}}$ 的大小,这样可适当选取一个正数 k,使得当观察值 $\overline{x}$ 满足 $\dfrac{|\overline{x}-\mu_0|}{\sigma/\sqrt{n}}\geqslant k$ 时就拒绝假设 H_0,反之,若 $\dfrac{|\overline{x}-\mu_0|}{\sigma/\sqrt{n}}<k$ 就接受假设 H_0.

8.1.1 假设检验的基本思想

假设检验的基本思想实质上是带有某种概率性质的反证法. 为了检验一个假设 H_0 是否正确,首先假定该假设 H_0 正确,然后根据样本对假设 H_0 作出接受或拒绝的决策. 如果样本观察值导致了不合理的现象发生,就应拒绝假设 H_0,否则应接受假设 H_0.

假设检验中所谓的"不合理",并非逻辑中的绝对矛盾,而是基于人们在实践中广泛采用的原则:小概率事件在一次试验中是几乎不发生的. 但概率小到什么程度才能算作"小概率事件",显然,"小概率事件"的概率越小,否定原假设 H_0 就越有说服力. 常记记这个概率值为 $\alpha(0<\alpha<1)$,称为检验的**显著性水平**. 对不同的问题,检验的显著性水平 α 不一定相同,但一般应取为较小的值,如 0.1,0.05 或 0.01 等.

8.1.2 假设检验的两类错误

当假设 H_0 正确时,小概率事件也有可能发生,此时我们会拒绝假设 H_0,因而犯了**"弃真"**的错误,称此为**第一类错误**. 犯第一类错误的概率恰好就是"小概率事件"发生的概率 α,即

$$P\{拒绝\ H_0|H_0\ 为真\}=\alpha.$$

反之,若假设 H_0 不正确,但一次抽样检验未发生不合理结果,这时我们会接受 H_0,因而犯了**"取伪"**的错误,称此为**第二类错误**. 记 β 为犯第二类错误的概率,即

$$P\{接受\ H_0|H_0\ 不真\}=\beta.$$

理论上,自然希望犯这两类错误的概率都很小. 当样本容量 n 固定时,α,β 不能同时都小,即 α 变小时,β 就变大;而 β 变小时,α 就变大. 一般只有当样本容量 n 增大时,才有可能使两者变小. 在实际应用中,一般原则是:控制犯第一类错误的概率,即给定 α,然后通过增大样本容量 n 来减小犯第二类错误的概率 β.

对例 8.1.1,$P\{拒绝\ H_0|H_0\ 为真\}=P\left(\dfrac{|\overline{X}-\mu_0|}{\sigma/\sqrt{n}}\geqslant k\right)=\alpha$,由标准正态分布分位点(如图 8—1—1 所示)的定义,得

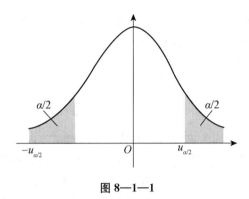

图 8—1—1

$$k = u_{\alpha/2}.$$

因此，若 U 的观察值 $|u| = \dfrac{|\bar{x} - \mu_0|}{\sigma/\sqrt{n}} \geqslant k = u_{\alpha/2}$ 时，就拒绝假设 H_0. 反之，若 $|u| = \dfrac{|\bar{x} - \mu_0|}{\sigma/\sqrt{n}} <$

$k = u_{\alpha/2}$，就接受假设 H_0.

若取 $\alpha = 0.05$，查标准正态分布表，得

$$u_{\alpha/2} = u_{0.025} = 1.96.$$ 又已知 $n = 10$，$\sigma = 0.1$，

$\bar{x} = 10.05$，即有

$$|u| = \frac{|10.05 - 10|}{0.1/\sqrt{10}} = 1.58 < 1.96.$$

因此，接受假设 H_0，即可以认为该厂生产的电阻的平均值为 10Ω.

我们称满足 $\left| \dfrac{\bar{x} - \mu_0}{\sigma/\sqrt{n}} \right| \geqslant u_{\alpha/2}$ 的区域为该检验的**拒绝域**.

关于显著性水平 α 的选取，若注重经济效益，α 可取小一些，如 $\alpha = 0.01$；若注重社会效益，α 可取大一些，如 $\alpha = 0.1$；若要兼顾经济效益和社会效益，一般可取 $\alpha = 0.05$.

8.1.3 假设检验问题的一般提法

在假设检验问题中，把要检验的假设 H_0 称为**原假设（或零假设）**，把原假设 H_0 的对立面称为**备择假设（或对立假设）**，记为 H_1.

例如，有一封装罐装可乐的生产流水线，每罐的标准容量规定为 350 毫升．质检员每天都要检验可乐的容量是否合格，已知每罐的容量服从正态分布，且生产比较稳定时，其标准差 $\sigma = 5$ 毫升．某日上班后，质检员每隔半小时从生产线上取一罐，共抽测了 6 罐，测得容量（单位：毫升）如下：

353， 345， 357， 339， 355， 360.

试问生产线工作是否正常？

本例的假设检验问题可简记为：

$$H_0: \mu = \mu_0, \quad H_1: \mu \neq \mu_0 \ (\mu_0 = 350). \tag{8.1.3}$$

形如式（8.1.3）的备择假设 H_1，表示 μ 可能大于 μ_0，也可能小于 μ_0，称为**双侧（边）备择假设**. 此假设检验称为**双侧（边）假设检验**.

在实际问题中，有时还需要检验下列形式的假设：

$$H_0 : \mu \leqslant \mu_0, \quad H_1 : \mu > \mu_0. \tag{8.1.4}$$

$$H_0 : \mu \geqslant \mu_0, \quad H_1 : \mu < \mu_0. \tag{8.1.5}$$

形如式（8.1.4）的假设检验称为**右侧（边）检验**，形如式（8.1.5）的假设检验称为**左侧（边）检验**，右侧（边）检验和左侧（边）检验统称为**单侧（边）检验**.

为检验提出的假设，通常需构造检验统计量，并取总体的一个样本，根据该样本提供的信息来判断假设是否成立. 当检验统计量取某个区域 W 中的值时，我们拒绝原假设 H_0，则称区域 W 为**拒绝域**，拒绝域的边界点称为**临界点**.

8.1.4 假设检验的一般步骤

（1）根据实际问题的要求，充分考虑和利用已知的背景知识，提出原假设 H_0 及备择假设 H_1；

（2）给定显著性水平 α 以及样本容量 n；

（3）确定检验统计量 U，并在原假设 H_0 成立的前提下导出 U 的概率分布，要求 U 的分布不依赖于任何未知参数；

（4）确定拒绝域，即依据直观分析先确定拒绝域的形式，然后根据给定的显著性水平 α 和 U 的分布，由

$$P\{\text{拒绝 } H_0 \mid H_0 \text{ 为真}\} = \alpha$$

确定拒绝域的临界值，从而确定拒绝域；

（5）作一次具体的抽样，根据所得的样本观察值和已确定的拒绝域，对假设 H_0 作出拒绝或接受的判断.

例 8.1.2 某化学日用品有限责任公司用包装机包装洗衣粉，洗衣粉包装机在正常工作时，装包量 $X \sim N(500, 2^2)$（单位：g），每天开工后，需先检验包装机工作是否正常. 某天开工后，在装好的洗衣粉中任取 9 袋，其重量如下：

$$505, \quad 499, \quad 502, \quad 506, \quad 498, \quad 498, \quad 497, \quad 510, \quad 503.$$

假设总体标准差 σ 不变，即 $\sigma = 2$，试问这天包装机工作是否正常？（$\alpha = 0.05$）

解 （1）提出假设检验：$H_0 : \mu = 500$，$H_1 : \mu \neq 500$.

（2）以 H_0 成立为前提，确定检验 H_0 的统计量及其分布，$U = \dfrac{\overline{X} - \mu_0}{\sigma / \sqrt{n}} = \dfrac{\overline{X} - 500}{2/3} \sim N(0, 1)$.

（3）对给定的显著性水平 $\alpha = 0.05$，确定 H_0 的接受域 $\overline{W}$ 或拒绝 W，取临界点为 $u_{\alpha/2} = 1.96$，使 $P(|U| > u_{\alpha/2}) = \alpha$，故 H_0 被接受与拒绝的区域分别为

$$\overline{W} = (-1.96, 1.96), \quad W = (-\infty, -1.96] \bigcup [1.96, +\infty).$$

（4）由样本计算统计量 U 的值 $u = \dfrac{502 - 500}{2/3} = 3$.

（5）对假设 H_0 作出推断，因为 $u \in W$（拒绝域），故认为该天洗衣粉包装机工作不正常.

§8.2　一个正态总体参数的假设检验

8.2.1　总体均值的假设检验

当检验关于总体均值 μ（数学期望）的假设时，该总体中的另一个参数（ 即方差 σ^2 ）是否已知，会影响到对检验统计量的选择，故下面分两种情形进行讨论.

1. 总体方差 σ^2 已知

设总体 $X \sim N(\mu, \sigma^2)$，其中总体方差 σ^2 已知，$X_1, X_2, \cdots, X_n$ 是取自总体 X 的一个样本，$\overline{X}$ 为样本均值.

（1）检验假设 $H_0: \mu = \mu_0$，$H_1: \mu \neq \mu_0$，其中 μ_0 为已知常数.

由第六章定理 6.3.1，当 H_0 为真时，

$$U = \frac{\overline{X} - \mu_0}{\sigma / \sqrt{n}} \sim N(0, 1),$$

故选取 U 作为检验统计量，记其观察值为 u. 相应的检验法称为 **u 检验法.**

因为 $\overline{X}$ 是 μ 的无偏估计量，当 H_0 成立时，$|u|$ 不应太大，当 H_1 成立时，$|u|$ 有偏大的趋势，故拒绝域形式为

$$|u| = \left| \frac{\overline{x} - \mu_0}{\sigma / \sqrt{n}} \right| \geqslant k \quad (k \text{ 待定}).$$

对于给定的显著性水平 α（如图 8—2—1 所示），查标准正态分布表，得 $k = u_{\alpha/2}$，使

$$P(|U| \geqslant u_{\alpha/2}) = \alpha.$$

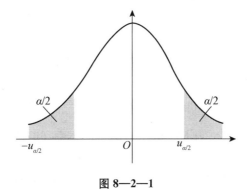

图 8—2—1

由此得拒绝域为

$$|u| = \left| \frac{\overline{x} - \mu_0}{\sigma / \sqrt{n}} \right| \geqslant u_{\alpha/2}.$$

即

$$W=(-\infty,\ -u_{\alpha/2}]\bigcup[u_{\alpha/2},\ +\infty).$$

根据一次抽样后得到的样本观察值 $x_1,x_2,\cdots,x_n$ 计算出 U 的观察值 u. 若 $|u|\geqslant u_{\alpha/2}$，则拒绝原假设 H_0，即认为总体均值与 μ_0 有显著差异；若 $|u|<u_{\alpha/2}$，则接受原假设 H_0，即认为总体均值与 μ_0 无显著差异.

（2）右侧检验：检验假设 $H_0:\mu\leqslant\mu_0$，$H_1:\mu>\mu_0$，其中 μ_0 为已知常数. 拒绝域形式为

$$u=\frac{\overline{X}-\mu_0}{\sigma/\sqrt{n}}\geqslant k\quad (k\ \text{待定}).$$

对于给定的显著性水平 α（如图 8—2—2 所示），查标准正态分布表，得 $k=u_\alpha$，使

$$P(U\geqslant u_\alpha)=\alpha.$$

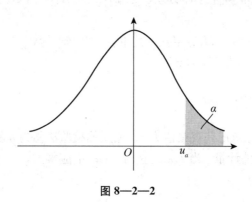

图 8—2—2

由此，可得拒绝域为

$$u=\frac{\overline{x}-\mu_0}{\sigma/\sqrt{n}}\geqslant u_\alpha.$$

根据一次抽样后得到的样本观察值 $x_1,x_2,\cdots,x_n$ 计算出 U 的观察值 u. 若 $u\geqslant u_\alpha$，则拒绝原假设 H_0；若 $u<u_\alpha$，则接受原假设 H_0.

类似地，可定义左侧检验.

（3）左侧检验：检验假设 $H_0:\mu\geqslant\mu_0$，$H_1:\mu<\mu_0$，其中 μ_0 为已知常数. 拒绝域为

$$u=\frac{\overline{x}-\mu_0}{\sigma/\sqrt{n}}\leqslant -u_\alpha.$$

例 8.2.1 有一工厂生产一种灯管，已知灯管的寿命（单位：小时）X 服从正态分布 $N(\mu,200^2)$. 根据以往的生产经验，知道灯管的平均寿命不会超过 1 500 小时. 为了提高灯管的平均寿命，工厂采用了新的工艺. 为了弄清楚新工艺是否真的能提高灯管的平均寿命，他们测试了采用新工艺生产的 25 只灯管的寿命，其平均值是 1 575 小时. 尽管样本的平均值大于 1 500 小时，但可否由此判定这恰是新工艺的效应而非偶然的原因使得抽出的这 25 只灯管的平均寿命较长？

解 把上述问题归结为假设检验问题：$H_0:\mu\leqslant 1\ 500$，$H_1:\mu>1\ 500$. 从而可利用右侧

检验法来检验,相应于 $\mu_0 = 1\,500$, $\sigma = 200$, $n = 25$.

取显著性水平 $\alpha = 0.05$,查附表 3 得 $u_a = 1.645$,因已测出 $\overline{x} = 1\,575$,从而

$$u = \frac{\overline{x} - \mu_0}{\sigma/\sqrt{n}} = \frac{1\,575 - 1\,500}{200} \cdot \sqrt{25} = 1.875.$$

由于 $u = 1.875 > 1.645$,从而否定原假设 H_0,接受备择假设 H_1,即认为新工艺事实上提高了灯管的平均寿命.

若总体 X 不服从正态分布或 X 的分布未知,由中心极限定理知,当样本容量 n 较大时,随机变量

$$U = \frac{\overline{X} - \mu}{\sigma/\sqrt{n}}$$

近似地服从标准正态分布,其中 μ, σ^2 分别为总体 X 的数学期望和方差. 于是,只要 σ^2 已知,我们也可以采用 u 检验法对总体均值进行假设检验.

2. 总体方差 σ^2 未知

设总体 $X \sim N(\mu, \sigma^2)$,其中总体方差 σ^2 未知,X_1, X_2, $\cdots$, X_n 是取自总体 X 的一个样本,$\overline{X}$ 与 S^2 分别为样本均值与样本方差.

(1) 检验假设 $H_0: \mu = \mu_0$, $H_1: \mu \neq \mu_0$,其中 μ_0 为已知常数.

由第六章推论 6.3.1,当 H_0 为真时,

$$T = \frac{\overline{X} - \mu_0}{S/\sqrt{n}} \sim t(n-1),$$

故选取 T 作为检验统计量,记其观察值为 t. 相应的检验法称为 **t 检验法.**

由于 $\overline{X}$ 是 μ 的无偏估计量,S^2 是 σ^2 的无偏估计量,当 H_0 成立时,$|t|$ 不应太大,当 H_1 成立时,$|t|$ 有偏大的趋势,故拒绝域形式为

$$|t| = \left| \frac{\overline{x} - \mu_0}{s/\sqrt{n}} \right| \geq k \quad (k \text{ 待定}).$$

对于给定的显著性水平 α(见图 8—2—3),查 t 分布的分布表,得 $k = t_{\alpha/2}(n-1)$,使

$$P(|T| \geq t_{\alpha/2}(n-1)) = \alpha.$$

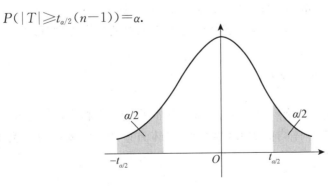

图 8—2—3

由此,得拒绝域为

$$|t|=\left|\frac{\bar{x}-\mu_0}{s/\sqrt{n}}\right|\geqslant t_{\alpha/2}(n-1).$$

即

$$W=(-\infty,\ -t_{\alpha/2}(n-1)]\bigcup[t_{\alpha/2}(n-1),\ +\infty).$$

根据一次抽样后得到的样本观察值 $x_1,x_2,\cdots,x_n$ 计算出 T 的观察值 t. 若 $|t|\geqslant t_{\alpha/2}(n-1)$,则拒绝原假设 H_0,即认为总体均值与 μ_0 有显著差异;若 $|t|<t_{\alpha/2}(n-1)$,则接受原假设 H_0,即认为总体均值与 μ_0 无显著差异.

类似地,有如下单侧检验的定义.

(2) 右侧检验:检验假设 $H_0:\mu\leqslant\mu_0$,$H_1:\mu>\mu_0$,其中 μ_0 为已知常数. 拒绝域为

$$t=\frac{\bar{x}-\mu_0}{s/\sqrt{n}}\geqslant t_\alpha(n-1).$$

(3) 左侧检验:检验假设 $H_0:\mu\geqslant\mu_0$,$H_1:\mu<\mu_0$,其中 μ_0 为已知常数. 拒绝域为

$$t=\frac{\bar{x}-\mu_0}{s/\sqrt{n}}\leqslant -t_\alpha(n-1).$$

例 8.2.2　设对某林区的马尾松木材作 17 次抗压强度的试验,测得 $\bar{x}=4.86\text{g/cm}^3$,$s=1.00\text{g/cm}^3$. 假设抗压强度服从正态分布,问该林区马尾松木材的抗压强度的均值与 5g/cm^3 是否有显著差异? 给定显著性水平 $\alpha=0.05$.

分析　将马尾松木材的抗压强度作为一个总体 X,则 $X\sim N(\mu,\sigma^2)$,总体方差 σ^2 未知. 要检验的是抗压强度总体的均值 μ 与 5g/cm^3 是否有显著差异. 这是单个正态总体方差未知时均值的双侧检验问题,故用 t 检验法.

解　假设检验 $H_0:\mu=\mu_0=5$,$H_1:\mu\neq\mu_0$.

由已知 $\bar{x}=4.86$,$s=1.00$,$n=17$,可计算得:

$$|t|=\frac{|\bar{x}-5|}{s/\sqrt{n}}=\frac{|4.86-5|}{1.00/\sqrt{17}}=0.577.$$

又对 $\alpha=0.05$,查 t 分布表可得,$t_{\alpha/2}(n-1)=t_{0.025}(16)=2.1199$.

因 $|t|<t_{\alpha/2}(16)$,故接受 H_0,即认为该林区马尾松木材的抗压强度的均值与 5g/cm^3 无显著差异.

8.2.2　总体方差的假设检验

设总体 $X\sim N(\mu,\sigma^2)$,$X_1,X_2,\cdots,X_n$ 是取自总体 X 的一个样本,$\bar{X}$ 与 S^2 分别为样本均值与样本方差. 类似于总体均值的假设检验,总体方差的假设检验也分为下面三类检验:

双侧检验:$H_0:\sigma^2=\sigma_0^2$,$H_1:\sigma^2\neq\sigma_0^2$;

右侧检验:$H_0:\sigma^2\leqslant\sigma_0^2$,$H_1:\sigma^2>\sigma_0^2$;

左侧检验：$H_0 : \sigma^2 \geqslant \sigma_0^2$，$H_1 : \sigma^2 < \sigma_0^2$.

（1）检验假设 $H_0 : \sigma^2 = \sigma_0^2$，$H_1 : \sigma^2 \neq \sigma_0^2$，其中 σ_0 为已知常数.

由第六章定理 6.3.2，当 H_0 为真时，

$$\chi^2 = \frac{(n-1)S^2}{\sigma_0^2} \sim \chi^2(n-1),$$

故选取 χ^2 作为检验统计量. 相应的检验法称为 χ^2 **检验法.**

由于 S^2 是 σ^2 的无偏估计量，当 H_0 成立时，S^2 应在 σ_0^2 附近，当 H_1 成立时，χ^2 有偏小或偏大的趋势，故拒绝域形式为

$$\chi^2 = \frac{(n-1)s^2}{\sigma_0^2} \leqslant k_1 \text{ 或 } \chi^2 = \frac{(n-1)s^2}{\sigma_0^2} \geqslant k_2 (k_1, k_2 \text{ 待定}).$$

对于给定的显著性水平 α（如图 8—2—4 所示），查 χ^2 分布的分布表，得

$$k_1 = \chi_{1-\alpha/2}^2(n-1), \quad k_2 = \chi_{\alpha/2}^2(n-1),$$

使

$$P(\chi^2 \leqslant \chi_{1-\alpha/2}^2(n-1) \text{ 或 } \chi^2 \geqslant \chi_{\alpha/2}^2(n-1)) = \alpha.$$

由此，得拒绝域为

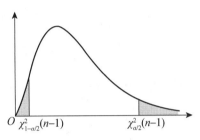

图 8—2—4

$$\chi^2 = \frac{(n-1)s^2}{\sigma_0^2} \leqslant \chi_{1-\alpha/2}^2(n-1) \text{ 或 } \chi^2 = \frac{(n-1)s^2}{\sigma_0^2} \geqslant \chi_{\alpha/2}^2(n-1),$$

即

$$W = [0, \chi_{1-\alpha/2}^2(n-1)] \bigcup [\chi_{\alpha/2}^2(n-1), +\infty).$$

根据一次抽样后得到的样本观察值 $x_1, x_2, \cdots, x_n$ 计算出 χ^2 的观察值. 若 $\chi^2 \leqslant \chi_{1-\alpha/2}^2(n-1)$ 或 $\chi^2 \geqslant \chi_{\alpha/2}^2(n-1)$，则拒绝原假设 H_0. 若 $\chi_{1-\alpha/2}^2(n-1) < \chi^2 < \chi_{\alpha/2}^2(n-1)$，则接受假设 H_0.

类似地，有如下单侧检验的定义.

（2）右侧检验：检验假设：$H_0 : \sigma^2 \leqslant \sigma_0^2$，$H_1 : \sigma^2 > \sigma_0^2$，其中 σ_0 为已知常数. 拒绝域为

$$\chi^2 = \frac{(n-1)s^2}{\sigma_0^2} \geqslant \chi_\alpha^2(n-1).$$

（3）左侧检验：检验假设：$H_0 : \sigma^2 \geqslant \sigma_0^2$，$H_1 : \sigma^2 < \sigma_0^2$，其中 σ_0 为已知常数. 拒绝域为

$$\chi^2 = \frac{(n-1)s^2}{\sigma_0^2} \leqslant \chi_{1-\alpha}^2(n-1).$$

例 8.2.3 某公司生产的发动机部件的直径 X（单位：cm）服从正态分布. 该公司称它的标准差 $\sigma = 0.048$cm，现随机抽取 5 个部件，测得它们的直径分别为 1.32，1.55，1.36，1.40，1.44. 取 $\alpha = 0.05$. 问（1）我们能否认为该公司生产的发动机部件的直径的标准差确实为 $\sigma = 0.048$cm？（2）我们能否认为 $\sigma^2 \leqslant 0.048^2$？

解 (1) 本题要求在显著性水平 $\alpha=0.05$ 下检验假设

$$H_0:\sigma^2=0.048^2,\ H_1:\sigma^2\neq0.048^2.$$

这里 $n=5$，$\chi_{\alpha/2}^2(n-1)=\chi_{0.025}^2(4)=11.14$，$\chi_{1-\alpha/2}^2(4)=\chi_{0.975}^2(4)=0.484$.

另一方面，计算得 $s^2=0.00778$. 因为

$$\chi^2=\frac{(n-1)s^2}{\sigma_0^2}=\frac{(5-1)\times0.00778}{0.048^2}=13.51>11.14=\chi_{0.025}^2(4).$$

因此，应该拒绝 H_0，即认为发动机部件的直径的标准差与 0.048cm 有显著差异.

(2) 本题要求在显著性水平 $\alpha=0.05$ 下检验假设

$$H_0:\sigma^2\leqslant0.048^2,\ H_1:\sigma^2>0.048^2.$$

查表可知 $\chi_\alpha^2(n-1)=\chi_{0.05}^2(4)=9.49$. 因为

$$\chi^2=\frac{(n-1)s^2}{\sigma_0^2}=13.51>9.49,$$

于是，我们应该拒绝原假设，即认为发动机原部件的直径的标准差超过了 0.048cm.

§8.3 两个正态总体的假设检验

设总体 $X\sim N(\mu_1,\sigma_1^2)$，$Y\sim N(\mu_2,\sigma_2^2)$，且 X 与 Y 相互独立，$X_1,X_2,\cdots,X_{n_1}$ 为取自总体 X 的一个样本，$Y_1,Y_2,\cdots,Y_{n_2}$ 为取自总体 Y 的一个样本. 记

$$\overline{X}=\frac{1}{n_1}\sum_{i=1}^{n_1}X_i,\ S_1^2=\frac{1}{n_1-1}\sum_{i=1}^{n_1}(X_i-\overline{X})^2,$$

$$\overline{Y}=\frac{1}{n_2}\sum_{i=1}^{n_2}Y_i,\ S_2^2=\frac{1}{n_2-1}\sum_{i=1}^{n_2}(Y_i-\overline{Y})^2.$$

8.3.1 均值的假设检验

1. 方差 σ_1^2,σ_2^2 已知

对 μ_1,μ_2 通常提出如下假设检验问题：

(1) $H_0:\mu_1=\mu_2$，$H_1:\mu_1\neq\mu_2$；

(2) $H_0:\mu_1\leqslant\mu_2$，$H_1:\mu_1>\mu_2$；

(3) $H_0:\mu_1\geqslant\mu_2$，$H_1:\mu_1<\mu_2$.

对 (1)，由第六章定理 6.3.4，当 H_0 为真时，

$$U=\frac{\overline{X}-\overline{Y}}{\sqrt{\sigma_1^2/n_1+\sigma_2^2/n_2}}\sim N(0,1),$$

故选取 U 作为检验统计量，记其观察值为 u. 称相应的检验法为 **u 检验法.**

由于 $\overline{X}$ 与 $\overline{Y}$ 是 μ_1 与 μ_2 的无偏估计量，当 H_0 成立时，$|u|$ 不应太大. 当 H_1 成立时，

$|u|$ 有偏大的趋势，故拒绝域形式为

$$|u|=\left|\frac{\overline{x}-\overline{y}}{\sqrt{\sigma_1^2/n_1+\sigma_2^2/n_2}}\right|\geqslant k\ (k\ \text{待定}).$$

对于给定的显著性水平 α，查标准正态分布表，得 $k=u_{\alpha/2}$，使

$$P(|U|\geqslant u_{\alpha/2})=\alpha.$$

由此，得拒绝域为

$$|u|=\left|\frac{\overline{x}-\overline{y}}{\sqrt{\sigma_1^2/n_1+\sigma_2^2/n_2}}\right|\geqslant u_{\alpha/2}.$$

根据一次抽样后得到的样本观察值 $x_1,x_2,\cdots,x_{n_1}$ 和 $y_1,y_2,\cdots,y_{n_2}$ 计算出 U 的观察值 u. 若 $|u|\geqslant u_{\alpha/2}$，则拒绝原假设 H_0，即认为总体均值 μ_1 与 μ_2 有显著差异；若 $|u|<u_{\alpha/2}$，则接受原假设 H_0，即认为总体均值 μ_1 与 μ_2 无显著差异.

类似地，有如下单侧检验的定义.

右侧检验：检验假设 $H_0:\mu_1\leqslant\mu_2$，$H_1:\mu_1>\mu_2$. 拒绝域为

$$u=\frac{\overline{x}-\overline{y}}{\sqrt{\sigma_1^2/n_1+\sigma_2^2/n_2}}\geqslant u_\alpha.$$

左侧检验：检验假设 $H_0:\mu_1\geqslant\mu_2$，$H_1:\mu_1<\mu_2$. 拒绝域为

$$u=\frac{\overline{x}-\overline{y}}{\sqrt{\sigma_1^2/n_1+\sigma_2^2/n_2}}\leqslant-u_\alpha.$$

例8.3.1 设甲、乙两种甜菜的含糖率 X,Y 分别服从分布 $N(\mu_1,7.5)$ 和 $N(\mu_2,2.6)$. 现从两种甜菜中分别抽取若干样品，测其含糖率分别为：

甲种：24.3，17.4，23.7，20.8，21.3(%)；
乙种：20.2，16.9，16.7，18.2(%).

问这两种甜菜含糖率的平均值 μ_1，μ_2 有无显著差异？$(\alpha=0.05)$

分析 将甲、乙两种甜菜的含糖率作为两个总体，其方差 $\sigma_1^2=7.5$，$\sigma_2^2=2.6$ 均已知，要检验甲、乙两种甜菜含糖率的平均值有无显著差异，即检验假设

$$H_0:\mu_1=\mu_2,\quad H_1:\mu_1\neq\mu_2.$$

解 检验假设 $H_0:\mu_1=\mu_2$，$H_1:\mu_1\neq\mu_2$.
由已知 $n_1=5$，$\sigma_1^2=7.5$，$\overline{x}=21.5$；$n_2=4$，$\sigma_2^2=2.6$，$\overline{y}=18.0$. 可计算得

$$|u|=\frac{|\overline{x}-\overline{y}|}{\sqrt{\dfrac{\sigma_1^2}{n_1}+\dfrac{\sigma_2^2}{n_2}}}=\frac{|21.5-18|}{\sqrt{\dfrac{7.5}{5}+\dfrac{2.6}{4}}}=2.39.$$

又对 $\alpha=0.05$，查表可得：$u_{\alpha/2}=u_{0.025}=1.96$. 显然 $|u|>u_{\alpha/2}$，故拒绝 H_0，即认为甲、乙两种甜菜的含糖率的均值有显著差异.

2. 方差 σ_1^2, σ_2^2 未知, 但 $\sigma_1^2 = \sigma_2^2$

对 μ_1, μ_2 通常提出如下假设检验问题:

(1) $H_0 : \mu_1 = \mu_2$, $H_1 : \mu_1 \neq \mu_2$;

(2) $H_0 : \mu_1 \leqslant \mu_2$, $H_1 : \mu_1 > \mu_2$;

(3) $H_0 : \mu_1 \geqslant \mu_2$, $H_1 : \mu_1 < \mu_2$.

对 (1), 由第六章定理 6.3.4, 当 H_0 为真时,

$$T = \frac{\bar{X} - \bar{Y}}{S_\omega \sqrt{1/n_1 + 1/n_2}} \sim t(n_1 + n_2 - 2),$$

其中 $S_\omega^2 = \dfrac{(n_1 - 1)S_1^2 + (n_2 - 1)S_2^2}{n_1 + n_2 - 2}$.

故选取 T 作为检验统计量, 记其观察值为 t. 相应的检验法称为 **t 检验法**.

由于 S_ω^2 也是 σ^2 的无偏估计量, 当 H_0 成立时, $|t|$ 不应太大. 当 H_1 成立时, $|t|$ 有偏大的趋势, 故拒绝域形式为

$$|t| = \left| \frac{\bar{x} - \bar{y}}{s_\omega \sqrt{1/n_1 + 1/n_2}} \right| \geqslant k \ (k \ 待定).$$

对于给定的显著性水平 α, 查 t 分布表, 得 $k = t_{\alpha/2}(n_1 + n_2 - 2)$, 使

$$P(|T| \geqslant t_{\alpha/2}(n_1 + n_2 - 2)) = \alpha.$$

由此, 得拒绝域为

$$|t| = \left| \frac{\bar{x} - \bar{y}}{s_\omega \sqrt{1/n_1 + 1/n_2}} \right| \geqslant t_{\alpha/2}(n_1 + n_2 - 2).$$

根据一次抽样后得到的样本观察值 $x_1, x_2, \cdots, x_{n_1}$ 和 $y_1, y_2, \cdots, y_{n_2}$ 计算出 T 的观察值 t, 若 $|t| \geqslant t_{\alpha/2}(n_1 + n_2 - 2)$, 则拒绝原假设 H_0, 否则接受原假设 H_0.

类似地, 有如下单侧检验的定义.

右侧检验: 检验假设 $H_0 : \mu_1 \leqslant \mu_2$, $H_1 : \mu_1 > \mu_2$. 拒绝域为

$$t = \frac{\bar{x} - \bar{y}}{s_\omega \sqrt{1/n_1 + 1/n_2}} \geqslant t_\alpha(n_1 + n_2 - 2).$$

左侧检验: 检验假设 $H_0 : \mu_1 \geqslant \mu_2$, $H_1 : \mu_1 < \mu_2$. 拒绝域为

$$t = \frac{\bar{x} - \bar{y}}{s_\omega \sqrt{1/n_1 + 1/n_2}} \leqslant -t_\alpha(n_1 + n_2 - 2).$$

例 8.3.2 分别用两个不同的计算机系统检索 10 个资料, 考察其检索时间 (单位: 秒), 测得平均检索时间及样本方差分别为 $\bar{x} = 3.097$, $s_1^2 = 2.67$, $\bar{y} = 2.179$, $s_2^2 = 1.21$. 假设检索时间服从正态分布 $X \sim N(\mu_1, \sigma^2)$, $Y \sim N(\mu_2, \sigma^2)$, 问这两种系统检索资料的时间有无明显差别? ($\alpha = 0.05$)

解 按题意需要检验 $H_0 : \mu_1 = \mu_2$, $H_1 : \mu_1 \neq \mu_2$.

注意到两个总体的方差未知, 但相等. 故当 H_0 为真时, 取检验统计量

$$T = \frac{\overline{X} - \overline{Y}}{S_\omega \sqrt{1/n_1 + 1/n_2}} \sim t(n_1 + n_2 - 2) ,$$

由 $\alpha = 0.05$，$n_1 = n_2 = 10$，查 t 分布表，得临界值

$$t_{\alpha/2}(n_1 + n_2 - 2) = t_{0.025}(18) = 2.101.$$

由样本值计算统计量 T 的观测值

$$|t| = \frac{|3.097 - 2.179|}{\sqrt{\dfrac{9 \times (2.67 + 1.21)}{18}}} \cdot \frac{1}{\sqrt{\dfrac{2}{10}}} = 1.474 < 2.101,$$

所以接受 H_0，即认为两系统检索资料的平均时间无明显差异.

8.3.2　方差的假设检验

对 σ_1^2，σ_2^2 可提出如下假设检验：

(1) $H_0 : \sigma_1^2 = \sigma_2^2$，$H_1 : \sigma_1^2 \neq \sigma_2^2$；

(2) $H_0 : \sigma_1^2 \leqslant \sigma_2^2$，$H_1 : \sigma_1^2 > \sigma_2^2$；

(3) $H_0 : \sigma_1^2 \geqslant \sigma_2^2$，$H_1 : \sigma_1^2 < \sigma_2^2$.

对 (1)，由第六章定理 6.3.4，当 H_0 为真时，

$$F = S_1^2 / S_2^2 \sim F(n_1 - 1, n_2 - 1) ,$$

故选取 F 作为检验统计量. 相应的检验法称为 **F 检验法**.

由于 S_1^2 与 S_2^2 是 σ_1^2 与 σ_2^2 的无偏估计量，当 H_0 成立时，F 的取值应集中在 1 的附近. 当 H_1 成立时，F 的取值有偏小或偏大的趋势，故拒绝域形式为

$$F \leqslant k_1 \text{ 或 } F \geqslant k_2 \quad (k_1, k_2 \text{ 待定}).$$

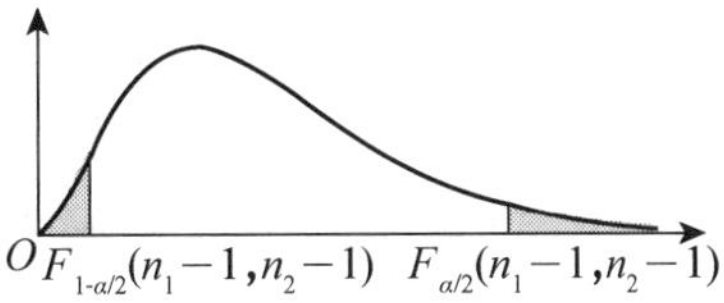

图 8—3—1

对于给定的显著性水平 α（如图 8—3—1 所示），查 F 分布表，得

$$k_1 = F_{1-\alpha/2}(n_1 - 1, n_2 - 1), \ k_2 = F_{\alpha/2}(n_1 - 1, n_2 - 1) ,$$

使

$$P(F \leqslant F_{1-\alpha/2}(n_1 - 1, n_2 - 1) \text{ 或 } F \geqslant F_{\alpha/2}(n_1 - 1, n_2 - 1)) = \alpha.$$

由此，得拒绝域为

$$F \leqslant F_{1-\alpha/2}(n_1 - 1, n_2 - 1) \text{ 或 } F \geqslant F_{\alpha/2}(n_1 - 1, n_2 - 1) . \tag{8.3.1}$$

根据一次抽样后得到的样本观察值 $x_1, x_2, \cdots, x_{n_1}$ 和 $y_1, y_2, \cdots, y_{n_2}$ 计算出 F 的观察值，若式 (8.3.1) 成立，则拒绝原假设 H_0，否则接受原假设 H_0.

类似地，对 (2)，检验假设 $H_0 : \sigma_1^2 \leqslant \sigma_2^2$，$H_1 : \sigma_1^2 > \sigma_2^2$. 拒绝域为

$$F \geqslant F_\alpha(n_1 - 1, n_2 - 1).$$

对（3），检验假设 $H_0:\sigma_1^2 \geqslant \sigma_2^2$，$H_1:\sigma_1^2 < \sigma_2^2$. 拒绝域为

$$F \leqslant F_{1-\alpha}(n_1-1,\ n_2-1).$$

例 8.3.3 化工试验中要考虑温度对产品断裂力的影响，在 70℃ 及 80℃ 的条件下分别进行 8 次试验，测得产品断裂力（kg）的数据如下：

70℃ 时：20.5，18.8，19.8，20.9，21.5，19.5，21.0，21.2；

80℃ 时：17.7，20.3，20.0，18.8，19.0，20.1，20.2，19.1.

已知产品断裂力服从正态分布，检验：

（1）两种温度下产品断裂力的方差是否有显著差异（$\alpha=0.05$）？

（2）两种温度下产品断裂力的均值是否有显著差异（$\alpha=0.05$）？

分析 将两种不同温度下产品的断裂力作为两个总体（均值与方差均未知）.（1）是要检验两总体方差是否相等，用 F 检验法；（2）是要检验两总体均值的差异，在（1）的基础上，用 t 检验法.

解（1）检验假设 $H_0:\sigma_1^2=\sigma_2^2$，$H_1:\sigma_1^2\neq\sigma_2^2$. 由已知可计算得

$$n_1=8,\ \bar{x}=20.4,\ s_1^2=0.885\ 7;\ n_2=8,\ \bar{y}=19.4,\ s_2^2=0.828\ 6.$$

从而

$$F=\frac{s_1^2}{s_2^2}=\frac{0.885\ 7}{0.828\ 6}=1.07.$$

对 $\alpha=0.05$，查 F 分布表，得

$$F_{\alpha/2}(n_1-1,\ n_2-1)=F_{0.025}(7,\ 7)=4.99,$$

$$F_{1-\alpha/2}(n_1-1,\ n_2-1)=F_{0.975}(7,\ 7)=\frac{1}{F_{0.025}(7,\ 7)}=0.20.$$

因 $F_{1-\alpha/2}(7,7)<F<F_{\alpha/2}(7,7)$，故接受 H_0，即认为两种温度下产品的断裂力的方差没有明显差异.

（2）检验假设 $H_0:\mu_1=\mu_2$，$H_1:\mu_1\neq\mu_2$. 由（1）可以认为两种温度下产品的断裂力的方差相等，因此用 t 检验法. 由于，

$$|t|=\frac{|\bar{x}-\bar{y}|}{s_w\sqrt{\frac{1}{n_1}+\frac{1}{n_2}}}=\frac{|20.4-19.4|}{\sqrt{\frac{7\times0.885\ 7+7\times0.828\ 6}{8+8-2}}\cdot\sqrt{\frac{1}{8}+\frac{1}{8}}}=2.16.$$

又对 $\alpha=0.05$，查 t 分布表，得

$$t_{\alpha/2}(n_1+n_2-2)=t_{0.025}(14)=2.14.$$

因 $|t|>t_{0.025}(14)$，故拒绝 H_0，即认为两种温度下产品断裂力的平均值有显著差异.

最后，我们将正态总体的均值和方差的假设检验用表 8—3—1～表 8—3—4 来概括.

表 8—3—1　　　　　单正态总体均值 μ 的假设检验（显著性水平为 α）

前提条件	H_0	H_1	统计量	拒绝域
$X \sim N(\mu, \sigma^2)$ （σ^2 已知）	$\mu = \mu_0$ $\mu \leqslant \mu_0$ $\mu \geqslant \mu_0$	$\mu \neq \mu_0$ $\mu > \mu_0$ $\mu < \mu_0$	$U = \dfrac{\overline{X} - \mu_0}{\sigma/\sqrt{n}}$ $\sim N(0, 1)$	$\lvert u \rvert \geqslant u_{\alpha/2}$ $u \geqslant u_\alpha$ $u \leqslant -u_\alpha$
$X \sim N(\mu, \sigma^2)$ （σ^2 未知）	$\mu = \mu_0$ $\mu \leqslant \mu_0$ $\mu \geqslant \mu_0$	$\mu \neq \mu_0$ $\mu > \mu_0$ $\mu < \mu_0$	$T = \dfrac{\overline{X} - \mu_0}{S/\sqrt{n}}$ $\sim t(n-1)$	$\lvert t \rvert \geqslant t_{\alpha/2}(n-1)$ $t \geqslant t_\alpha(n-1)$ $t \leqslant -t_\alpha(n-1)$

表 8—3—2　　　　　双正态总体均值的假设检验（显著性水平为 α）

前提条件	H_0	H_1	统计量	拒绝域
$X \sim N(\mu_1, \sigma_1^2)$ $Y \sim N(\mu_2, \sigma_2^2)$ （σ_1^2, σ_2^2 已知）	$\mu_1 = \mu_2$ $\mu_1 \leqslant \mu_2$ $\mu_1 \geqslant \mu_2$	$\mu_1 \neq \mu_2$ $\mu_1 > \mu_2$ $\mu_1 < \mu_2$	$U = \dfrac{\overline{X} - \overline{Y}}{\sqrt{\dfrac{\sigma_1^2}{n_1} + \dfrac{\sigma_2^2}{n_2}}}$ $\sim N(0, 1)$	$\lvert u \rvert \geqslant u_{\alpha/2}$ $u \geqslant u_\alpha$ $u \leqslant -u_\alpha$
$X \sim N(\mu_1, \sigma_1^2)$ $Y \sim N(\mu_2, \sigma_2^2)$ $\sigma_1^2 = \sigma_2^2 = \sigma^2$ （σ^2 未知）	$\mu_1 = \mu_2$ $\mu_1 \leqslant \mu_2$ $\mu_1 \geqslant \mu_2$	$\mu_1 \neq \mu_2$ $\mu_1 > \mu_2$ $\mu_1 < \mu_2$	$T = \dfrac{\overline{X} - \overline{Y}}{S_\omega \sqrt{\dfrac{1}{n_1} + \dfrac{1}{n_2}}}$ $\sim t(n_1 + n_2 - 2)$	$\lvert t \rvert \geqslant t_{\alpha/2}(n_1 + n_2 - 2)$ $t \geqslant t_\alpha(n_1 + n_2 - 2)$ $t \leqslant -t_\alpha(n_1 + n_2 - 2)$

表 8—3—3　　　　　单正态总体方差 σ^2 的假设检验（显著性水平为 α）

前提条件	H_0	H_1	统计量	拒绝域
$X \sim N(\mu, \sigma^2)$ （μ 未知）	$\sigma^2 \geqslant \sigma_0^2$ $\sigma^2 \leqslant \sigma_0^2$ $\sigma^2 = \sigma_0^2$	$\sigma^2 < \sigma_0^2$ $\sigma^2 > \sigma_0^2$ $\sigma^2 \neq \sigma_0^2$	$\chi^2 = \dfrac{(n-1)S^2}{\sigma_0^2}$ $\sim \chi^2(n-1)$	$\chi^2 \leqslant \chi_{1-\alpha}^2(n-1)$ $\chi^2 \geqslant \chi_\alpha^2(n-1)$ $\chi^2 \leqslant \chi_{1-\alpha/2}^2(n-1)$ 或 $\chi^2 \geqslant \chi_{\alpha/2}^2(n-1)$

表 8—3—4　　　　　双正态总体方差的假设检验（显著性水平为 α）

前提条件	H_0	H_1	统计量	拒绝域
$X \sim N(\mu_1, \sigma_1^2)$ $Y \sim N(\mu_2, \sigma_2^2)$ （μ_1, μ_2 未知）	$\sigma_1^2 \geqslant \sigma_2^2$ $\sigma_1^2 \leqslant \sigma_2^2$ $\sigma_1^2 = \sigma_2^2$	$\sigma_1^2 < \sigma_2^2$ $\sigma_1^2 > \sigma_2^2$ $\sigma_1^2 \neq \sigma_2^2$	$F = \dfrac{S_1^2}{S_2^2} \sim$ $F(n_1-1, n_2-1)$	$F \leqslant F_{1-\alpha}(n_1-1, n_2-1)$ $F \geqslant F_\alpha(n_1-1, n_2-1)$ $F \leqslant F_{1-\alpha/2}(n_1-1, n_2-1)$ 或 $F \geqslant F_{\alpha/2}(n_1-1, n_2-1)$

§8.4　参数的假设检验与区间估计的关系

　　总体参数的假设检验与区间估计之间存在密切关系. 参数 θ 的假设检验是由样本所构造的小概率事件否定参数 θ 属于某一范围，而参数的区间估计则是由样本所构造的大概率事件求得包含参数 θ 的真值的范围. 通常，由参数 θ 的假设检验可导出参数 θ 的区间估计，同样,由参数 θ 的区间估计可导出参数 θ 的假设检验.

下面以参数 μ 的双侧检验为例来说明二者之间的关系.

设总体 $X \sim N(\mu, \sigma^2)$,σ^2 未知,$(X_1, X_2, \cdots, X_n)$ 为一个来自总体的样本.

考虑显著性水平为 α 时,μ 的双侧检验:

$$H_0 : \mu = \mu_0, \quad H_1 : \mu \neq \mu_0.$$

此检验问题中所取的检验统计量为

$$T = \frac{\overline{X} - \mu_0}{S / \sqrt{n}} \sim t(n-1),$$

接受域为 $|t| = \left| \dfrac{\overline{x} - \mu_0}{s / \sqrt{n}} \right| < t_{\alpha/2}(n-1)$. 从而有

$$P(|T| < t_{\alpha/2}(n-1)) = 1 - \alpha,$$

上式等价于

$$P\left(\overline{X} - \frac{S}{\sqrt{n}} t_{\alpha/2}(n-1) < \mu_0 < \overline{X} + \frac{S}{\sqrt{n}} t_{\alpha/2}(n-1) \right) = 1 - \alpha.$$

上面的概率等式表明区间 $\left(\overline{X} - \dfrac{S}{\sqrt{n}} t_{\alpha/2}(n-1), \ \overline{X} + \dfrac{S}{\sqrt{n}} t_{\alpha/2}(n-1) \right)$ 包含总体均值 $\mu = \mu_0$ 的概率为 $1 - \alpha$,此区间正是 μ 的置信度为 $1 - \alpha$ 的置信区间.

同样考虑 μ 的置信度为 $1 - \alpha$ 的置信区间

$$\left(\overline{X} - \frac{S}{\sqrt{n}} t_{\alpha/2}(n-1), \ \overline{X} + \frac{S}{\sqrt{n}} t_{\alpha/2}(n-1) \right),$$

即有

$$P\left(\overline{X} - \frac{S}{\sqrt{n}} t_{\alpha/2}(n-1) < \mu < \overline{X} + \frac{S}{\sqrt{n}} t_{\alpha/2}(n-1) \right) = 1 - \alpha,$$

上式等价于

$$P\left(\left| \frac{\overline{X} - \mu}{S / \sqrt{n}} \right| < t_{\alpha/2}(n-1) \right) = 1 - \alpha.$$

当 $H_0 : \mu = \mu_0$ 为真时,有

$$P\left(\left| \frac{\overline{X} - \mu}{S / \sqrt{n}} \right| < t_{\alpha/2}(n-1) \right) = 1 - \alpha.$$

由此,得接受域为

$$|t| = \left| \frac{\overline{x} - \mu_0}{s / \sqrt{n}} \right| < t_{\alpha/2}(n-1),$$

即

$$\overline{W}=(-t_{a/2}(n-1),\ t_{a/2}(n-1)).$$

根据一次抽样后得到的样本观察值 x_1, x_2, $\cdots$, x_n 计算出 T 的观察值 t. 若 $|t|<t_{a/2}(n-1)$，则接受原假设 H_0，即认为总体均值与 μ_0 无显著差异；若 $|t|\geq t_{a/2}(n-1)$，则拒绝原假设 H_0，即认为总体均值与 μ_0 有显著差异.

§8.5 总体分布函数的假设检验

前面介绍的各种参数的假设检验大都是在正态总体的条件下进行的. 但在实际遇到的许多问题中，总体的分布类型往往是未知的. 在这种情况下我们需要根据样本来对总体分布的假设进行检验，这就是非参数的假设检验问题.

一般需考虑如下的假设检验问题：

$$H_0:F(x)=F_0(x),\ H_1:F(x)\neq F_0(x),$$

其中 $F_0(x)$ 为某个已知的分布函数，$F(x)$ 为总体的分布函数. 下面介绍一个常用的检验方法——χ^2 **拟合优度检验法**.

设 $(X_1,\ X_2,\ \cdots,\ X_n)$ 为取自总体 X 的一个样本，把实数轴分成 m 个不相交的区间：

$$-\infty=t_0<t_1<\cdots<t_m=+\infty$$

（一般 m 为 $7\sim14$，并且要求每个区间所含样本值的个数不少于 5 个）. 记落入区间 $[t_{i-1},\ t_i)$ 的样本个数为 n_i，$\dfrac{n_i}{n}$ 就为 X 落入 $[t_{i-1},\ t_i)$ 的频率. 用 p_i 表示 X 落入 $[t_{i-1},\ t_i)$ 的概率，当 H_0 为真时，

$$p_i=P(t_{i-1}<X\leq t_i)=F_0(t_i)-F_0(t_{i-1}),\ i=1,\ 2,\ \cdots,\ m.$$

由伯努利大数定律，若 H_0 为真，则 $\left|\dfrac{n_i}{n}-p_i\right|$ 应该比较小，即 $\left(\dfrac{n_i}{n}-p_i\right)^2$ 比较小，从而

$$\chi^2=\sum_{i=1}^m\left(\frac{n_i}{n}-p_i\right)^2\cdot\frac{n}{p_i}=\sum_{i=1}^m\frac{(n_i-np_i)^2}{np_i} \tag{8.5.1}$$

也应该比较小. 如果 χ^2 值过大，则 H_0 就值得怀疑. 称式 (8.5.1) 为皮尔逊(Pearson)统计量，该统计量由皮尔逊于 1900 年引入的，并证明了如下皮尔逊定理.

定理 8.5.1 不论 $F_0(x)$ 是什么分布，当 H_0 为真时，统计量

$$\chi^2=\sum_{i=1}^m\frac{(n_i-np_i)^2}{np_i}$$

的极限分布是自由度为 $m-1$ 的 χ^2 分布，其中 $F_0(x)$ 不含未知参数.（证明略.）

于是，当假设 $H_0:F(x)=F_0(x)$ 成立时，由式 (8.5.1) 计算出的 χ^2 不应过大，对于给定的显著性水平 α，查 χ^2 分布表，使

$$P(\chi^2\geq\chi^2_a(m-1))=\alpha.$$

得到 H_0 的拒绝域为

$$W=[\chi_\alpha^2(m-1), +\infty). \tag{8.5.2}$$

当由样本计算出的统计量 χ^2 值小于临界值 $\chi_\alpha^2(m-1)$ 时，则接受 H_0，认为 $F(x)=F_0(x)$ 成立. 否则拒绝 H_0.

该检验方法称为 **χ^2 拟合优度检验法**.

值得注意的是，皮尔逊定理中要求 $F_0(x)$ 不含未知参数，而在实际应用中，这一条往往不能满足. 例如，假设总体 $X\sim N(\mu, \sigma^2)$，μ，σ^2 未知. 通常的做法是用 μ，σ^2 的最大似然估计 $\hat{\mu}=\bar{x}$，$\hat{\sigma}^2=s^2=\dfrac{1}{n-1}\sum_{i=1}^{n}(x_i-\bar{x})^2$ 来替换 μ，σ^2，然后，再由 $N(\mu, \sigma^2)$ 计算 p_i 的估计值

$$p_i=P(t_{i-1}<X\leqslant t_i)=F_0(t_i)-F_0(t_{i-1}), \quad i=1, 2, \cdots, m.$$

在此情况下，费希尔（Fisher）把皮尔逊定理作了如下推广.

若分布函数中含有 r 个未知参数 $\theta_1, \theta_2, \cdots, \theta_r$，则可将分布函数 $F_0(x; \theta_1, \theta_2, \cdots, \theta_r)$ 中的参数 $\theta_i(i=1, 2, \cdots, r)$ 用其最大似然估计 $\hat{\theta}_i$ 代替，这样计算样本落入第 i 个小区间的概率：

$$\hat{p}_i=F_0(t_i; \hat{\theta}_1, \hat{\theta}_2, \cdots, \hat{\theta}_r)-F_0(t_{i-1}; \hat{\theta}_1, \hat{\theta}_2, \cdots, \hat{\theta}_r).$$

再用 $\hat{p}_i(i=1, 2, \cdots, m)$ 替换式（8.5.1）中的 p_i，得统计量

$$\chi^2=\sum_{i=1}^{m}\frac{(n_i-n\hat{p}_i)^2}{n\hat{p}_i}. \tag{8.5.3}$$

当原假设 H_0 成立时，统计量式（8.5.3）的极限分布是自由度为 $m-r-1$ 的 χ^2 分布. 对给定的显著性水平 α，查 χ^2 分布表，得临界值 $\chi_\alpha^2(m-r-1)$，于是假设 H_0 的拒绝域为

$$W=[\chi_\alpha^2(m-r-1), +\infty). \tag{8.5.4}$$

例 8.5.1　随机抽取某学校 120 位 10 岁左右的男生，测量其身高，其结果如下（单位：cm）.

身高	(0, 122]	(122, 126]	(126, 130]	(130, 134]	(134, 138]	(138, 142]
人数	0	4	9	10	22	33

身高	(142, 146]	(146, 150]	(150, 154]	(154, 158]	(158, ∞)
人数	20	11	6	4	1

$\bar{x}=139.9$，$s=7.5$，$n=120$，试检验该学校 10 岁左右的男生的身高是否服从正态分布（$\alpha=0.05$）.

解　本题要检验的是身高是否服从 $N(\mu, \sigma^2)$ 分布. 因 μ，σ^2 未知，用它们的极大似然估计值代替，即 $\hat{\mu}=\bar{x}=139.9$，$\hat{\sigma}^2=s^2=7.5^2$. 需检验：

$$H_0:X\sim N(139.9, 7.5^2).$$

取检验统计量

$$\chi^2 = \sum_{i=1}^{m} \frac{(n_i - n\hat{p}_i)^2}{n\hat{p}_i}.$$

当 H_0 成立时，近似地有

$$\chi^2 \sim \chi^2(4).$$

对于 $\alpha = 0.05$，查 χ^2 分布表，得临界值 $\chi^2_{0.05}(4) = 9.488$，因 $\chi^2 = 5.199 < 9.488$，从而接受 H_0，即认为该学校 10 岁左右的男生的身高服从正态分布.

由样本值计算统计量 χ^2 的值，为方便计算，列表计算（如下表所示）.

区间（cm）	n_i	$\hat{p}_i$	$n\hat{p}_i$	$(n_i - n\hat{p}_i)^2$	$\dfrac{(n_i - n\hat{p}_i)^2}{n\hat{p}_i}$
(0, 130]	13	0.093 4	11.208	3.211	0.287
(130, 134]	10	0.121 4	14.568	20.867	1.432
(134, 138]	22	0.186 5	22.380	0.144	0.006
(138, 142]	33	0.209 0	25.080	62.726	2.501
(142, 146]	20	0.180 7	21.684	2.836	0.131
(146, 150]	11	0.120 5	14.460	11.972	0.828
(150, ∞)	11	0.088 5	10.620	0.144	0.014
$\sum$	120				$\chi^2 = 5.199$

其中

$$\hat{p}_i = P(t_{i-1} < X \leqslant t_i) = P\left(\frac{t_{i-1} - 139.9}{7.5} < \frac{X - 139.9}{7.5} \leqslant \frac{t_i - 139.9}{7.5}\right)$$

$$= \Phi\left(\frac{t_i - 139.9}{7.5}\right) - \Phi\left(\frac{t_{i-1} - 139.9}{7.5}\right).$$

习题八

1. 某厂生产一种螺钉，标准长度要求是 68mm，实际生产的产品，其长度服从 $N(\mu, 3.6^2)$，考察假设检验问题 $H_0 : \mu = 68 \leftrightarrow H_1 : \mu \neq 68$. 设 $\bar{x}$ 为样本均值，按下列方式进行假设检验：当 $|\bar{x} - 68| > 1$ 时，拒绝原假设 H_0；当 $|\bar{x} - 68| \leqslant 1$ 时，接受原假设 H_0.

(1) 当样本容量 $n = 36$ 时，求犯第一类错误的概率 α；

(2) 当样本容量 $n = 64$ 时，求犯第一类错误的概率 α；

(3) 当 H_0 不成立（设 $\mu = 70$），$n = 64$ 时，按上述检验法，求犯第二类错误的概率 β.

2. 设某产品的某项指标服从正态分布，它的标准差 σ 为 150，今抽取了一个容量为 26 的样本，计算得平均值为 1 637. 问在 5% 的显著性水平下，能否认为这批产品该项指标的期望值 μ 为 1 600？

3. 某电器零件的平均电阻一直保持在 2.64Ω，改变加工工艺后，测得 100 个零件的平均电阻为 2.62Ω，如改变工艺前后电阻的标准差保持在 0.06Ω 不变，问新工艺对此零件的电阻有无显著影响（$\alpha=0.05$）？

4. 某厂生产日光灯管，以往经验表明，灯管使用时间为 1 600h，标准差为 70h，在最近生产的灯管中随机抽取了 55 件进行测试，测得正常使用时间为 1 520h. 在 0.05 的显著性水平下，判断新生产的灯管质量是否有显著变化.

5. 有一种新安眠药，据说在一定剂量下，能比某种旧安眠药平均增加睡眠时间 3 小时，根据资料用某种旧安眠药时，平均睡眠时间为 20.8 小时，标准差为 1.6 小时. 为了检验这个说法是否正确，收集到一组使用新安眠药的睡眠时间为 26.7，22.0，24.1，21.0，27.2，25.0，23.4. 试问：从这组数据能否说明新安眠药已达到新的疗效（假定睡眠时间服从正态分布，$\alpha=0.05$）？

6. 某食品厂用自动装罐机装罐头食品，每罐标准重量为 500 克，每隔一定时间需要检查机器工作情况. 现抽得 10 罐，测得其重量分别为（单位：克）：495，510，505，498，503，492，502，502，507，506. 假定重量服从正态分布，试问以显著性水平 $\alpha=0.05$ 检验机器工作是否正常？

7. 设某次考试的考生成绩服从正态分布，从中随机地抽取 36 位考生的成绩，计算得到平均成绩为 66.5 分，标准差为 15 分，问在显著性水平 0.05 下，是否可以认为这次考试全体考生平均成绩为 70 分？并给出检验过程.

8. 已知某种元件的寿命服从正态分布，要求该元件的平均寿命不低于 1 000h，现从这批元件中随机抽取 25 只，测得平均寿命 $\overline{X}=980$h，标准差 $s=65$h，试在显著性水平 $\alpha=0.05$下，确定这批元件是否合格.

9. 根据某地环境保护法规定，倾入河流的废物中某种有毒化学物质含量不得超过 3ppm. 该地区环保组织对某厂连日倾入河流的废物中该物质的含量的记录为：x_1，x_2，$\cdots$，x_{15}. 经计算得

$$\sum_{i=1}^{15} x_i = 48, \quad \sum_{i=1}^{15} x_i^2 = 156.26.$$

试判断该厂是否符合环保法的规定（该有毒化学物质含量 X 服从正态分布，$\alpha=0.05$）.

10. 某种导线，要求其电阻的标准差不得超过 0.005Ω，今在生产的一批导线中取样品 9 根，测得 $s=0.007\Omega$，设总体为正态分布，问在显著性水平 $\alpha=0.05$ 下，能否认为这批导线的标准差显著地偏大？

11. 机器包装食盐，每袋净重量 X（单位：g）服从正态分布，规定每袋净重量为 500g，标准差不能超过 10g. 某天开工后，为检验机器工作是否正常，从包装好的食盐中随机抽取 9 袋，测得其净重量分别为：

497，507，510，475，484，488，524，491，515.

以显著性水平 $\alpha=0.05$ 检验这天包装机工作是否正常.

12. 某工厂所生产的某种细纱支数的标准差为 1.2，现从某日生产的一批产品中，随机抽 16 缕进行支数测量，计算得样本标准差为 2.1，问纱的均匀度是否变劣？（$\alpha=0.05$）

13. 某卷烟厂生产甲、乙两种香烟，分别对它们的尼古丁含量（单位：毫克）作了 6 次测定，获得样本观察值为：

甲：25，28，23，26，29，22；

乙：28，23，30，25，21，27．

假定这两种烟的尼古丁含量都服从正态分布，且方差相等，试问这两种香烟的尼古丁平均含量有无显著差异（显著性水平 $\alpha=0.05$）？对于这两种香烟的尼古丁含量，它们的方差有无显著差异（显著性水平 $\alpha=0.1$）？

14．20世纪70年代后期人们发现，酿造啤酒时，在麦芽干燥过程中形成一种致癌物质亚硝基二甲胺（NDMA）．20世纪80年代初期开发了一种新的麦芽干燥过程，下面是新、老两种过程中形成的 NDMA 含量的抽样（以10亿份中的份数记）：

老过程	6	4	5	5	6	5	5	6	4	6	7	4
新过程	2	1	2	2	1	0	3	2	1	0	1	3

设新、老两种过程中形成的 NDMA 含量服从正态分布，且方差相等．分别以 μ_x，μ_y 记老、新过程的总体均值，取显著性水平 $\alpha=0.05$，检验 $H_0:\mu_x-\mu_y\leqslant2$；$H_1:\mu_x-\mu_y>2$．

15．某产品的次品率为0.17，现对此产品进行新工艺试验，从中抽取400件检验，发现有次品56件，能否认为此项新工艺提高了产品的质量（$\alpha=0.05$）？

16．从甲、乙两店购买同样重量的豆，在甲店买了10次，计算得 $\bar{y}=116.1$ 颗，$\sum_{i=1}^{10}(y_i-\bar{y})^2=1\,442$；在乙店买了13次，计算得 $\bar{x}=118$ 颗，$\sum_{i=1}^{13}(x_i-\bar{x})^2=2\,825$．如取 $\alpha=0.01$，问是否可以认为甲、乙两店的豆是同一种类型的（即同类型的豆的平均颗数应该一样）？

参考书目

[1] 缪铨生. 概率与数理统计. 上海：华东师范大学出版社，2000.

[2] 盛骤，谢式千，潘承毅. 概率论与数理统计. 北京：高等教育出版社，2009.

[3] 李博纳，赵新泉. 概率论与数理统计. 北京：高等教育出版社，2006.

[4] 盛骤，谢式千. 概率论与数理统计及其应用. 北京：高等教育出版社，2005.

[5] 王松桂，张忠占等. 概率论与数理统计. 北京：科学出版社，2013.

附表 1

二项分布表

$$P\{X \leqslant x\} = \sum_{k=0}^{x} \binom{n}{k} p^k (1-p)^{n-k}$$

n	x	0.001	0.002	0.003	0.005	0.01	0.02	0.03	0.05	0.10	0.15	0.20	0.25	0.30
														p
2	0	0.998 0	0.996 0	0.994 0	0.990 0	0.980 1	0.960 4	0.940 9	0.902 5	0.810 0	0.722 5	0.640 0	0.562 5	0.490 0
2	1	1.000 0	1.000 0	1.000 0	1.000 0	0.999 9	0.999 6	0.999 1	0.997 5	0.990 0	0.977 5	0.960 0	0.937 5	0.910 0
3	0	0.997 0	0.994 0	0.991 0	0.985 1	0.970 3	0.941 2	0.912 7	0.857 4	0.729 0	0.614 1	0.512 0	0.421 9	0.343 0
3	1	1.000 0	1.000 0	1.000 0	0.999 9	0.999 7	0.998 8	0.997 4	0.992 8	0.972 0	0.939 3	0.896 0	0.843 8	0.784 0
3	2		1.000 0	1.000 0	1.000 0	1.000 0	1.000 0	1.000 0	0.999 9	0.999 0	0.996 6	0.992 0	0.984 4	0.973 0
4	0	0.996 0	0.992 0	0.988 1	0.980 1	0.960 6	0.922 4	0.885 3	0.814 5	0.656 1	0.522 0	0.409 6	0.316 4	0.240 1
4	1	1.000 0	1.000 0	0.999 9	0.999 9	0.999 4	0.997 7	0.994 8	0.986 0	0.947 7	0.890 5	0.819 2	0.738 3	0.651 7
4	2		1.000 0	1.000 0	1.000 0	1.000 0	1.000 0	0.999 9	0.999 5	0.996 3	0.988 0	0.972 8	0.949 2	0.916 3
4	3			1.000 0	1.000 0	1.000 0	1.000 0	1.000 0	1.000 0	0.999 9	0.999 5	0.998 4	0.996 1	0.991 9
5	0	0.995 0	0.990 0	0.985 1	0.975 2	0.951 0	0.903 9	0.858 7	0.773 8	0.590 5	0.443 7	0.327 7	0.237 3	0.168 1
5	1	1.000 0	1.000 0	0.999 9	0.999 8	0.999 0	0.996 2	0.991 5	0.977 4	0.918 5	0.835 2	0.737 3	0.632 8	0.528 2
5	2		1.000 0	1.000 0	1.000 0	1.000 0	0.999 9	0.999 7	0.998 8	0.991 4	0.973 4	0.942 1	0.896 5	0.836 9
5	3				1.000 0	1.000 0	1.000 0	1.000 0	1.000 0	0.999 5	0.997 8	0.993 3	0.984 4	0.969 2
5	4					1.000 0	1.000 0	1.000 0	1.000 0	1.000 0	0.999 9	0.999 7	0.999 0	0.997 6
6	0	0.994 0	0.988 1	0.982 1	0.970 4	0.941 5	0.885 8	0.833 0	0.735 1	0.531 4	0.377 1	0.262 1	0.178 0	0.117 6
6	1	1.000 0	0.999 9	0.999 9	0.999 6	0.998 5	0.994 3	0.987 5	0.967 2	0.885 7	0.776 5	0.655 4	0.533 9	0.420 2
6	2		1.000 0	1.000 0	1.000 0	1.000 0	0.999 8	0.999 5	0.997 8	0.984 2	0.952 7	0.901 1	0.830 6	0.744 3
6	3			1.000 0	1.000 0	1.000 0	1.000 0	1.000 0	0.999 9	0.998 7	0.994 1	0.983 0	0.962 4	0.929 5
6	4					1.000 0	1.000 0	1.000 0	1.000 0	0.999 9	0.999 6	0.998 4	0.995 4	0.989 1

续前表

n	x	0.001	0.002	0.003	0.005	0.01	0.02	0.03	0.05	0.10	0.15	0.20	0.25	0.30
														p
6	5									1.000 0	1.000 0	0.999 9	0.999 8	0.999 3
7	0	0.993 0	0.986 1	0.979 2	0.965 5	0.932 1	0.868 1	0.808 0	0.698 3	0.478 3	0.320 6	0.209 7	0.133 5	0.082 4
7	1	1.000 0	0.999 9	0.999 8	0.999 5	0.998 0	0.992 1	0.982 9	0.955 6	0.850 3	0.716 6	0.576 7	0.444 9	0.329 4
7	2		1.000 0	1.000 0	1.000 0	1.000 0	0.999 7	0.999 1	0.996 2	0.974 3	0.926 2	0.852 0	0.756 4	0.647 1
7	3						1.000 0	1.000 0	0.999 8	0.997 3	0.987 9	0.966 7	0.929 4	0.874 0
7	4								1.000 0	0.999 8	0.998 8	0.995 3	0.987 1	0.971 2
7	5									1.000 0	0.999 9	0.999 6	0.998 7	0.996 2
7	6										1.000 0	1.000 0	0.999 9	0.999 8
8	0	0.992 0	0.984 1	0.976 3	0.960 7	0.922 7	0.850 8	0.783 7	0.663 4	0.430 5	0.272 5	0.167 8	0.100 1	0.057 6
8	1	1.000 0	0.999 9	0.999 8	0.999 3	0.997 3	0.989 7	0.977 7	0.942 8	0.813 1	0.657 2	0.503 3	0.367 1	0.255 3
8	2		1.000 0	1.000 0	1.000 0	0.999 9	0.999 6	0.998 7	0.994 2	0.961 9	0.894 8	0.796 9	0.678 5	0.551 8
8	3					1.000 0	1.000 0	0.999 9	0.999 6	0.995 0	0.978 6	0.943 7	0.886 2	0.805 9
8	4							1.000 0	1.000 0	0.999 6	0.997 1	0.989 6	0.972 7	0.942 0
8	5									1.000 0	0.999 8	0.998 8	0.995 8	0.988 7
8	6										1.000 0	0.999 9	0.999 6	0.998 7
8	7											1.000 0	1.000 0	0.999 9
9	0	0.991 0	0.982 1	0.973 3	0.955 9	0.913 5	0.833 7	0.760 2	0.630 2	0.387 4	0.231 6	0.134 2	0.075 1	0.040 4
9	1	1.000 0	0.999 9	0.999 7	0.999 1	0.996 6	0.986 9	0.971 8	0.928 8	0.774 8	0.599 5	0.436 2	0.300 3	0.196 0
9	2		1.000 0	1.000 0	1.000 0	0.999 9	0.999 4	0.998 0	0.991 6	0.947 0	0.859 1	0.738 2	0.600 7	0.462 8
9	3					1.000 0	1.000 0	0.999 9	0.999 4	0.991 7	0.966 1	0.914 4	0.834 3	0.729 7
9	4							1.000 0	1.000 0	0.999 1	0.994 4	0.980 4	0.951 1	0.901 2
9	5									0.999 9	0.999 4	0.996 9	0.990 0	0.974 7
9	6									1.000 0	1.000 0	0.999 7	0.998 7	0.995 7
9	7											1.000 0	0.999 9	0.999 6
9	8												1.000 0	1.000 0
10	0	0.990 0	0.980 2	0.970 4	0.951 1	0.904 4	0.817 1	0.737 4	0.598 7	0.348 7	0.196 9	0.107 4	0.056 3	0.028 2

续前表

n	x	0.001	0.002	0.003	0.005	0.01	0.02	0.03	0.05	0.10	0.15	0.20	0.25	0.30
														p
10	1	1.000 0	0.999 8	0.999 6	0.998 9	0.995 7	0.983 8	0.965 5	0.913 9	0.736 1	0.544 3	0.375 8	0.244 0	0.149 3
10	2		1.000 0	1.000 0	1.000 0	0.999 9	0.999 1	0.997 2	0.988 5	0.929 8	0.820 2	0.677 8	0.525 6	0.382 8
10	3					1.000 0	1.000 0	0.999 9	0.999 0	0.987 2	0.950 0	0.879 1	0.775 9	0.649 6
10	4							1.000 0	0.999 9	0.998 4	0.990 1	0.967 2	0.921 9	0.849 7
10	5								1.000 0	0.999 9	0.998 6	0.993 6	0.980 3	0.952 7
10	6									1.000 0	0.999 9	0.999 1	0.996 5	0.989 4
10	7										1.000 0	0.999 9	0.999 6	0.998 4
10	8											1.000 0	1.000 0	0.999 9
10	9													1.000 0
11	0	0.989 1	0.978 2	0.967 5	0.946 4	0.895 3	0.800 7	0.715 3	0.568 8	0.313 8	0.167 3	0.085 9	0.042 2	0.019 8
11	1	0.999 9	0.999 7	0.999 5	0.998 7	0.994 8	0.980 5	0.958 7	0.898 1	0.697 4	0.492 2	0.322 1	0.197 1	0.113 0
11	2	1.000 0	1.000 0	1.000 0	1.000 0	0.999 8	0.998 8	0.996 3	0.984 8	0.910 4	0.778 8	0.617 4	0.455 2	0.312 7
11	3					1.000 0	1.000 0	0.999 8	0.998 4	0.981 5	0.930 6	0.838 9	0.713 3	0.569 6
11	4							1.000 0	0.999 9	0.997 2	0.984 1	0.949 6	0.885 4	0.789 7
11	5								1.000 0	0.999 7	0.997 3	0.988 3	0.965 7	0.921 8
11	6									1.000 0	0.999 7	0.998 0	0.992 4	0.978 4
11	7										1.000 0	0.999 8	0.998 8	0.995 7
11	8											1.000 0	0.999 9	0.999 4
11	9												1.000 0	1.000 0
12	0	0.988 1	0.976 3	0.964 6	0.941 6	0.886 4	0.784 7	0.693 8	0.540 4	0.282 4	0.142 2	0.068 7	0.031 7	0.013 8
12	1	0.999 9	0.999 7	0.999 4	0.998 4	0.993 8	0.976 9	0.951 4	0.881 6	0.659 0	0.443 5	0.274 9	0.158 4	0.085 0
12	2	1.000 0	1.000 0	1.000 0	1.000 0	0.999 8	0.998 5	0.995 2	0.980 4	0.889 1	0.735 8	0.558 3	0.390 7	0.252 8
12	3					1.000 0	0.999 9	0.999 7	0.997 8	0.974 4	0.907 8	0.794 6	0.648 8	0.492 5
12	4						1.000 0	1.000 0	0.999 8	0.995 7	0.976 1	0.927 4	0.842 4	0.723 7
12	5								1.000 0	0.999 5	0.995 4	0.980 6	0.945 6	0.882 2
12	6									0.999 9	0.999 3	0.996 1	0.985 7	0.961 4

续前表

n	x	\(p\) 0.001	0.002	0.003	0.005	0.01	0.02	0.03	0.05	0.10	0.15	0.20	0.25	0.30
12	7									1.000 0	0.999 9	0.999 4	0.997 2	0.990 5
12	8										1.000 0	0.999 9	0.999 6	0.998 3
12	9											1.000 0	1.000 0	0.999 8
12	10													1.000 0
13	0	0.987 1	0.974 3	0.961 7	0.936 9	0.877 5	0.769 0	0.673 0	0.513 3	0.254 2	0.120 9	0.055 0	0.023 8	0.009 7
13	1	0.999 9	0.999 7	0.999 3	0.998 1	0.992 8	0.973 0	0.943 6	0.864 6	0.621 3	0.398 3	0.233 6	0.126 7	0.063 7
13	2	1.000 0	1.000 0	1.000 0	1.000 0	0.999 7	0.998 0	0.993 8	0.975 5	0.866 1	0.692 0	0.501 7	0.332 6	0.202 5
13	3					1.000 0	0.999 9	0.999 5	0.996 9	0.965 8	0.882 0	0.747 3	0.584 3	0.420 6
13	4						1.000 0	1.000 0	0.999 7	0.993 5	0.965 8	0.900 9	0.794 0	0.654 3
13	5								1.000 0	0.999 1	0.992 5	0.970 0	0.919 8	0.834 6
13	6									0.999 9	0.998 7	0.993 0	0.975 7	0.937 6
13	7									1.000 0	0.999 8	0.998 8	0.994 4	0.981 8
13	8										1.000 0	0.999 8	0.999 0	0.996 0
13	9											1.000 0	0.999 9	0.999 3
13	10												1.000 0	0.999 9
13	11													1.000 0
14	0	0.986 1	0.972 4	0.958 8	0.932 2	0.868 7	0.753 6	0.652 8	0.487 7	0.228 8	0.102 8	0.044 0	0.017 8	0.006 8
14	1	0.999 9	0.999 6	0.999 2	0.997 8	0.991 6	0.969 0	0.935 5	0.847 0	0.584 6	0.356 7	0.197 9	0.101 0	0.047 5
14	2	1.000 0	1.000 0	1.000 0	1.000 0	0.999 7	0.997 5	0.992 3	0.969 9	0.841 6	0.647 9	0.448 1	0.281 1	0.160 8
14	3					1.000 0	0.999 9	0.999 4	0.995 8	0.955 9	0.853 5	0.698 2	0.521 3	0.355 2
14	4						1.000 0	1.000 0	0.999 6	0.990 8	0.953 3	0.870 2	0.741 5	0.584 2
14	5								1.000 0	0.998 5	0.988 5	0.956 1	0.888 3	0.780 5
14	6									0.999 8	0.997 8	0.988 4	0.961 7	0.906 7
14	7									1.000 0	0.999 7	0.997 6	0.989 7	0.968 5
14	8										1.000 0	0.999 6	0.997 8	0.991 7
14	9											1.000 0	0.999 7	0.998 3

续前表

n	x	0.001	0.002	0.003	0.005	0.01	0.02	0.03	0.05	0.10	0.15	0.20	0.25	0.30
14	10												1.000 0	0.999 8
14	11													1.000 0
15	0	0.985 1	0.970 4	0.955 9	0.927 6	0.860 1	0.738 6	0.633 3	0.463 3	0.205 9	0.087 4	0.035 2	0.013 4	0.004 7
15	1	0.999 9	0.999 6	0.999 1	0.997 5	0.990 4	0.964 7	0.927 0	0.829 0	0.549 0	0.318 6	0.167 1	0.080 2	0.035 3
15	2	1.000 0	1.000 0	1.000 0	0.999 9	0.999 6	0.997 0	0.990 6	0.963 8	0.815 9	0.604 2	0.398 0	0.236 1	0.126 8
15	3				1.000 0	1.000 0	0.999 8	0.999 2	0.994 5	0.944 4	0.822 7	0.648 2	0.461 3	0.296 9
15	4						1.000 0	0.999 9	0.999 4	0.987 3	0.938 3	0.835 8	0.686 5	0.515 5
15	5							1.000 0	0.999 9	0.997 8	0.983 2	0.938 9	0.851 6	0.721 6
15	6								1.000 0	0.999 7	0.996 4	0.981 9	0.943 4	0.868 9
15	7									1.000 0	0.999 4	0.995 8	0.982 7	0.950 0
15	8										0.999 9	0.999 2	0.995 8	0.984 8
15	9										1.000 0	0.999 9	0.999 2	0.996 3
15	10											1.000 0	0.999 9	0.999 3
15	11												1.000 0	0.999 9
15	12													1.000 0
16	0	0.984 1	0.968 5	0.953 1	0.922 9	0.851 5	0.723 8	0.614 3	0.440 1	0.185 3	0.074 3	0.028 1	0.010 0	0.003 3
16	1	0.999 9	0.999 5	0.998 9	0.997 1	0.989 1	0.960 1	0.918 2	0.810 8	0.514 7	0.283 9	0.140 7	0.063 5	0.026 1
16	2	1.000 0	1.000 0	1.000 0	0.999 9	0.999 5	0.996 3	0.988 7	0.957 1	0.789 2	0.561 4	0.351 8	0.197 1	0.099 4
16	3				1.000 0	1.000 0	0.999 8	0.998 9	0.993 0	0.931 6	0.789 9	0.598 1	0.405 0	0.245 9
16	4						1.000 0	0.999 9	0.999 1	0.983 0	0.920 9	0.798 2	0.630 2	0.449 9
16	5							1.000 0	0.999 9	0.996 7	0.976 5	0.918 3	0.810 3	0.659 8
16	6								1.000 0	0.999 5	0.994 4	0.973 3	0.920 4	0.824 7
16	7									0.999 9	0.998 9	0.993 0	0.972 9	0.925 6
16	8									1.000 0	0.999 8	0.998 5	0.992 5	0.974 3
16	9										1.000 0	0.999 8	0.998 4	0.992 9
16	10											1.000 0	0.999 7	0.998 4

续前表

n	x	0.001	0.002	0.003	0.005	0.01	0.02	0.03	0.05	0.10	0.15	0.20	0.25	0.30
16	11													0.9997
16	12													1.0000
17	0	0.9831	0.9665	0.9502	0.9183	0.8429	0.7093	0.5958	0.4181	0.1668	0.0631	0.0225	0.0075	0.0023
17	1	0.9999	0.9995	0.9988	0.9968	0.9877	0.9554	0.9091	0.7922	0.4818	0.2525	0.1182	0.0501	0.0193
17	2	1.0000	1.0000	1.0000	0.9999	0.9994	0.9956	0.9866	0.9497	0.7618	0.5198	0.3096	0.1637	0.0774
17	3				1.0000	1.0000	0.9997	0.9986	0.9912	0.9174	0.7556	0.5489	0.3530	0.2019
17	4						1.0000	0.9999	0.9988	0.9779	0.9013	0.7582	0.5739	0.3887
17	5							1.0000	0.9999	0.9953	0.9681	0.8943	0.7653	0.5968
17	6								1.0000	0.9992	0.9917	0.9623	0.8929	0.7752
17	7									0.9999	0.9983	0.9891	0.9598	0.8954
17	8									1.0000	0.9997	0.9974	0.9876	0.9597
17	9										1.0000	0.9995	0.9969	0.9873
17	10										1.0000	0.9999	0.9994	0.9968
17	11											1.0000	0.9999	0.9993
17	12												1.0000	0.9999
17	13													1.0000
18	0	0.9822	0.9646	0.9474	0.9137	0.8345	0.6951	0.5780	0.3972	0.1501	0.0536	0.0180	0.0056	0.0016
18	1	0.9998	0.9994	0.9987	0.9964	0.9862	0.9505	0.8997	0.7735	0.4503	0.2241	0.0991	0.0395	0.0142
18	2	1.0000	1.0000	1.0000	0.9999	0.9993	0.9948	0.9843	0.9419	0.7338	0.4797	0.2713	0.1353	0.0600
18	3				1.0000	1.0000	0.9996	0.9982	0.9891	0.9018	0.7202	0.5010	0.3057	0.1646
18	4						1.0000	0.9998	0.9985	0.9718	0.8794	0.7164	0.5187	0.3327
18	5							1.0000	0.9998	0.9936	0.9581	0.8671	0.7175	0.5344
18	6								0.9999	0.9988	0.9882	0.9487	0.8610	0.7217
18	7								1.0000	0.9998	0.9973	0.9837	0.9431	0.8593
18	8									0.9999	0.9995	0.9957	0.9807	0.9404
18	9									1.0000	0.9999	0.9991	0.9946	0.9790

p

续前表

n	x									p				
		0.001	0.002	0.003	0.005	0.01	0.02	0.03	0.05	0.10	0.15	0.20	0.25	0.30
18	10										1.000 0	0.999 8	0.998 8	0.993 9
18	11											1.000 0	0.999 8	0.998 6
18	12												1.000 0	0.999 7
18	13													1.000 0
19	0	0.981 2	0.962 7	0.944 5	0.909 2	0.826 2	0.681 2	0.560 6	0.377 4	0.135 1	0.045 6	0.014 4	0.004 2	0.001 1
19	1	0.999 8	0.999 3	0.998 5	0.996 0	0.984 7	0.945 4	0.890 0	0.754 7	0.420 3	0.198 5	0.082 9	0.031 0	0.010 4
19	2	1.000 0	1.000 0	1.000 0	0.999 9	0.999 1	0.993 9	0.981 7	0.933 5	0.705 4	0.441 3	0.236 9	0.111 3	0.046 2
19	3				1.000 0	1.000 0	0.999 5	0.997 8	0.986 8	0.885 0	0.684 1	0.455 1	0.263 1	0.133 2
19	4						1.000 0	0.999 8	0.998 0	0.964 8	0.855 6	0.673 3	0.465 4	0.282 2
19	5							1.000 0	0.999 8	0.991 4	0.946 3	0.836 9	0.667 8	0.473 9
19	6								1.000 0	0.998 3	0.983 7	0.932 4	0.825 1	0.665 5
19	7									0.999 7	0.995 9	0.976 7	0.922 5	0.818 0
19	8									1.000 0	0.999 2	0.993 3	0.971 3	0.916 1
19	9										0.999 9	0.998 4	0.991 1	0.967 4
19	10										1.000 0	0.999 7	0.997 7	0.989 5
19	11											1.000 0	0.999 5	0.997 2
19	12												0.999 9	0.999 4
19	13												1.000 0	0.999 9
19	14													1.000 0
20	0	0.980 2	0.960 8	0.941 7	0.904 6	0.817 9	0.667 6	0.543 8	0.358 5	0.121 6	0.038 8	0.011 5	0.003 2	0.000 8
20	1	0.999 8	0.999 3	0.998 4	0.995 5	0.983 1	0.940 1	0.880 2	0.735 8	0.391 7	0.175 6	0.069 2	0.024 3	0.007 6
20	2	1.000 0	1.000 0	1.000 0	0.999 9	0.999 0	0.992 9	0.979 0	0.924 5	0.676 9	0.404 9	0.206 1	0.091 3	0.035 5
20	3				1.000 0	1.000 0	0.999 4	0.997 3	0.984 1	0.867 0	0.647 7	0.411 4	0.225 2	0.107 1
20	4						1.000 0	0.999 7	0.997 4	0.956 8	0.829 8	0.629 6	0.414 8	0.237 5
20	5							1.000 0	0.999 7	0.988 7	0.932 7	0.804 2	0.617 2	0.416 4
20	6								1.000 0	0.997 6	0.978 1	0.913 3	0.785 8	0.608 0

续前表

n	x	0.001	0.002	0.003	0.005	0.01	0.02	0.03	0.05	0.10	0.15	0.20	0.25	0.30
														p
20	7									0.999 6	0.994 1	0.967 9	0.898 2	0.772 3
20	8									0.999 9	0.998 7	0.990 0	0.959 1	0.886 7
20	9									1.000 0	0.999 8	0.997 4	0.986 1	0.952 0
20	10										1.000 0	0.999 4	0.996 1	0.982 9
20	11											0.999 9	0.999 1	0.994 9
20	12											1.000 0	0.999 8	0.998 7
20	13												1.000 0	0.999 7
20	14													1.000 0
25	0	0.975 3	0.951 2	0.927 6	0.882 2	0.777 8	0.603 5	0.467 0	0.277 4	0.071 8	0.017 2	0.003 8	0.000 8	0.000 1
25	1	0.999 7	0.998 8	0.997 4	0.993 1	0.974 2	0.911 4	0.828 0	0.642 4	0.271 2	0.093 1	0.027 4	0.007 0	0.001 6
25	2	1.000 0	1.000 0	0.999 9	0.999 7	0.998 0	0.986 8	0.962 0	0.872 9	0.537 1	0.253 7	0.098 2	0.032 1	0.009 0
25	3			1.000 0	1.000 0	0.999 9	0.998 6	0.993 8	0.965 9	0.763 6	0.471 1	0.234 0	0.096 2	0.033 2
25	4					1.000 0	0.999 9	0.999 2	0.992 8	0.902 0	0.682 1	0.420 7	0.213 7	0.090 5
25	5						1.000 0	0.999 9	0.998 8	0.966 6	0.838 5	0.616 7	0.378 3	0.193 5
25	6							1.000 0	0.999 8	0.990 5	0.930 5	0.780 0	0.561 1	0.340 7
25	7								0.999 9	0.997 7	0.974 5	0.890 9	0.726 5	0.511 8
25	8								1.000 0	0.999 5	0.992 0	0.953 2	0.850 6	0.676 9
25	9									0.999 9	0.997 9	0.982 7	0.928 7	0.810 6
25	10									1.000 0	0.999 5	0.994 4	0.970 3	0.902 2
25	11										0.999 9	0.998 5	0.989 3	0.955 8
25	12										1.000 0	0.999 6	0.996 6	0.982 5
25	13											0.999 9	0.999 1	0.994 0
25	14											1.000 0	0.999 8	0.998 2
25	15												1.000 0	0.999 5
25	16													0.999 9
25	17													1.000 0

续前表

n	x	0.001	0.002	0.003	0.005	0.01	0.02	0.03	0.05	0.10	0.15	0.20	0.25	0.30
30	0	0.970 4	0.941 7	0.913 8	0.860 4	0.739 7	0.545 5	0.401 0	0.214 6	0.042 4	0.007 6	0.001 2	0.000 2	0.000 0
30	1	0.999 6	0.998 3	0.996 3	0.990 1	0.963 9	0.879 5	0.773 1	0.553 5	0.183 7	0.048 0	0.010 5	0.002 0	0.000 3
30	2	1.000 0	1.000 0	0.999 9	0.999 5	0.996 7	0.978 3	0.939 9	0.812 2	0.411 4	0.151 4	0.044 2	0.010 6	0.002 1
30	3			1.000 0	1.000 0	0.999 8	0.997 1	0.988 1	0.939 2	0.647 4	0.321 7	0.122 7	0.037 4	0.009 3
30	4					1.000 0	0.999 7	0.998 2	0.984 4	0.824 5	0.524 5	0.255 2	0.097 9	0.030 2
30	5						1.000 0	0.999 8	0.996 7	0.926 8	0.710 6	0.427 5	0.202 6	0.076 6
30	6							1.000 0	0.999 4	0.974 2	0.847 4	0.607 0	0.348 1	0.159 5
30	7								0.999 9	0.992 2	0.930 2	0.760 8	0.514 3	0.281 4
30	8								1.000 0	0.998 0	0.972 2	0.871 3	0.673 6	0.431 5
30	9									0.999 5	0.990 3	0.938 9	0.803 4	0.588 8
30	10									0.999 9	0.997 1	0.974 4	0.894 3	0.730 4
30	11									1.000 0	0.999 2	0.990 5	0.949 3	0.840 7
30	12										0.999 8	0.996 9	0.978 4	0.915 5
30	13										1.000 0	0.999 1	0.991 8	0.959 9
30	14											0.999 8	0.997 3	0.983 1
30	15											0.999 9	0.999 2	0.993 6
30	16											1.000 0	0.999 8	0.997 9
30	17												0.999 9	0.999 4
30	18												1.000 0	0.999 8
30	19													1.000 0

泊松分布表

$$P(X \leqslant x) = \sum_{k=0}^{x} \frac{\lambda^k}{k!} e^{-\lambda}$$

x	λ												
---	0.1	0.2	0.3	0.4	0.5	0.6	0.7	0.8	0.9	1.0	1.5	2.0
0	0.904 8	0.818 7	0.740 8	0.673 0	0.606 5	0.548 8	0.496 6	0.449 3	0.406 6	0.367 9	0.223 1	0.135 3
1	0.995 3	0.982 5	0.963 1	0.938 4	0.909 8	0.878 1	0.844 2	0.808 8	0.772 5	0.735 8	0.557 8	0.406 0
2	0.999 8	0.998 9	0.996 4	0.992 1	0.985 6	0.976 9	0.965 9	0.952 6	0.937 1	0.919 7	0.808 8	0.676 7
3	1.000 0	0.999 9	0.999 7	0.999 2	0.998 2	0.996 6	0.994 2	0.990 9	0.986 5	0.981 0	0.934 4	0.857 1
4		1.000 0	1.000 0	0.999 9	0.999 8	0.999 6	0.999 2	0.998 6	0.997 7	0.996 3	0.981 4	0.947 3
5				1.000 0	1.000 0	0.999 9	0.999 9	0.999 8	0.999 7	0.999 4	0.995 5	0.983 4
6						1.000 0	1.000 0	1.000 0	1.000 0	0.999 9	0.999 1	0.995 5
7										1.000 0	0.999 8	0.998 9
8											1.000 0	0.999 8
9												1.000 0

续前表

x	λ											
	2.5	3.0	3.5	4.0	4.5	5.0	5.5	6.0	6.5	7.0	7.5	8.0
0	0.082 1	0.049 8	0.030 2	0.018 3	0.011 1	0.006 7	0.004 1	0.002 5	0.001 5	0.000 9	0.000 6	0.000 3
1	0.287 3	0.199 1	0.135 9	0.091 6	0.061 1	0.040 4	0.026 6	0.017 4	0.011 3	0.007 3	0.004 7	0.003 0
2	0.543 8	0.423 2	0.320 8	0.238 1	0.173 6	0.124 7	0.088 4	0.062 0	0.043 0	0.029 6	0.020 3	0.013 8
3	0.757 6	0.647 2	0.536 6	0.433 5	0.342 3	0.265 0	0.201 7	0.151 2	0.111 8	0.081 8	0.059 1	0.042 4
4	0.891 2	0.815 3	0.725 4	0.628 8	0.532 1	0.440 5	0.357 5	0.285 1	0.223 7	0.173 0	0.132 1	0.099 6
5	0.958 0	0.916 1	0.857 6	0.785 1	0.702 9	0.616 0	0.528 9	0.445 7	0.369 0	0.300 7	0.241 4	0.191 2
6	0.985 8	0.966 5	0.934 7	0.889 3	0.831 1	0.762 2	0.686 0	0.606 3	0.526 5	0.449 7	0.378 2	0.313 4
7	0.995 8	0.988 1	0.973 3	0.948 9	0.913 4	0.866 6	0.809 5	0.744 0	0.672 8	0.598 7	0.524 6	0.453 0
8	0.998 9	0.996 2	0.990 1	0.978 6	0.959 7	0.931 9	0.894 4	0.847 2	0.791 6	0.729 1	0.662 0	0.592 5
9	0.999 7	0.998 9	0.996 7	0.991 9	0.982 9	0.968 2	0.946 2	0.916 1	0.877 4	0.830 5	0.776 4	0.716 6
10	0.999 9	0.999 7	0.999 0	0.997 2	0.993 3	0.986 3	0.974 7	0.957 4	0.933 2	0.901 5	0.862 2	0.815 9
11	1.000 0	0.999 9	0.999 7	0.999 1	0.997 6	0.994 5	0.989 0	0.979 9	0.966 1	0.946 6	0.920 8	0.888 1
12		1.000 0	0.999 9	0.999 7	0.999 2	0.998 0	0.995 5	0.991 2	0.984 0	0.973 0	0.957 3	0.936 2
13							0.998 3	0.996 4	0.992 9	0.987 2	0.978 4	0.965 8
14							0.999 4	0.998 6	0.997 0	0.994 3	0.989 7	0.982 7
15							0.999 8	0.999 5	0.998 8	0.997 6	0.995 4	0.991 8
16							0.999 9	0.999 8	0.999 6	0.999 0	0.998 0	0.996 3
17							1.000 0	0.999 9	0.999 8	0.999 6	0.999 2	0.998 4
18								1.000 0	0.999 9	0.999 9	0.999 7	0.999 4
19									1.000 0	1.000 0	0.999 9	0.999 7
20											1.000 0	0.999 9

续前表

x	\\ λ 8.5	9.0	9.5	10.0	11.0	12.0	13.0	14.0	15.0	16.0	17.0	18.0
0	0.0002	0.0001	0.0001	0.0000	0.0000	0.0000	0.0000					
1	0.0019	0.0012	0.0008	0.0005	0.0002	0.0001	0.0000	0.0000				
2	0.0093	0.0062	0.0042	0.0028	0.0012	0.0005	0.0002	0.0001	0.0000	0.0000		
3	0.0301	0.0212	0.0149	0.0103	0.0049	0.0023	0.0010	0.0005	0.0002	0.0001	0.0000	0.0000
4	0.0744	0.0550	0.0403	0.0293	0.0151	0.0076	0.0037	0.0018	0.0009	0.0004	0.0002	0.0001
5	0.1496	0.1157	0.0885	0.0671	0.0375	0.0203	0.0107	0.0055	0.0028	0.0014	0.0007	0.0003
6	0.2562	0.2068	0.1649	0.1301	0.0786	0.0458	0.0259	0.0142	0.0076	0.0040	0.0021	0.0010
7	0.3856	0.3239	0.2687	0.2202	0.1432	0.0895	0.0540	0.0316	0.0180	0.0100	0.0054	0.0029
8	0.5231	0.4557	0.3918	0.3328	0.2320	0.1550	0.0998	0.0621	0.0374	0.0220	0.0126	0.0071
9	0.6530	0.5874	0.5218	0.4579	0.3405	0.2424	0.1658	0.1094	0.0699	0.0433	0.0261	0.0154
10	0.7634	0.7060	0.6453	0.5830	0.4599	0.3472	0.2517	0.1757	0.1185	0.0774	0.0491	0.0304
11	0.8487	0.8030	0.7520	0.6968	0.5793	0.4616	0.3532	0.2600	0.1848	0.1270	0.0847	0.0549
12	0.9091	0.8758	0.8364	0.7916	0.6887	0.5760	0.4631	0.3585	0.2676	0.1931	0.1350	0.0917
13	0.9486	0.9261	0.8981	0.8645	0.7813	0.6815	0.5730	0.4644	0.3632	0.2745	0.2009	0.1426
14	0.9726	0.9585	0.9400	0.9165	0.8540	0.7720	0.6751	0.5704	0.4657	0.3675	0.2808	0.2081
15	0.9862	0.9780	0.9665	0.9513	0.9074	0.8444	0.8355	0.6694	0.5681	0.4667	0.3715	0.2867
16	0.9934	0.9889	0.9823	0.9730	0.9441	0.8987	0.8905	0.7559	0.6641	0.5660	0.4677	0.3750
17	0.9970	0.9947	0.9911	0.9857	0.9678	0.9370	0.9302	0.8272	0.7489	0.6593	0.5640	0.4686
18	0.9987	0.9976	0.9957	0.9928	0.9823	0.9626	0.9573	0.8826	0.8195	0.7423	0.6550	0.5622
19	0.9995	0.9989	0.9980	0.9965	0.9907	0.9787	0.9750	0.9235	0.8752	0.8122	0.7363	0.6509
20	0.9998	0.9996	0.9991	0.9984	0.9953	0.9884	0.9859	0.9521	0.9170	0.8682	0.8055	0.7307
21				0.9993	0.9977	0.9939	0.9924	0.9712	0.9469	0.9108	0.8615	0.7991
22				0.9997	0.9990	0.9970	0.9960	0.9833	0.9673	0.9418	0.9047	0.8551
23				0.9999	0.9995	0.9985	0.9980	0.9907	0.9805	0.9633	0.9367	0.8989
24				1.0000	0.9998	0.9993		0.9950	0.9888	0.9777	0.9594	0.9317

续前表

λ

x	8.5	9.0	9.5	10.0	11.0	12.0	13.0	14.0	15.0	16.0	17.0	18.0
25					0.999 9	0.999 7	0.999 0	0.997 4	0.993 8	0.986 9	0.974 8	0.955 4
26					1.000 0	0.999 9	0.999 5	0.998 7	0.996 7	0.992 5	0.984 8	0.971 8
27						0.999 9	0.999 8	0.999 4	0.998 3	0.995 9	0.991 2	0.982 7
28						1.000 0	0.999 9	0.999 7	0.999 1	0.997 8	0.995 0	0.989 7
29							1.000 0	0.999 9	0.999 6	0.998 9	0.997 3	0.994 1
30								0.999 9	0.999 8	0.999 4	0.998 6	0.996 7
31								1.000 0	0.999 9	0.999 7	0.999 3	0.998 2
32									1.000 0	0.999 9	0.999 6	0.999 0
33										0.999 9	0.999 8	0.999 5
34										1.000 0	0.999 9	0.999 8
35											1.000 0	0.999 9
36												0.999 9
37												1.000 0

附表 3

标准正态分布表

$$\Phi(x) = P(X \leqslant x) = \int_{-\infty}^{x} \frac{1}{\sqrt{2\pi}} e^{-\frac{x^2}{2}} \, dx$$

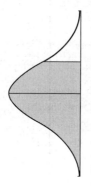

x	0.00	0.01	0.02	0.03	0.04	0.05	0.06	0.07	0.08	0.09
0.00	0.500 000	0.503 989	0.507 978	0.511 966	0.515 953	0.519 939	0.523 922	0.527 903	0.531 881	0.535 856
0.10	0.539 828	0.543 795	0.547 758	0.551 717	0.555 670	0.559 618	0.563 559	0.567 495	0.571 424	0.575 345
0.20	0.579 260	0.583 166	0.587 064	0.590 954	0.594 835	0.598 706	0.602 568	0.606 420	0.610 261	0.614 092
0.30	0.617 911	0.621 720	0.625 516	0.629 300	0.633 072	0.636 831	0.640 576	0.644 309	0.648 027	0.651 732
0.40	0.655 422	0.659 097	0.662 757	0.666 402	0.670 031	0.673 645	0.677 242	0.680 822	0.684 386	0.687 933
0.50	0.691 462	0.694 974	0.698 468	0.701 944	0.705 401	0.708 840	0.712 260	0.715 661	0.719 043	0.722 405
0.60	0.725 747	0.729 069	0.732 371	0.735 653	0.738 914	0.742 154	0.745 373	0.748 571	0.751 748	0.754 903
0.70	0.758 036	0.761 148	0.764 238	0.767 305	0.770 350	0.773 373	0.776 373	0.779 350	0.782 305	0.785 236
0.80	0.788 145	0.791 030	0.793 892	0.796 731	0.799 546	0.802 337	0.805 105	0.807 850	0.810 570	0.813 267
0.90	0.815 940	0.818 589	0.821 214	0.823 814	0.826 391	0.828 944	0.831 472	0.833 977	0.836 457	0.838 913
1.00	0.841 345	0.843 752	0.846 136	0.848 495	0.850 830	0.853 141	0.855 428	0.857 690	0.859 929	0.862 143
1.10	0.864 334	0.866 500	0.868 643	0.870 762	0.872 857	0.874 928	0.876 976	0.879 000	0.881 000	0.882 977
1.20	0.884 930	0.886 861	0.888 768	0.890 651	0.892 512	0.894 350	0.896 165	0.897 958	0.899 727	0.901 475
1.30	0.903 200	0.904 902	0.906 582	0.908 241	0.909 877	0.911 492	0.913 085	0.914 657	0.916 207	0.917 736
1.40	0.919 243	0.920 730	0.922 196	0.923 641	0.925 066	0.926 471	0.927 855	0.929 219	0.930 563	0.931 888
1.50	0.933 193	0.934 478	0.935 745	0.936 992	0.938 220	0.939 429	0.940 620	0.941 792	0.942 947	0.944 083

续前表

x	0.00	0.01	0.02	0.03	0.04	0.05	0.06	0.07	0.08	0.09
1.60	0.945 201	0.946 301	0.947 384	0.948 449	0.949 497	0.950 529	0.951 543	0.952 540	0.953 521	0.954 486
1.70	0.955 435	0.956 367	0.957 284	0.958 185	0.959 070	0.959 941	0.960 796	0.961 636	0.962 462	0.963 273
1.80	0.964 070	0.964 852	0.965 620	0.966 375	0.967 116	0.967 843	0.968 557	0.969 258	0.969 946	0.970 621
1.90	0.971 283	0.971 933	0.972 571	0.973 197	0.973 810	0.974 412	0.975 002	0.975 581	0.976 148	0.976 705
2.00	0.977 250	0.977 784	0.978 308	0.978 822	0.979 325	0.979 818	0.980 301	0.980 774	0.981 237	0.981 691
2.10	0.982 136	0.982 571	0.982 997	0.983 414	0.983 823	0.984 222	0.984 614	0.984 997	0.985 371	0.985 738
2.20	0.986 097	0.986 447	0.986 791	0.987 126	0.987 455	0.987 776	0.988 089	0.988 396	0.988 696	0.988 989
2.30	0.989 276	0.989 556	0.989 830	0.990 097	0.990 358	0.990 613	0.990 863	0.991 106	0.991 344	0.991 576
2.40	0.991 802	0.992 024	0.992 240	0.992 451	0.992 656	0.992 857	0.993 053	0.993 244	0.993 431	0.993 613
2.50	0.993 790	0.993 963	0.994 132	0.994 297	0.994 457	0.994 614	0.994 766	0.994 915	0.995 060	0.995 201
2.60	0.995 339	0.995 473	0.995 604	0.995 731	0.995 855	0.995 975	0.996 093	0.996 207	0.996 319	0.996 427
2.70	0.996 533	0.996 636	0.996 736	0.996 833	0.996 928	0.997 020	0.997 110	0.997 197	0.997 282	0.997 365
2.80	0.997 445	0.997 523	0.997 599	0.997 673	0.997 744	0.997 814	0.997 882	0.997 948	0.998 012	0.998 074
2.90	0.998 134	0.998 193	0.998 250	0.998 305	0.998 359	0.998 411	0.998 462	0.998 511	0.998 559	0.998 605
3.00	0.998 650	0.998 694	0.998 736	0.998 777	0.998 817	0.998 856	0.998 893	0.998 930	0.998 965	0.998 999
3.10	0.999 032	0.999 065	0.999 096	0.999 126	0.999 155	0.999 184	0.999 211	0.999 238	0.999 264	0.999 289
3.20	0.999 313	0.999 336	0.999 359	0.999 381	0.999 402	0.999 423	0.999 443	0.999 462	0.999 481	0.999 499
3.30	0.999 517	0.999 534	0.999 550	0.999 566	0.999 581	0.999 596	0.999 610	0.999 624	0.999 638	0.999 651
3.40	0.999 663	0.999 675	0.999 687	0.999 698	0.999 709	0.999 720	0.999 730	0.999 740	0.999 749	0.999 758
3.50	0.999 767	0.999 776	0.999 784	0.999 792	0.999 800	0.999 807	0.999 815	0.999 822	0.999 828	0.999 835
3.60	0.999 841	0.999 847	0.999 853	0.999 858	0.999 864	0.999 869	0.999 874	0.999 879	0.999 883	0.999 888

续前表

x	0.00	0.01	0.02	0.03	0.04	0.05	0.06	0.07	0.08	0.09
3.70	0.999 892	0.999 896	0.999 900	0.999 904	0.999 908	0.999 912	0.999 915	0.999 918	0.999 922	0.999 925
3.80	0.999 928	0.999 931	0.999 933	0.999 936	0.999 938	0.999 941	0.999 943	0.999 946	0.999 948	0.999 950
3.90	0.999 952	0.999 954	0.999 956	0.999 958	0.999 959	0.999 961	0.999 963	0.999 964	0.999 966	0.999 967
4.00	0.999 968	0.999 970	0.999 971	0.999 972	0.999 973	0.999 974	0.999 975	0.999 976	0.999 977	0.999 978
4.10	0.999 979	0.999 980	0.999 981	0.999 982	0.999 983	0.999 983	0.999 984	0.999 985	0.999 985	0.999 986
4.20	0.999 987	0.999 987	0.999 988	0.999 988	0.999 989	0.999 989	0.999 990	0.999 990	0.999 991	0.999 991
4.30	0.999 991	0.999 992	0.999 992	0.999 993	0.999 993	0.999 993	0.999 993	0.999 994	0.999 994	0.999 994
4.40	0.999 995	0.999 995	0.999 995	0.999 995	0.999 996	0.999 996	0.999 996	0.999 996	0.999 996	0.999 996
4.50	0.999 997	0.999 997	0.999 997	0.999 997	0.999 997	0.999 997	0.999 997	0.999 998	0.999 998	0.999 998
4.60	0.999 998	0.999 998	0.999 998	0.999 998	0.999 999	0.999 998	0.999 998	0.999 998	0.999 999	0.999 999
4.70	0.999 999	0.999 999	0.999 999	0.999 999	0.999 999	0.999 999	0.999 999	0.999 999	0.999 999	0.999 999
4.80	0.999 999	0.999 999	0.999 999	0.999 999	0.999 999	0.999 999	1.000 000	1.000 000	1.000 000	0.999 999
4.90	1.000 000	1.000 000	1.000 000	1.000 000	1.000 000	1.000 000	1.000 000	1.000 000	1.000 000	1.000 000

注:本表对于 x 给出正态分布函数 $\Phi(x)$ 的数值.
例:对于 $x=1.33$, $\Phi(x)=0.908\ 241$.

附表 4

t 分布表

$$P\{t(n) > t_\alpha(n)\} = \alpha$$

自由度 n	α=0.10	0.05	0.025	0.01	0.005
1	3.077 7	6.313 8	12.706 2	31.820 5	63.656 7
2	1.885 6	2.920 0	4.302 7	6.964 6	9.924 8
3	1.637 7	2.353 4	3.182 4	4.540 7	5.840 9
4	1.533 2	2.131 8	2.776 4	3.746 9	4.604 1
5	1.475 9	2.015 0	2.570 6	3.364 9	4.032 1
6	1.439 8	1.943 2	2.446 9	3.142 7	3.707 4
7	1.414 9	1.894 6	2.364 6	2.998 0	3.499 5
8	1.396 8	1.859 5	2.306 0	2.896 5	3.355 4
9	1.383 0	1.833 1	2.262 2	2.821 4	3.249 8
10	1.372 2	1.812 5	2.228 1	2.763 8	3.169 3
11	1.363 4	1.795 9	2.201 0	2.718 1	3.105 8
12	1.356 2	1.782 3	2.178 8	2.681 0	3.054 5

自由度 n	α=0.10	0.05	0.025	0.01	0.005
13	1.350 2	1.770 9	2.160 4	2.650 3	3.012 3
14	1.345 0	1.761 3	2.144 8	2.624 5	2.976 8
15	1.340 6	1.753 1	2.131 4	2.602 5	2.946 7
16	1.336 8	1.745 9	2.119 9	2.583 5	2.920 8
17	1.333 4	1.739 6	2.109 8	2.566 9	2.898 2
18	1.330 4	1.734 1	2.100 9	2.552 4	2.878 4
19	1.327 7	1.729 1	2.093 0	2.539 5	2.860 9
20	1.325 3	1.724 7	2.086 0	2.528 0	2.845 3
21	1.323 2	1.720 7	2.079 6	2.517 6	2.831 4
22	1.321 2	1.717 1	2.073 9	2.508 3	2.818 8
23	1.319 5	1.713 9	2.068 7	2.499 9	2.807 3
24	1.317 8	1.710 9	2.063 9	2.492 2	2.796 9

续前表

自由度 n	α=0.10	0.05	0.025	0.01	0.005
25	1.316 3	1.708 1	2.059 5	2.485 1	2.787 4
26	1.315 0	1.705 6	2.055 5	2.478 6	2.778 7
27	1.313 7	1.703 3	2.051 8	2.472 7	2.770 7
28	1.312 5	1.701 1	2.048 4	2.467 1	2.763 3
29	1.311 4	1.699 1	2.045 2	2.462 0	2.756 4
30	1.310 4	1.697 3	2.042 3	2.457 3	2.750 0
31	1.309 5	1.695 5	2.039 5	2.452 8	2.744 0
32	1.308 6	1.693 9	2.036 9	2.448 7	2.738 5
33	1.307 7	1.692 4	2.034 5	2.444 8	2.733 3
34	1.307 0	1.690 9	2.032 2	2.441 1	2.728 4
35	1.306 2	1.689 6	2.030 1	2.437 7	2.723 8

自由度 n	α=0.10	0.05	0.025	0.01	0.005
36	1.305 5	1.688 3	2.028 1	2.434 5	2.719 5
37	1.304 9	1.687 1	2.026 2	2.431 4	2.715 4
38	1.304 2	1.686 0	2.024 4	2.428 6	2.711 6
39	1.303 6	1.684 9	2.022 7	2.425 8	2.707 9
40	1.303 1	1.683 9	2.021 1	2.423 3	2.704 5
41	1.302 5	1.682 9	2.019 5	2.420 8	2.701 2
42	1.302 0	1.682 0	2.018 1	2.418 5	2.698 1
43	1.301 6	1.681 1	2.016 7	2.416 3	2.695 1
44	1.301 1	1.680 2	2.015 4	2.414 1	2.692 3
45	1.300 6	1.679 4	2.014 1	2.412 1	2.689 6

附表 5

χ^2 分布表

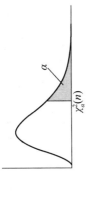

$$P\{\chi^2(n) > \chi^2_\alpha(n)\} = \alpha$$

n	$\alpha=0.995$	0.99	0.975	0.95	0.90	0.75	0.25	0.1	0.05	0.025	0.01	0.005
1	—	—	0.001	0.004	0.016	0.102	1.323	2.706	3.841	5.024	6.635	7.879
2	0.010	0.020	0.051	0.103	0.211	0.575	2.773	4.605	5.991	7.378	9.210	10.597
3	0.072	0.115	0.216	0.352	0.584	1.213	4.108	6.251	7.815	9.348	11.345	12.838
4	0.207	0.297	0.484	0.711	1.064	1.923	5.385	7.779	9.488	11.143	13.277	14.860
5	0.412	0.554	0.831	1.145	1.610	2.675	6.626	9.236	11.070	12.833	15.086	16.750
6	0.676	0.872	1.237	1.635	2.204	3.455	7.841	10.645	12.592	14.449	16.812	18.548
7	0.989	1.239	1.690	2.167	2.833	4.255	9.037	12.017	14.067	16.013	18.475	20.278
8	1.344	1.646	2.180	2.733	3.490	5.071	10.219	13.362	15.507	17.535	20.090	21.955
9	1.735	2.088	2.700	3.325	4.168	5.899	11.389	14.684	16.919	19.023	21.666	23.589
10	2.156	2.558	3.247	3.940	4.865	6.737	12.549	15.987	18.307	20.483	23.209	25.188
11	2.603	3.053	3.816	4.575	5.578	7.584	13.701	17.275	19.675	21.920	24.725	26.757
12	3.074	3.571	4.404	5.226	6.304	8.438	14.845	18.549	21.026	23.337	26.217	28.300
13	3.565	4.107	5.009	5.892	7.042	9.299	15.984	19.812	22.362	24.736	27.688	29.819
14	4.075	4.660	5.629	6.571	7.790	10.165	17.117	21.064	23.685	26.119	29.141	31.319
15	4.601	5.229	6.262	7.261	8.547	11.037	18.245	22.307	24.996	27.488	30.578	32.801
16	5.142	5.812	6.908	7.962	9.312	11.912	19.369	23.542	26.296	28.845	32.000	34.267
17	5.697	6.408	7.564	8.672	10.085	12.792	20.489	24.769	27.587	30.191	33.409	35.718

续前表

n	$\alpha=0.995$	0.99	0.975	0.95	0.90	0.75	0.25	0.1	0.05	0.025	0.01	0.005
18	6.265	7.015	8.231	9.390	10.865	13.675	21.605	25.989	28.869	31.526	34.805	37.156
19	6.844	7.633	8.907	10.117	11.651	14.562	22.718	27.204	30.144	32.852	36.191	38.582
20	7.434	8.260	9.591	10.851	12.443	15.452	23.828	28.412	31.410	34.170	37.566	39.997
21	8.034	8.897	10.283	11.591	13.240	16.344	24.935	29.615	32.671	35.479	38.932	41.401
22	8.643	9.542	10.982	12.338	14.041	17.240	26.039	30.813	33.924	36.781	40.289	42.796
23	9.260	10.196	11.689	13.091	14.848	18.137	27.141	32.007	35.172	38.076	41.638	44.181
24	9.886	10.856	12.401	13.848	15.659	19.037	28.241	33.196	36.415	39.364	42.980	45.559
25	10.520	11.524	13.120	14.611	16.473	19.939	29.339	34.382	37.652	40.646	44.314	46.928
26	11.160	12.198	13.844	15.379	17.292	20.843	30.435	35.563	38.885	41.923	45.642	48.290
27	11.808	12.879	14.573	16.151	18.114	21.749	31.528	36.741	40.113	43.195	46.963	49.645
28	12.461	13.565	15.308	16.928	18.939	22.657	32.620	37.916	41.337	44.461	48.278	50.993
29	13.121	14.256	16.047	17.708	19.768	23.567	33.711	39.087	42.557	45.722	49.588	52.336
30	13.787	14.953	16.791	18.493	20.599	24.478	34.800	40.256	43.773	46.979	50.892	53.672
31	14.458	15.655	17.539	19.281	21.434	25.390	35.887	41.422	44.985	48.232	52.191	55.003
32	15.134	16.362	18.291	20.072	22.271	26.304	36.973	42.585	46.194	49.480	53.486	56.328
33	15.815	17.074	19.047	20.867	23.110	27.219	38.058	43.745	47.400	50.725	54.776	57.648
34	16.501	17.789	19.806	21.664	23.952	28.136	39.141	44.903	48.602	51.966	56.061	58.964
35	17.192	18.509	20.569	22.465	24.797	29.054	40.223	46.059	49.802	53.203	57.342	60.275
36	17.887	19.233	21.336	23.269	25.643	29.973	41.304	47.212	50.998	54.437	58.619	61.581
37	18.586	19.960	22.106	24.075	26.492	30.893	42.383	48.363	52.192	55.668	59.893	62.883
38	19.289	20.691	22.878	24.884	27.343	31.815	43.462	49.513	53.384	56.896	61.162	64.181
39	19.996	21.426	23.654	25.695	28.196	32.737	44.539	50.660	54.572	58.120	62.428	65.476
40	20.707	22.164	24.433	26.509	29.051	33.660	45.616	51.805	55.758	59.342	63.691	66.766
41	21.421	22.906	25.215	27.326	29.907	34.585	46.692	52.949	56.942	60.561	64.950	68.053
42	22.138	23.650	25.999	28.144	30.765	35.510	47.766	54.090	58.124	61.777	66.206	69.336
43	22.859	24.398	26.785	28.965	31.625	36.436	48.840	55.230	59.304	62.990	67.459	70.616
44	23.584	25.148	27.575	29.787	32.487	37.363	49.913	56.369	60.481	64.201	68.710	71.893
45	24.311	25.901	28.366	30.612	33.350	38.291	50.985	57.505	61.656	65.410	69.957	73.166

附表 6

F 分布

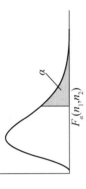

$$P\{F(n_1, n_2) > F_\alpha(n_1, n_2)\} = \alpha$$

$(\alpha = 0.10)$

n_2 \ n_1	1	2	3	4	5	6	7	8	9	10	12	15	20	24	30	40	60	120	∞
1	39.86	49.50	53.59	55.83	57.24	58.20	58.91	59.44	59.86	60.19	60.71	61.22	61.74	62.00	62.26	62.53	62.79	63.06	63.33
2	8.53	9.00	9.16	9.24	9.29	9.33	9.35	9.37	9.38	9.39	9.41	9.42	9.44	9.45	9.46	9.47	9.47	9.48	9.49
3	5.54	5.46	5.39	5.34	5.31	5.28	5.27	5.25	5.24	5.23	5.22	5.20	5.18	5.18	5.17	5.16	5.15	5.14	5.13
4	4.54	4.32	4.19	4.11	4.05	4.01	3.98	3.95	3.94	3.92	3.90	3.87	3.84	3.83	3.82	3.80	3.79	3.78	3.76
5	4.06	3.78	3.62	3.52	3.45	3.40	3.37	3.34	3.32	3.30	3.27	3.24	3.21	3.19	3.17	3.16	3.14	3.12	3.10
6	3.78	3.46	3.29	3.18	3.11	3.05	3.01	2.98	2.96	2.94	2.90	2.87	2.84	2.82	2.80	2.78	2.76	2.74	2.72
7	3.59	3.26	3.07	2.96	2.88	2.83	2.78	2.75	2.72	2.70	2.67	2.63	2.59	2.58	2.56	2.54	2.51	2.49	2.47
8	3.46	3.11	2.92	2.81	2.73	2.67	2.62	2.59	2.56	2.54	2.50	2.46	2.42	2.40	2.38	2.36	2.34	2.32	2.29
9	3.36	3.01	2.81	2.69	2.61	2.55	2.51	2.47	2.44	2.42	2.38	2.34	2.30	2.28	2.25	2.23	2.21	2.18	2.16
10	3.29	2.92	2.73	2.61	2.52	2.46	2.41	2.38	2.35	2.32	2.28	2.24	2.20	2.18	2.16	2.13	2.11	2.08	2.06
11	3.23	2.86	2.66	2.54	2.45	2.39	2.34	2.30	2.27	2.25	2.21	2.17	2.12	2.10	2.08	2.05	2.03	2.00	1.97
12	3.18	2.81	2.61	2.48	2.39	2.33	2.28	2.24	2.21	2.19	2.15	2.10	2.06	2.04	2.01	1.99	1.96	1.93	1.90
13	3.14	2.76	2.56	2.43	2.35	2.28	2.23	2.20	2.16	2.14	2.10	2.05	2.01	1.98	1.96	1.93	1.90	1.88	1.85
14	3.10	2.73	2.52	2.39	2.31	2.24	2.19	2.15	2.12	2.10	2.05	2.01	1.96	1.94	1.91	1.89	1.86	1.83	1.80
15	3.07	2.70	2.49	2.36	2.27	2.21	2.16	2.12	2.09	2.06	2.02	1.97	1.92	1.90	1.87	1.85	1.82	1.79	1.76

续前表

n_1 \ n_2	1	2	3	4	5	6	7	8	9	10	12	15	20	24	30	40	60	120	∞
16	3.05	2.67	2.46	2.33	2.24	2.18	2.13	2.09	2.06	2.03	1.99	1.94	1.89	1.87	1.84	1.81	1.78	1.75	1.72
17	3.03	2.64	2.44	2.31	2.22	2.15	2.10	2.06	2.03	2.00	1.96	1.91	1.86	1.84	1.81	1.78	1.75	1.72	1.69
18	3.01	2.62	2.42	2.29	2.20	2.13	2.08	2.04	2.00	1.98	1.93	1.89	1.84	1.81	1.78	1.75	1.72	1.69	1.66
19	2.99	2.61	2.40	2.27	2.18	2.11	2.06	2.02	1.98	1.96	1.91	1.86	1.81	1.79	1.76	1.73	1.70	1.67	1.63
20	2.97	2.59	2.38	2.25	2.16	2.09	2.04	2.00	1.96	1.94	1.89	1.84	1.79	1.77	1.74	1.71	1.68	1.64	1.61
21	2.96	2.57	2.36	2.23	2.14	2.08	2.02	1.98	1.95	1.92	1.87	1.83	1.78	1.75	1.72	1.69	1.66	1.62	1.59
22	2.95	2.56	2.35	2.22	2.13	2.06	2.01	1.97	1.93	1.90	1.86	1.81	1.76	1.73	1.70	1.67	1.64	1.60	1.57
23	2.94	2.55	2.34	2.21	2.11	2.05	1.99	1.95	1.92	1.89	1.84	1.80	1.74	1.72	1.69	1.66	1.62	1.59	1.55
24	2.93	2.54	2.33	2.19	2.10	2.04	1.98	1.94	1.91	1.88	1.83	1.78	1.73	1.70	1.67	1.64	1.61	1.57	1.53
25	2.92	2.53	2.32	2.18	2.09	2.02	1.97	1.93	1.89	1.87	1.82	1.77	1.72	1.69	1.66	1.63	1.59	1.56	1.52
26	2.91	2.52	2.31	2.17	2.08	2.01	1.96	1.92	1.88	1.86	1.81	1.76	1.71	1.68	1.65	1.61	1.58	1.54	1.50
27	2.90	2.51	2.30	2.17	2.07	2.00	1.95	1.91	1.87	1.85	1.80	1.75	1.70	1.67	1.64	1.60	1.57	1.53	1.49
28	2.89	2.50	2.29	2.16	2.06	2.00	1.94	1.90	1.87	1.84	1.79	1.74	1.69	1.66	1.63	1.59	1.56	1.52	1.48
29	2.89	2.50	2.28	2.15	2.06	1.99	1.93	1.89	1.86	1.83	1.78	1.73	1.68	1.65	1.62	1.58	1.55	1.51	1.47
30	2.88	2.49	2.28	2.14	2.05	1.98	1.93	1.88	1.85	1.82	1.77	1.72	1.67	1.64	1.61	1.57	1.54	1.50	1.46
40	2.84	2.44	2.23	2.09	2.00	1.93	1.87	1.83	1.79	1.76	1.71	1.66	1.61	1.57	1.54	1.51	1.47	1.42	1.38
60	2.79	2.39	2.18	2.04	1.95	1.87	1.82	1.77	1.74	1.71	1.66	1.60	1.54	1.51	1.48	1.44	1.40	1.35	1.29
120	2.75	2.35	2.13	1.99	1.90	1.82	1.77	1.72	1.68	1.65	1.60	1.55	1.48	1.45	1.41	1.37	1.32	1.26	1.19
∞	2.71	2.30	2.08	1.94	1.85	1.77	1.72	1.67	1.63	1.60	1.55	1.49	1.42	1.38	1.34	1.30	1.24	1.17	1.00

续前表

（$\alpha=0.05$）

n_2 \ n_1	1	2	3	4	5	6	7	8	9	10	12	15	20	24	30	40	60	120	∞
1	161.45	199.50	215.71	224.58	230.16	233.99	236.77	238.88	240.54	241.88	243.91	245.95	248.01	249.05	250.10	251.14	252.20	253.25	254.31
2	18.51	19.00	19.16	19.25	19.30	19.33	19.35	19.37	19.38	19.40	19.41	19.43	19.45	19.45	19.46	19.47	19.48	19.49	19.50
3	10.13	9.55	9.28	9.12	9.01	8.94	8.89	8.85	8.81	8.79	8.74	8.70	8.66	8.64	8.62	8.59	8.57	8.55	8.53
4	7.71	6.94	6.59	6.39	6.26	6.16	6.09	6.04	6.00	5.96	5.91	5.86	5.80	5.77	5.75	5.72	5.69	5.66	5.63
5	6.61	5.79	5.41	5.19	5.05	4.95	4.88	4.82	4.77	4.74	4.68	4.62	4.56	4.53	4.50	4.46	4.43	4.40	4.36
6	5.99	5.14	4.76	4.53	4.39	4.28	4.21	4.15	4.10	4.06	4.00	3.94	3.87	3.84	3.81	3.77	3.74	3.70	3.67
7	5.59	4.74	4.35	4.12	3.97	3.87	3.79	3.73	3.68	3.64	3.57	3.51	3.44	3.41	3.38	3.34	3.30	3.27	3.23
8	5.32	4.46	4.07	3.84	3.69	3.58	3.50	3.44	3.39	3.35	3.28	3.22	3.15	3.12	3.08	3.04	3.01	2.97	2.93
9	5.12	4.26	3.86	3.63	3.48	3.37	3.29	3.23	3.18	3.14	3.07	3.01	2.94	2.90	2.86	2.83	2.79	2.75	2.71
10	4.96	4.10	3.71	3.48	3.33	3.22	3.14	3.07	3.02	2.98	2.91	2.85	2.77	2.74	2.70	2.66	2.62	2.58	2.54
11	4.84	3.98	3.59	3.36	3.20	3.09	3.01	2.95	2.90	2.85	2.79	2.72	2.65	2.61	2.57	2.53	2.49	2.45	2.40
12	4.75	3.89	3.49	3.26	3.11	3.00	2.91	2.85	2.80	2.75	2.69	2.62	2.54	2.51	2.47	2.43	2.38	2.34	2.30
13	4.67	3.81	3.41	3.18	3.03	2.92	2.83	2.77	2.71	2.67	2.60	2.53	2.46	2.42	2.38	2.34	2.30	2.25	2.21
14	4.60	3.74	3.34	3.11	2.96	2.85	2.76	2.70	2.65	2.60	2.53	2.46	2.39	2.35	2.31	2.27	2.22	2.18	2.13
15	4.54	3.68	3.29	3.06	2.90	2.79	2.71	2.64	2.59	2.54	2.48	2.40	2.33	2.29	2.25	2.20	2.16	2.11	2.07
16	4.49	3.63	3.24	3.01	2.85	2.74	2.66	2.59	2.54	2.49	2.42	2.35	2.28	2.24	2.19	2.15	2.11	2.06	2.01
17	4.45	3.59	3.20	2.96	2.81	2.70	2.61	2.55	2.49	2.45	2.38	2.31	2.23	2.19	2.15	2.10	2.06	2.01	1.96
18	4.41	3.55	3.16	2.93	2.77	2.66	2.58	2.51	2.46	2.41	2.34	2.27	2.19	2.15	2.11	2.06	2.02	1.97	1.92
19	4.38	3.52	3.13	2.90	2.74	2.63	2.54	2.48	2.42	2.38	2.31	2.23	2.16	2.11	2.07	2.03	1.98	1.93	1.88
20	4.35	3.49	3.10	2.87	2.71	2.60	2.51	2.45	2.39	2.35	2.28	2.20	2.12	2.08	2.04	1.99	1.95	1.90	1.84

续前表

n_1 / n_2	1	2	3	4	5	6	7	8	9	10	12	15	20	24	30	40	60	120	∞
21	4.32	3.47	3.07	2.84	2.68	2.57	2.49	2.42	2.37	2.32	2.25	2.18	2.10	2.05	2.01	1.96	1.92	1.87	1.81
22	4.30	3.44	3.05	2.82	2.66	2.55	2.46	2.40	2.34	2.30	2.23	2.15	2.07	2.03	1.98	1.94	1.89	1.84	1.78
23	4.28	3.42	3.03	2.80	2.64	2.53	2.44	2.37	2.32	2.27	2.20	2.13	2.05	2.01	1.96	1.91	1.86	1.81	1.76
24	4.26	3.40	3.01	2.78	2.62	2.51	2.42	2.36	2.30	2.25	2.18	2.11	2.03	1.98	1.94	1.89	1.84	1.79	1.73
25	4.24	3.39	2.99	2.76	2.60	2.49	2.40	2.34	2.28	2.24	2.16	2.09	2.01	1.96	1.92	1.87	1.82	1.77	1.71
26	4.23	3.37	2.98	2.74	2.59	2.47	2.39	2.32	2.27	2.22	2.15	2.07	1.99	1.95	1.90	1.85	1.80	1.75	1.69
27	4.21	3.35	2.96	2.73	2.57	2.46	2.37	2.31	2.25	2.20	2.13	2.06	1.97	1.93	1.88	1.84	1.79	1.73	1.67
28	4.20	3.34	2.95	2.71	2.56	2.45	2.36	2.29	2.24	2.19	2.12	2.04	1.96	1.91	1.87	1.82	1.77	1.71	1.65
29	4.18	3.33	2.93	2.70	2.55	2.43	2.35	2.28	2.22	2.18	2.10	2.03	1.94	1.90	1.85	1.81	1.75	1.70	1.64
30	4.17	3.32	2.92	2.69	2.53	2.42	2.33	2.27	2.21	2.16	2.09	2.01	1.93	1.89	1.84	1.79	1.74	1.68	1.62
40	4.08	3.23	2.84	2.61	2.45	2.34	2.25	2.18	2.12	2.08	2.00	1.92	1.84	1.79	1.74	1.69	1.64	1.58	1.51
60	4.00	3.15	2.76	2.53	2.37	2.25	2.17	2.10	2.04	1.99	1.92	1.84	1.75	1.70	1.65	1.59	1.53	1.47	1.39
120	3.92	3.07	2.68	2.45	2.29	2.18	2.09	2.02	1.96	1.91	1.83	1.75	1.66	1.61	1.55	1.50	1.43	1.35	1.25
∞	3.84	3.00	2.60	2.37	2.21	2.10	2.01	1.94	1.88	1.83	1.75	1.67	1.57	1.52	1.46	1.39	1.32	1.22	1.00

续前表

$(\alpha=0.025)$

n_2 \ n_1	1	2	3	4	5	6	7	8	9	10	12	15	20	24	30	40	60	120	∞
1	647.79	799.50	864.16	899.58	921.85	937.11	948.22	956.66	963.28	968.63	976.71	984.87	993.10	997.25	1 001.41	1 005.60	1 009.80	1 014.02	1 018.26
2	38.51	39.00	39.17	39.25	39.30	39.33	39.36	39.37	39.39	39.40	39.41	39.43	39.45	39.46	39.46	39.47	39.48	39.49	39.50
3	17.44	16.04	15.44	15.10	14.88	14.73	14.62	14.54	14.47	14.42	14.34	14.25	14.17	14.12	14.08	14.04	13.99	13.95	13.90
4	12.22	10.65	9.98	9.60	9.36	9.20	9.07	8.98	8.90	8.84	8.75	8.66	8.56	8.51	8.46	8.41	8.36	8.31	8.26
5	10.01	8.43	7.76	7.39	7.15	6.98	6.85	6.76	6.68	6.62	6.52	6.43	6.33	6.28	6.23	6.18	6.12	6.07	6.02
6	8.81	7.26	6.60	6.23	5.99	5.82	5.70	5.60	5.52	5.46	5.37	5.27	5.17	5.12	5.07	5.01	4.96	4.90	4.85
7	8.07	6.54	5.89	5.52	5.29	5.12	4.99	4.90	4.82	4.76	4.67	4.57	4.47	4.41	4.36	4.31	4.25	4.20	4.14
8	7.57	6.06	5.42	5.05	4.82	4.65	4.53	4.43	4.36	4.30	4.20	4.10	4.00	3.95	3.89	3.84	3.78	3.73	3.67
9	7.21	5.71	5.08	4.72	4.48	4.32	4.20	4.10	4.03	3.96	3.87	3.77	3.67	3.61	3.56	3.51	3.45	3.39	3.33
10	6.94	5.46	4.83	4.47	4.24	4.07	3.95	3.85	3.78	3.72	3.62	3.52	3.42	3.37	3.31	3.26	3.20	3.14	3.08
11	6.72	5.26	4.63	4.28	4.04	3.88	3.76	3.66	3.59	3.53	3.43	3.33	3.23	3.17	3.12	3.06	3.00	2.94	2.88
12	6.55	5.10	4.47	4.12	3.89	3.73	3.61	3.51	3.44	3.37	3.28	3.18	3.07	3.02	2.96	2.91	2.85	2.79	2.72
13	6.41	4.97	4.35	4.00	3.77	3.60	3.48	3.39	3.31	3.25	3.15	3.05	2.95	2.89	2.84	2.78	2.72	2.66	2.60
14	6.30	4.86	4.24	3.89	3.66	3.50	3.38	3.29	3.21	3.15	3.05	2.95	2.84	2.79	2.73	2.67	2.61	2.55	2.49
15	6.20	4.77	4.15	3.80	3.58	3.41	3.29	3.20	3.12	3.06	2.96	2.86	2.76	2.70	2.64	2.59	2.52	2.46	2.40
16	6.12	4.69	4.08	3.73	3.50	3.34	3.22	3.12	3.05	2.99	2.89	2.79	2.68	2.63	2.57	2.51	2.45	2.38	2.32
17	6.04	4.62	4.01	3.66	3.44	3.28	3.16	3.06	2.98	2.92	2.82	2.72	2.62	2.56	2.50	2.44	2.38	2.32	2.25
18	5.98	4.56	3.95	3.61	3.38	3.22	3.10	3.01	2.93	2.87	2.77	2.67	2.56	2.50	2.44	2.38	2.32	2.26	2.19
19	5.92	4.51	3.90	3.56	3.33	3.17	3.05	2.96	2.88	2.82	2.72	2.62	2.51	2.45	2.39	2.33	2.27	2.20	2.13
20	5.87	4.46	3.86	3.51	3.29	3.13	3.01	2.91	2.84	2.77	2.68	2.57	2.46	2.41	2.35	2.29	2.22	2.16	2.09

续前表

n_1 n_2	1	2	3	4	5	6	7	8	9	10	12	15	20	24	30	40	60	120	∞
21	5.83	4.42	3.82	3.48	3.25	3.09	2.97	2.87	2.80	2.73	2.64	2.53	2.42	2.37	2.31	2.25	2.18	2.11	2.04
22	5.79	4.38	3.78	3.44	3.22	3.05	2.93	2.84	2.76	2.70	2.60	2.50	2.39	2.33	2.27	2.21	2.14	2.08	2.00
23	5.75	4.35	3.75	3.41	3.18	3.02	2.90	2.81	2.73	2.67	2.57	2.47	2.36	2.30	2.24	2.18	2.11	2.04	1.97
24	5.72	4.32	3.72	3.38	3.15	2.99	2.87	2.78	2.70	2.64	2.54	2.44	2.33	2.27	2.21	2.15	2.08	2.01	1.94
25	5.69	4.29	3.69	3.35	3.13	2.97	2.85	2.75	2.68	2.61	2.51	2.41	2.30	2.24	2.18	2.12	2.05	1.98	1.91
26	5.66	4.27	3.67	3.33	3.10	2.94	2.82	2.73	2.65	2.59	2.49	2.39	2.28	2.22	2.16	2.09	2.03	1.95	1.88
27	5.63	4.24	3.65	3.31	3.08	2.92	2.80	2.71	2.63	2.57	2.47	2.36	2.25	2.19	2.13	2.07	2.00	1.93	1.85
28	5.61	4.22	3.63	3.29	3.06	2.90	2.78	2.69	2.61	2.55	2.45	2.34	2.23	2.17	2.11	2.05	1.98	1.91	1.83
29	5.59	4.20	3.61	3.27	3.04	2.88	2.76	2.67	2.59	2.53	2.43	2.32	2.21	2.15	2.09	2.03	1.96	1.89	1.81
30	5.57	4.18	3.59	3.25	3.03	2.87	2.75	2.65	2.57	2.51	2.41	2.31	2.20	2.14	2.07	2.01	1.94	1.87	1.79
40	5.42	4.05	3.46	3.13	2.90	2.74	2.62	2.53	2.45	2.39	2.29	2.18	2.07	2.01	1.94	1.88	1.80	1.72	1.64
60	5.29	3.93	3.34	3.01	2.79	2.63	2.51	2.41	2.33	2.27	2.17	2.06	1.94	1.88	1.82	1.74	1.67	1.58	1.48
120	5.15	3.80	3.23	2.89	2.67	2.52	2.39	2.30	2.22	2.16	2.05	1.94	1.82	1.76	1.69	1.61	1.53	1.43	1.31
∞	5.02	3.69	3.12	2.79	2.57	2.41	2.29	2.19	2.11	2.05	1.94	1.83	1.71	1.64	1.57	1.48	1.39	1.27	1.00

续前表

$(\alpha=0.001)$

n_2 \ n_1	1	2	3	4	5	6	7	8	9	10	12	15	20	24	30	40	60	120	∞
1	4 052	5 000	5 403	5 625	5 764	5 859	5 928	5 981	6 022	6 056	6 106	6 157	6 209	6 235	6 261	6 287	6 313	6 339	6 366
2	98.50	99.00	99.17	99.25	99.30	99.33	99.36	99.37	99.39	99.40	99.42	99.43	99.45	99.46	99.47	99.47	99.48	99.49	99.50
3	34.12	30.82	29.46	28.71	28.24	27.91	27.67	27.49	27.35	27.23	27.05	26.87	26.69	26.60	26.50	26.41	26.32	26.22	26.13
4	21.20	18.00	16.69	15.98	15.52	15.21	14.98	14.80	14.66	14.55	14.37	14.20	14.02	13.93	13.84	13.75	13.65	13.56	13.46
5	16.26	13.27	12.06	11.39	10.97	10.67	10.46	10.29	10.16	10.05	9.89	9.72	9.55	9.47	9.38	9.29	9.20	9.11	9.02
6	13.75	10.92	9.78	9.15	8.75	8.47	8.26	8.10	7.98	7.87	7.72	7.56	7.40	7.31	7.23	7.14	7.06	6.97	6.88
7	12.25	9.55	8.45	7.85	7.46	7.19	6.99	6.84	6.72	6.62	6.47	6.31	6.16	6.07	5.99	5.91	5.82	5.74	5.65
8	11.26	8.65	7.59	7.01	6.63	6.37	6.18	6.03	5.91	5.81	5.67	5.52	5.36	5.28	5.20	5.12	5.03	4.95	4.86
9	10.56	8.02	6.99	6.42	6.06	5.80	5.61	5.47	5.35	5.26	5.11	4.96	4.81	4.73	4.65	4.57	4.48	4.40	4.31
10	10.04	7.56	6.55	5.99	5.64	5.39	5.20	5.06	4.94	4.85	4.71	4.56	4.41	4.33	4.25	4.17	4.08	4.00	3.91
11	9.65	7.21	6.22	5.67	5.32	5.07	4.89	4.74	4.63	4.54	4.40	4.25	4.10	4.02	3.94	3.86	3.78	3.69	3.60
12	9.33	6.93	5.95	5.41	5.06	4.82	4.64	4.50	4.39	4.30	4.16	4.01	3.86	3.78	3.70	3.62	3.54	3.45	3.36
13	9.07	6.70	5.74	5.21	4.86	4.62	4.44	4.30	4.19	4.10	3.96	3.82	3.66	3.59	3.51	3.43	3.34	3.25	3.17
14	8.86	6.51	5.56	5.04	4.69	4.46	4.28	4.14	4.03	3.94	3.80	3.66	3.51	3.43	3.35	3.27	3.18	3.09	3.00
15	8.68	6.36	5.42	4.89	4.56	4.32	4.14	4.00	3.89	3.80	3.67	3.52	3.37	3.29	3.21	3.13	3.05	2.96	2.87
16	8.53	6.23	5.29	4.77	4.44	4.20	4.03	3.89	3.78	3.69	3.55	3.41	3.26	3.18	3.10	3.02	2.93	2.84	2.75
17	8.40	6.11	5.18	4.67	4.34	4.10	3.93	3.79	3.68	3.59	3.46	3.31	3.16	3.08	3.00	2.92	2.83	2.75	2.65
18	8.29	6.01	5.09	4.58	4.25	4.01	3.84	3.71	3.60	3.51	3.37	3.23	3.08	3.00	2.92	2.84	2.75	2.66	2.57
19	8.18	5.93	5.01	4.50	4.17	3.94	3.77	3.63	3.52	3.43	3.30	3.15	3.00	2.92	2.84	2.76	2.67	2.58	2.49
20	8.10	5.85	4.94	4.43	4.10	3.87	3.70	3.56	3.46	3.37	3.23	3.09	2.94	2.86	2.78	2.69	2.61	2.52	2.42

续前表

n_2 \ n_1	1	2	3	4	5	6	7	8	9	10	12	15	20	24	30	40	60	120	∞
21	8.02	5.78	4.87	4.37	4.04	3.81	3.64	3.51	3.40	3.31	3.17	3.03	2.88	2.80	2.72	2.64	2.55	2.46	2.36
22	7.95	5.72	4.82	4.31	3.99	3.76	3.59	3.45	3.35	3.26	3.12	2.98	2.83	2.75	2.67	2.58	2.50	2.40	2.31
23	7.88	5.66	4.76	4.26	3.94	3.71	3.54	3.41	3.30	3.21	3.07	2.93	2.78	2.70	2.62	2.54	2.45	2.35	2.26
24	7.82	5.61	4.72	4.22	3.90	3.67	3.50	3.36	3.26	3.17	3.03	2.89	2.74	2.66	2.58	2.49	2.40	2.31	2.21
25	7.77	5.57	4.68	4.18	3.85	3.63	3.46	3.32	3.22	3.13	2.99	2.85	2.70	2.62	2.54	2.45	2.36	2.27	2.17
26	7.72	5.53	4.64	4.14	3.82	3.59	3.42	3.29	3.18	3.09	2.96	2.81	2.66	2.58	2.50	2.42	2.33	2.23	2.13
27	7.68	5.49	4.60	4.11	3.78	3.56	3.39	3.26	3.15	3.06	2.93	2.78	2.63	2.55	2.47	2.38	2.29	2.20	2.10
28	7.64	5.45	4.57	4.07	3.75	3.53	3.36	3.23	3.12	3.03	2.90	2.75	2.60	2.52	2.44	2.35	2.26	2.17	2.06
29	7.60	5.42	4.54	4.04	3.73	3.50	3.33	3.20	3.09	3.00	2.87	2.73	2.57	2.49	2.41	2.33	2.23	2.14	2.03
30	7.56	5.39	4.51	4.02	3.70	3.47	3.30	3.17	3.07	2.98	2.84	2.70	2.55	2.47	2.39	2.30	2.21	2.11	2.01
40	7.31	5.18	4.31	3.83	3.51	3.29	3.12	2.99	2.89	2.80	2.66	2.52	2.37	2.29	2.20	2.11	2.02	1.92	1.80
60	7.08	4.98	4.13	3.65	3.34	3.12	2.95	2.82	2.72	2.63	2.50	2.35	2.20	2.12	2.03	1.94	1.84	1.73	1.60
120	6.85	4.79	3.95	3.48	3.17	2.96	2.79	2.66	2.56	2.47	2.34	2.19	2.03	1.95	1.86	1.76	1.66	1.53	1.38
∞	6.63	4.61	3.78	3.32	3.02	2.80	2.64	2.51	2.41	2.32	2.18	2.04	1.88	1.79	1.70	1.59	1.47	1.32	1.00

习题参考答案

习题一

1. (1) $A_1\overline{A_2}\,\overline{A_3}$;(2) $A_1\overline{A_2}\,\overline{A_3}\bigcup\overline{A_1}A_2\overline{A_3}\bigcup\overline{A_1}\,\overline{A_2}A_3$;(3) $A_1\bigcup A_2\bigcup A_3$;
(4) $\overline{A_1}\,\overline{A_2}\bigcup\overline{A_2}\,\overline{A_3}\bigcup\overline{A_1}\,\overline{A_3}$.

2. $\overline{A_1}\,\overline{A_2}=\overline{A_1\bigcup A_2}$表示前两次均未击中目标;$A_1\bigcup A_2\bigcup A_3$表示三次射击中至少有一次击中目标;$A_3-A_2$表示第三次击中但第二次未击中;$\overline{A_2A_3}$表示后两次中至少有一次未击中目标;$A_1A_2\bigcup A_1A_3\bigcup A_3A_2$表示三次射击中至少有两次击中目标.

4. (1) $\dfrac{1}{3}$;(2) $\dfrac{1}{12}$;(3) $\dfrac{5}{24}$.

5. 0.2,0.3,0.8.

6. $\dfrac{5}{8}$.   **7.** $\dfrac{5}{14}$.   **8.** $\dfrac{5}{36}$.

9. (1) $\dfrac{n!}{N^n}$;(2) $\dfrac{C_N^n\times n!}{N^n}$.

10. $1-\dfrac{C_{48}^{13}}{C_{52}^{13}}\approx 0.696$.

11. 丙鱼是最优的捕食者.

12. $\dfrac{1}{1\,260}$.   **13.** $\dfrac{1}{3}+\dfrac{1}{3}\ln3$.

14. 0.25.   **15.** $\dfrac{3}{4}$.

16. 0.008 3.   **17.** 0.973.

18. 0.000 25.

19. $\dfrac{25}{69},\dfrac{28}{69},\dfrac{16}{69}$.

20. 事件 A,B,C 不是相互独立的.

21. 0.33.   **22.** $n=4$.

23. $\dfrac{2}{3}$.   **24.** $\dfrac{1}{5}$.

25. $\dfrac{5}{8}$.

习题二

1.

X	0	1	3	6
p_k	1/4	1/12	1/6	1/2

$\dfrac{1}{4}$, $\dfrac{1}{3}$, $\dfrac{1}{2}$, $\dfrac{2}{3}$.

2. $a=1/6$, $b=\dfrac{5}{6}$.

X	-1	1	2
p_k	1/6	1/3	1/2

3. $\ln5-\ln2$, 1, $\ln5-\ln3$.

4. $1-\beta-\alpha$.

5. (1) $P(X=k)=\dfrac{C_{k-1}^2 C_1^1}{C_5^3}$, $k=3$, 4, 5.

即

X	3	4	5
p_k	1/10	3/10	6/10

(2) $F(x)=\begin{cases} 0, & x<3, \\ \dfrac{1}{10}, & 3\leqslant x<4, \\ \dfrac{2}{5}, & 4\leqslant x<5, \\ 1, & x\geqslant5. \end{cases}$

6. (1) $P(X=k)=\dfrac{1}{3}\dfrac{C_1^k C_4^{3-k}}{C_5^3}+\dfrac{1}{3}\dfrac{C_2^k C_3^{3-k}}{C_5^3}+\dfrac{1}{3}\dfrac{C_3^k C_2^{3-k}}{C_5^3}$, $k=0$, 1, 2, 3.

即

X	0	1	2	3
p_k	1/6	1/2	3/10	1/30

(2) $\dfrac{1}{3}$.

7. $P(X=k)=C_4^k\left(\dfrac{1}{6}\right)^k\left(1-\dfrac{1}{6}\right)^{4-k}$, $k=0$, 1, 2, 3, 4.

即

X	0	1	2	3	4
p_k	0.482 3	0.385 8	0.115 7	0.015 4	0.000 8

8. (1) $P(X=k)=\dfrac{C_{10}^k C_{90}^{5-k}}{C_{100}^5}$, $k=0$, 1, 2, 3, 4, 5; (2) 0.416 2.

9. $P(X=k)=C_{20}^k(0.8)^k(0.2)^{20-k}$, $k=0$, 1, 2, $\cdots$, 20.

10. (1) 0.035 5; (2) 0.996 7.

11. 0.784. **12.** $\dfrac{80}{81}$.

13. (1) 0.029 8; (2) 0.021.

14. 0.083 9. **15.** 0.862 2. **16.** 0.000 2.

17. (1) $P(X=k)=p(1-p)^{k-1}$, $k=1$, 2, $\cdots$;

(2) $P(X=k)=C_{k-1}^{r-1}p^r(1-p)^{k-r}$, $k=r$, $r+1$, $\cdots$.

18. 0.354 8. **19.** 0.875.

20. (1) $A=\dfrac{1}{2}$; (2) $\dfrac{\sqrt{2}}{4}$.

21. (1) $A=1$; (2) 0.4; (3) $f(x)=\begin{cases}2x, & 0\leqslant x\leqslant 1,\\ 0, & \text{其他}.\end{cases}$

22. $a=46$.

23. $F(x)=\begin{cases}0, & x<0,\\ \dfrac{x}{a}, & 0\leqslant x<a, \\ 1, & x\geqslant a.\end{cases}$ $f(x)=\begin{cases}\dfrac{1}{a}, & 0\leqslant x<a,\\ 0, & \text{其他}.\end{cases}$

24. 0.312 5. **25.** 0.4; 0.6.

26. 0.516 7. **27.** 0.310 1.

28. (1) 0.818 5; (2) 0.135 9; (3) $a=3$.

29. (1) 0.606 5; (2) 0.639 2; (3) a 最大取为 0.145.

30. 0.869 8. **31.** 78.75.

32.

Y	0	1	4	9
p_k	1/5	7/30	1/5	11/30

Z	0	1	2	3
p_k	1/5	7/30	1/5	11/30

33.

Z	−1	1	3	5	7
p_k	0.062 5	0.25	0.375	0.25	0.062 5

34. (1) $f_Y(y)=\begin{cases}1, & 0\leqslant y\leqslant 1,\\ 0, & \text{其他}.\end{cases}$

(2) $f_Y(y)=\begin{cases}1/y, & 1\leqslant y\leqslant e,\\ 0, & \text{其他}.\end{cases}$

(3) $f_Y(y)=\begin{cases}0.5e^{-0.5y}, & y\geqslant 0,\\ 0, & \text{其他}.\end{cases}$

(4) $f_Y(y)=\begin{cases}\mathrm{e}^{-y}, & y\geqslant 0,\\ 0, & y<0.\end{cases}$

35. (1) $f_Y(y)=\begin{cases}\dfrac{1}{y\sqrt{2\pi}}\mathrm{e}^{-\frac{(\ln y)^2}{2}}, & y>0,\\ 0, & y\leqslant 0.\end{cases}$

(2) $f_Y(y)=\begin{cases}\sqrt{\dfrac{2}{\pi}}\,\mathrm{e}^{-\frac{y^2}{2}}, & y>0,\\ 0, & y\leqslant 0.\end{cases}$

(3) $f_Y(y)=\begin{cases}\dfrac{1}{2\sqrt{\pi(y-1)}}\mathrm{e}^{-\frac{(y-1)}{4}}, & y>1,\\ 0, & y\leqslant 1.\end{cases}$

36. $f_W(w)=\dfrac{9}{10\sqrt{\pi}}\mathrm{e}^{-\frac{81}{100}(w-37)^2},\ -\infty<w<+\infty.$

习题三

1. (1)

X \ Y	0	1	$p_i\cdot$
0	1/36	5/36	1/6
1	5/36	25/36	5/6
$p\cdot_j$	1/6	5/6	

(2)

X \ Y	0	1	$p_i\cdot$
0	1/66	5/33	1/6
1	5/33	15/22	5/6
$p\cdot_j$	1/6	5/6	

2.

X \ Y	0	1	2	3	4	5	$p_i\cdot$
0	0.000 01	0.000 15	0.000 9	0.002 7	0.004 05	0.002 43	0.010 24
1	0.000 3	0.003 6	0.016 2	0.032 4	0.024 3	0	0.076 8
2	0.003 6	0.032 4	0.097 2	0.097 2	0	0	0.230 4
3	0.021 6	0.129 6	0.194 4	0	0	0	0.345 6
4	0.064 8	0.194 4	0	0	0	0	0.259 2
5	0.077 76	0	0	0	0	0	0.077 76
$p\cdot_j$	0.168 07	0.360 15	0.308 7	0.132 3	0.028 35	0.002 43	

3.

X \ Y	0	1	2	3	$p_i.$
0	0.000 74	0.008 35	0.026 90	0.025 11	0.061 1
1	0.016 70	0.111 32	0.161 41	0	0.289 43
2	0.109 46	0.328 39	0	0	0.437 85
3	0.211 63	0	0	0	0.211 63
$p._j$	0.338 53	0.448 06	0.188 31	0.025 11	

4. 0.

5. (1) 0.043；(2) 0.6.

6. (1) 0.125；(2) 0.875，0.5；(3) 0.75.

7. (1) 6；(2) 0.5，0.664 2.

8. $F_X(x)=\begin{cases}1-e^{-\lambda_1 x}, & x>0,\\ 0, & 其他.\end{cases}$ $F_Y(y)=\begin{cases}1-e^{-\lambda_2 y}, & y>0,\\ 0, & 其他.\end{cases}$ X 和 Y 不独立.

9. $f_X(x)=\begin{cases}\dfrac{1}{2x}, & 1\leqslant x\leqslant e^2,\\ 0, & 其他.\end{cases}$

10. (1) $f_X(x)=\begin{cases}e^{-x}, & x>0,\\ 0, & 其他;\end{cases}$ $f_Y(y)=\begin{cases}ye^{-y}, & y>0,\\ 0, & 其他.\end{cases}$

(2) $f_X(x)=\begin{cases}0.625(1-x^4), & -1<x<1,\\ 0, & 其他;\end{cases}$ $f_Y(y)=\begin{cases}\dfrac{5}{6}\sqrt{1-y}(1+2y), & 0<y<1,\\ 0, & 其他.\end{cases}$

(3) $f_X(x)=\begin{cases}1, & 0<x<1,\\ 0, & 其他;\end{cases}$ $f_Y(y)=\begin{cases}-\ln y, & 0<y<1,\\ 0, & 其他.\end{cases}$

11. 0.89.

12. $a=\dfrac{1}{18}, b=\dfrac{2}{9}, c=\dfrac{1}{6}.$

13. (1) $f(x,y)=\begin{cases}e^{-y}, & 0<x<1,y>0,\\ 0, & 其他;\end{cases}$ (2) e^{-1}；(3) 0.144 7.

14. (1) X 与 Y 不相互独立；(2) X 与 Y 不相互独立；(3) X 与 Y 相互独立.

15. 0.75；0.596 6.

16. (1)

$X\mid Y=0$	0	1
p_k	1/6	5/6

$X\mid Y=1$	0	1
p_k	1/6	5/6

$Y\mid X=0$	0	1
p_k	1/6	5/6

$Y\mid X=1$	0	1
p_k	1/6	5/6

(2)

$X\mid Y=0$	0	1
p_k	1/11	10/11

$X\mid Y=1$	0	1
p_k	2/11	9/11

$Y\mid X=0$	0	1
p_k	1/6	5/6

$Y\mid X=1$	0	1
p_k	2/11	9/11

17. (1) $P(Y=m\mid X=n)=C_n^m p^m (1-p)^{n-m}$, $m=0$, 1, $\cdots$, n.

(2) $P(X=n,Y=m)=\dfrac{\lambda^n}{n!}e^{-\lambda}C_n^m p^m (1-p)^{n-m}$,

其中 $n=0$, 1, 2, $\cdots$, $m=0$, 1, $\cdots$, $n, 0<p<1$.

18. (1) $\dfrac{21}{4}$;

(2) $f_X(x)=\begin{cases}\dfrac{21}{8}(x^2-x^6), & -1\leqslant x\leqslant 1, \\ 0, & \text{其他};\end{cases}$ $f_Y(y)=\begin{cases}\dfrac{7}{2}y^{\frac{5}{2}}, & 0\leqslant y\leqslant 1, \\ 0, & \text{其他}.\end{cases}$

(3) $f_{X\mid Y}(x\mid y)=\begin{cases}1.5x^2 y^{-\frac{3}{2}}, & -\sqrt{y}<x<\sqrt{y}, \\ 0, & \text{其他}.\end{cases}$ $f_{Y\mid X}(y\mid x)=\begin{cases}\dfrac{2y}{1-x^4}, & x^2<y<1, \\ 0, & \text{其他}.\end{cases}$

(4) 1, $\dfrac{7}{15}$.

19. (1) $f(x,y)=\begin{cases}\dfrac{1}{1-x}, & 0<x<y<1, \\ 0, & \text{其他}.\end{cases}$ (2) $f_Y(y)=\begin{cases}-\ln(1-y), & 0<y<1, \\ 0, & \text{其他}.\end{cases}$

(3) 0.3069.

20. (1)

$Z_1=X+Y$	-2	0	1	3	4
p_k	0.25	0.1	0.45	0.15	0.05

(2)

$Z_2=X-Y$	-3	-2	0	1	3
p_k	0.3	0.1	0.3	0.15	0.15

(3)

$Z_3 = \max\{X, Y\}$	-1	1	2
p_k	0.25	0.1	0.65

(4)

$Z_4 = \min\{X, Y\}$	-1	1	2
p_k	0.8	0.15	0.05

21. (1) $f_{X|Y}(x|y) = \begin{cases} \lambda e^{-\lambda x}, & x > 0, \\ 0, & \text{其他.} \end{cases}$

(2)

Z	0	1
p_k	$\dfrac{\mu}{\lambda + \mu}$	$\dfrac{\lambda}{\lambda + \mu}$

$$F(z) = \begin{cases} 0, & z < 0, \\ \dfrac{\mu}{\lambda + \mu}, & 0 \leqslant z < 1, \\ 1, & z \geqslant 1. \end{cases}$$

22. (1) $f_Z(z) = \begin{cases} 4z e^{-2z}, & z > 0, \\ 0, & \text{其他.} \end{cases}$ (2) $f_Z(z) = 0.5 e^{-|z|}$, $-\infty < z < +\infty$.

23. (1) $f_X(x) = \begin{cases} 2x, & 0 < x < 1, \\ 0, & \text{其他.} \end{cases}$ $f_Y(y) = \begin{cases} 1 - 0.5y, & 0 < y < 2, \\ 0, & \text{其他.} \end{cases}$

(2) $f_Z(z) = \begin{cases} 1 - 0.5z, & 0 < z < 2, \\ 0, & \text{其他.} \end{cases}$ (3) $\dfrac{3}{4}$.

24. (1) $\dfrac{7}{24}$; (2) $f_Z(z) = \begin{cases} z(2 - z), & 0 < z \leqslant 1, \\ (2 - z)^2, & 1 < z \leqslant 2, \\ 0 & \text{其他.} \end{cases}$

25. $\dfrac{1}{9}$.

26. (1) $F_{\max}(z) = \begin{cases} (1 - e^{-\frac{z^2}{8}})^5, & z \geqslant 0, \\ 0, & \text{其他.} \end{cases}$ (2) 0.483 4.

27. (1) $f_{\min}(z) = \begin{cases} (\alpha + \beta) e^{-(\alpha + \beta)z}, & z > 0, \\ 0, & z \leqslant 0. \end{cases}$

(2) $f_{\max}(z) = \begin{cases} \alpha e^{-\alpha z} + \beta e^{-\beta z} - (\alpha + \beta) e^{-(\alpha + \beta)z}, & z > 0, \\ 0, & z \leqslant 0. \end{cases}$

(3) $f_Z(z) = \begin{cases} \dfrac{\alpha\beta}{\alpha - \beta}(e^{-\beta z} - e^{-\alpha z}), & z > 0, \\ 0, & z \leqslant 0. \end{cases}$

28. (1) 0.975 4; (2) 0.000 63.

习题四

1. $p=0.4$，$E(X)=1$，$E(2X-1)=1$；

2. $p_1=0.4$，$p_2=0.1$，$p_3=0.5$.

3. 1；$\dfrac{1}{6}$.

4. (1) $c=2k^2$；(2) $\dfrac{\sqrt{\pi}}{2k}$；(3) $\dfrac{4-\pi}{4k^2}$.

5. $\dfrac{4}{\pi}$.

6. $E(X)$ 不存在.

7. $\dfrac{67}{96}$.

8. 0；$\dfrac{1}{2}$.

9. 33.64(元).

10. (1) 42；(2) 68.

11. 2，$\dfrac{1}{4}$.

12. 4.

13. 0.301；0.322.

14. 5.

15. $D(X)$.

16. 2.

17. -8.

18. $-\dfrac{1}{36}$，$-\dfrac{1}{2}$.

19. (1) 0，2；(2) 0，X 与 $|X|$ 不相关；(3) X 与 $|X|$ 不相互独立.

20. (1) $\dfrac{5}{6}$，3；(2) $\rho_{XZ}=0$，X 与 Z 相互独立.

21. -1.

习题五

1. 0.271.

2. 0.348.

3. 269.

4. 2 265.

5. 0.006 2.

6. (1) 0.894 4；(2) 0.137 9.

7. (1) 884；(2) 916.

8. (1) 0；(2) 0.5.

9. (1) 0.000 07；(2) 0.98.

习题六

1. 除 (2) 不是统计量外, 其余 5 个都是统计量.

2. 0.595 5；0.404 5.

3. 0.829 3.

4. 96.

5. 44.314，37.652.

6. 2.25，0.297.

7. 35.

8. σ^2.

习题七

1. $\dfrac{1-2\overline{x}}{\overline{x}-1}$.

2. 1.69.

3. $-1-\dfrac{n}{\sum\limits_{i=1}^{n}\ln x_i}$.

4. (1) $\dfrac{n}{\sum\limits_{i=1}^{n}x_i}=\dfrac{1}{\overline{x}}$，(2) $\dfrac{5}{26}$.

5. $\dfrac{5}{6}$.

6. $\dfrac{\overline{X}+\overline{Y}}{2}$，$\dfrac{\overline{X}-\overline{Y}}{2}$.

7. (1) T_1，T_3 是 θ 的无偏估计量；(2) T_3 比 T_1 更有效.

11. $(1\,786.9,\ 2\,213.1)$.

12. (1) 14.72，$1.907\,2$；(2) $(14.292,\ 15.148)$.

13. $(60.33,\ 72.27)$.

14. $(3.12,\ 4.12)$.

15. $(1\,219.4,\ 1\,280.6)$.

16. $(0.281,\ 2.841)$.

17. $(13.60\%,\ 46.40\%)$.

习题八

1. (1) 0.095；(2) $0.026\,4$；(3) $0.013\,2$.

2. 以 95% 的把握认为这批产品的指标的期望值 μ 为 $1\,600$.

3. 以 95% 的把握认为新工艺对此零件的电阻有显著影响.

4. 新生产的灯管质量没有显著变化.

5. 以 95% 的把握认为新安眠药已达到新的疗效.

6. 以 95% 的把握认为机器工作是正常的.

7. 以 95% 的把握认为全体考生的平均成绩为 70 分.

8. 以 95% 的把握认为这批元件是合格的.

9. 以 95% 的把握认为该厂不符合环保法的规定.

10. 以 95% 的把握认为这批导线的标准差显著地偏大.

11. 尽管包装机没有系统误差，但是工作不够稳定，因此这天包装机工作不正常.

12. 以 95% 的把握认为生产的纱的均匀度是变劣了.

13. 这两种香烟的尼古丁平均含量及方差无显著差异.

14. 可以认为 $\mu_x-\mu_y>2$.

15. 以 95% 的把握认为此项新工艺没有显著地提高产品的质量.

16. 以 95% 的把握认为此甲、乙两店的豆是同一种类型的.

图书在版编目（CIP）数据

概率论与数理统计/谢寿才等主编. —北京：中国人民大学出版社，2014.5
21 世纪高等院校创新教材
ISBN 978-7-300-19344-1

Ⅰ.①概… Ⅱ.①谢… Ⅲ.①概率论-高等学校-教材②数理统计-高等学校-教材 Ⅳ.①O21

中国版本图书馆 CIP 数据核字（2014）第 099698 号

21 世纪高等院校创新教材
概率论与数理统计
主 编 谢寿才 唐 孝 陈 渊 孙 洁
副主编 邓丽洪 李林珂 罗世敏 尹忠旗
Gailülun yu Shuli Tongji

出版发行	中国人民大学出版社		
社 址	北京中关村大街 31 号	**邮政编码**	100080
电 话	010 – 62511242（总编室）	010 – 62511770（质管部）	
	010 – 82501766（邮购部）	010 – 62514148（门市部）	
	010 – 62515195（发行公司）	010 – 62515275（盗版举报）	
网 址	http://www.crup.com.cn		
经 销	新华书店		
印 刷	北京昌联印刷有限公司		
规 格	185 mm×260 mm　16 开本	**版 次**	2014 年 6 月第 1 版
印 张	12.25 插页 1	**印 次**	2022 年 7 月第 8 次印刷
字 数	284 000	**定 价**	25.00 元